高等职业教育工业机器人技术专业系列教材

ABB工业机器人操作与编程

主　编　陈永刚　陈　乾
副主编　郑知新　杨　欣　安丰金
参　编　王鸿博　黄文锐　李育权

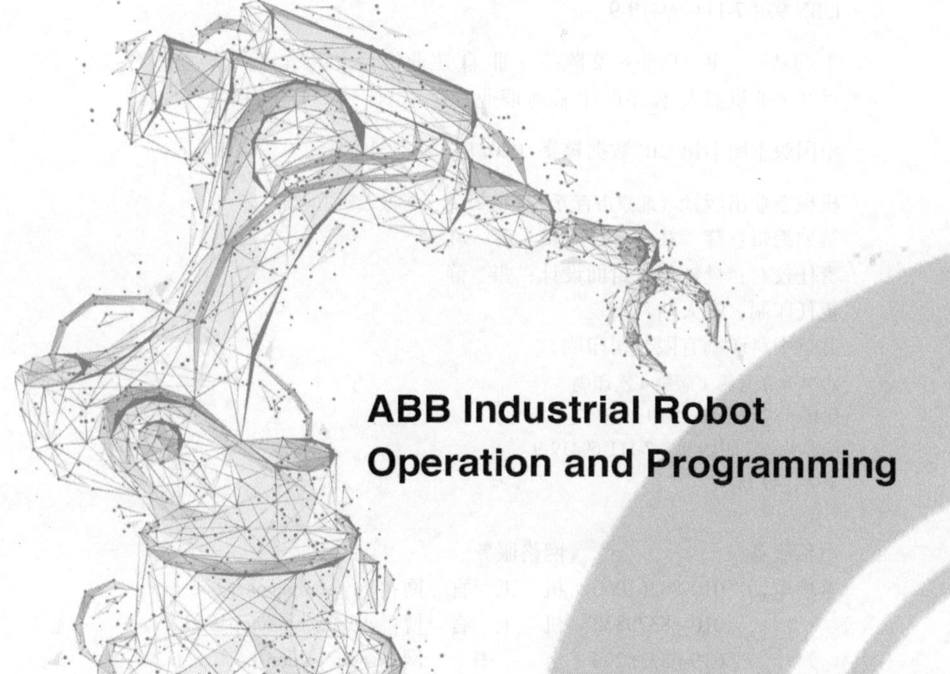

ABB Industrial Robot
Operation and Programming

机械工业出版社
CHINA MACHINE PRESS

本书以 ABB 工业机器人为例，针对工业机器人操作与编程过程中需要掌握的注意事项、设备各组成部分、坐标系设置、示教过程、程序执行、指令详解、系统文件的备份加载和保养等内容进行了详细的讲解，并在相应位置配备了现场实操视频，通过手机扫描二维码即可观看，帮助读者了解和掌握与 ABB 工业机器人相关的具体操作方法，建立对 ABB 工业机器人应用的全面认知。

本书可作为高等职业院校工业机器人技术及相关专业的教材，也可供从事自动化相关工作的工程技术人员参考。

本书配有电子课件，凡使用本书作为教材的教师可登录机械工业出版社教育服务网 www.cmpedu.com 注册后下载。咨询电话：010-88379375。

图书在版编目（CIP）数据

ABB 工业机器人操作与编程/陈永刚，陈乾主编. —北京：机械工业出版社，2021.11（2024.7 重印）

高等职业教育工业机器人技术专业系列教材

ISBN 978-7-111-69419-9

Ⅰ.①A… Ⅱ.①陈… ②陈… Ⅲ.①工业机器人-操作-高等职业教育-教材②工业机器人-程序设计-高等职业教育-教材 Ⅳ.①TP242.2

中国版本图书馆 CIP 数据核字（2021）第 213101 号

机械工业出版社（北京市百万庄大街 22 号 邮政编码 100037）
策划编辑：薛 礼 责任编辑：薛 礼
责任校对：樊钟英 封面设计：张 静
责任印制：常天培
北京中科印刷有限公司印刷
2024 年 7 月第 1 版第 4 次印刷
184mm×260mm · 15 印张 · 367 千字
标准书号：ISBN 978-7-111-69419-9
定价：49.00 元

电话服务 网络服务
客服电话：010-88361066 机 工 官 网：www.cmpbook.com
010-88379833 机 工 官 博：weibo.com/cmp1952
010-68326294 金 书 网：www.golden-book.com
封底无防伪标均为盗版 机工教育服务网：www.cmpedu.com

Industrial Robot

前言

工业机器人是实施自动化生产线、智能制造车间、数字化工厂和智能工厂的重要基础装备之一。高端制造需要工业机器人，产业转型升级也离不开工业机器人。但目前我国工业机器人技术应用人才缺口达 20 万人以上，并且还在以每年 20%~30%的速度持续递增。面对企业对工业机器人人才的需求不断增加，职业院校需要利用实用有效的教学资源，培养能适应生产、管理和服务等一线需要的高素质技术技能人才。

全球领先的工业机器人制造商 ABB 致力于研发、生产机器人已有 40 多年的历史，是工业机器人的先行者，拥有在全球超过 30 万台机器人的安装经验，在中国设有机器人研发、制造和销售基地。ABB 于 1969 年售出全球第一台喷涂机器人，于 1974 年发明世界上第一台工业电动机器人，并拥有种类较多、较全面的机器人产品、技术和服务，以及较大的机器人装机量。

本书以 ABB 工业机器人为例，针对工业机器人操作与编程过程进行详细的讲解，并在相应位置配备了现场实操视频。全书采用项目任务式编写体例，更加方便学生学习及教师的教学安排。本书配套使用的软件版本为 RobotStudio6. 03。

本书由东莞职业技术学院陈永刚副教授、广东汇邦智能装备有限公司高级技师陈乾主编，参与编写的还有郑知新、杨欣、安丰金、王鸿博、黄文锐和李育权。东莞市机器人产业协会会长蒋仕龙博士对本书进行了审阅，在此表示衷心的感谢！

由于编者水平有限，书中难免存在错误和不足之处，欢迎读者提出宝贵的意见和建议。

编　者

二维码索引

名称	二维码	页码	名称	二维码	页码
机器人与工业机器人的定义		1	按用途分类		14
工业机器人的组成		2	常用 ABB 工业机器人认知		18
工业机器人的品牌		5	ABB 机器人操作安全		21
机器人的发展		8	ABB 机器人的控制柜		23
按坐标系统分类		9	ABB 机器人的本体		24
按控制方式分类		12	机器人的本体与控制柜的连接		25
按驱动方式分类		12	ES 与 AS 的应用示例		28
按技术等级分类		12	紧急停止后的恢复操作		29

（续）

名称	二维码	页码	名称	二维码	页码
什么是示教器		30	机器人 SMB 电池的更换		45
设定示教器的显示语言		32	ABB 机器人的转数计数器更新操作		46
示教器切换左右手操作习惯设定		33	ABB 机器人常见的通信方式		53
查看机器人常用信息		33	IRC5 紧凑型第二代控制器 I/O 接线		55
机器人数据的备份与恢复		34	ABB 标准 I/O 板		56
单轴运动的手动操纵		38	DSQC651、DSQC652 I/O 板配置方法		62
线性运动的手动操纵		39	定义数字输入信号		66
重定位运动的手动操纵		41	定义数字输出信号		71
ABB 机器人奇异点管理		44	定义组输入信号		75

（续）

名称	二维码	页码	名称	二维码	页码
定义组输出信号		80	常用函数的介绍		129
定义模拟输出信号		84	基础指令		136
I/O 信号监控与操作		90	运动指令		158
系统输入输出与 I/O 信号的关联		94	I/O 指令		172
示教器可编程按键的使用		102	条件逻辑指令		179
建立程序数据的操作		106	中断指令		198
程序数据类型与分类		108	时钟指令		205
RAPID 程序架构与编辑		125	轨迹板的轨迹运动操作		212
建立程序模块与例行程序		126	上下料应用模块编程		215

（续）

名称	二维码	页码	名称	二维码	页码
装配应用模块编程		217	码垛应用模块编程		224
焊接应用模块编程		219	主程序模块编程		225
喷涂应用模块编程		221			

目录 Contents

ROBOT

项目一　工业机器人概述

任务一　认识机器人

一、机器人与工业机器人的定义

1. 机器人的定义

机器人与工业机器人的定义

捷克斯洛伐克作家卡雷尔·卡佩克在1920年发表的科幻小说《罗萨姆的万能机器人》中由捷克文Robota（译为奴隶或人类的仆人）改编成英文Robot，一般认为这就是"机器人（Robot）"一词的起源，并沿用至今。

美国人约瑟夫·恩格尔伯格（Joseph F. Engelberger）在1959年研制出了世界上第一台工业机器人Unimate，被称为"机器人之父"。

机器人经常会出现在科幻小说与电影中，它们一般是智能与灵活的形象，而在科技快速发展的今天，在家庭、学校和工厂生产流水线上也能看到各种不同类型机器人的身影如图1-1所

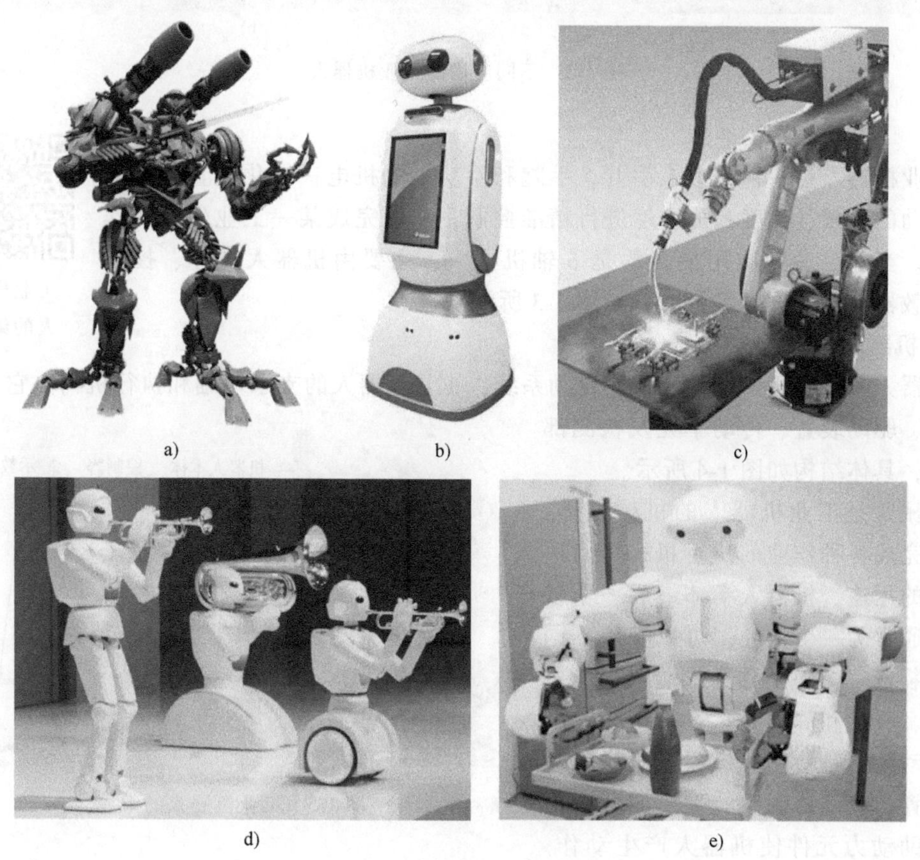
a)　b)　c)　d)　e)

图1-1　不同类型的机器人

示。虽然机器人有很长的发展历史，但因为机器人的特殊性，至今没有一个明确的定义，往往不同的国家或组织有不同的定义。

人们普遍接受对机器人的定义是："机器人是靠自身的动力和控制能力来实现各种功能的一种机器"。国际标准化组织采纳了美国机器人协会给出的定义：机器人是一种用于移动各种材料、零件、工具或专用装置，通过可编程序动作来执行各种任务并具有编程能力的多功能机械手。

2. 工业机器人的定义

工业机器人是机器人家族中重要的成员之一，也是现阶段技术最成熟、应用最广泛的一类机器人，如图 1-2 所示。它的定义是：应用于工业的，在人的控制下智能动作，而且能在生产线上替代人类进行简单、重复性工作的多关节机械手或多自由度的机械装置。

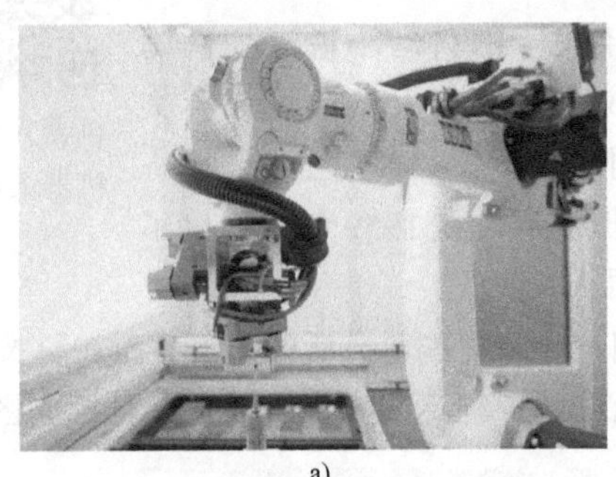

a)

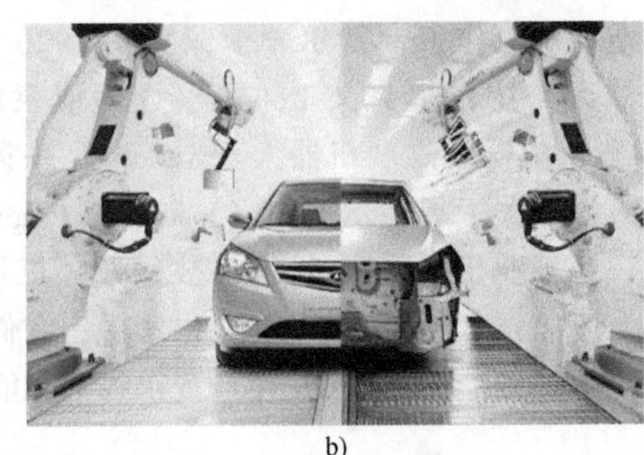

b)

图 1-2　不同应用的工业机器人

二、工业机器人的组成

工业机器人的组成

工业机器人是一种模拟人手臂、手腕和手功能的机电一体化装置，可对物品运动的位置、速度和加速度进行精准控制，从而完成某一工业生产的作业要求。当前工业中应用最多的是 6 轴机器人，主要由机器人本体、控制器、示教器和外部设备等组成，如图 1-3 所示。

1. 机器人本体

机器人本体是机体结构和机械传动系统，也是机器人的支承基础和执行机构。它主要由机械臂、驱动装置、传动单元及检测部件组成，具体结构如图 1-4 所示。

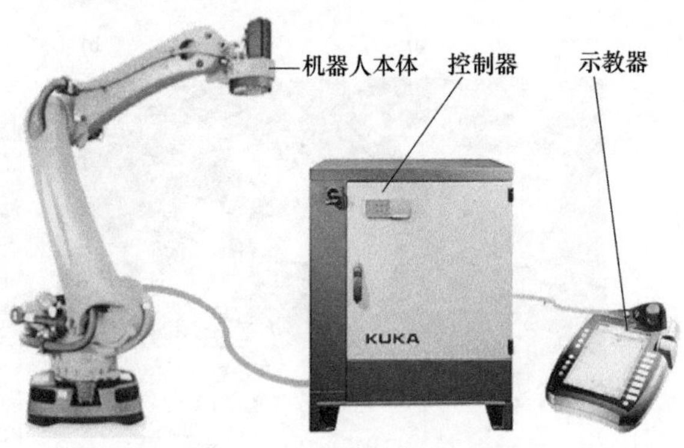

图 1-3　工业机器人的组成

机械臂是工业机器人的机械主体，是用来完成各种作业的执行机构。为适应不同的用途，机器人本体最后一个轴的接口通常为一个法兰，可以安装不同的操作装置（习惯上称为末端执行器），如夹爪、吸盘和焊枪等。

驱动装置是使工业机器人机械臂运动的装置，按照控制系统发出的指令信号，借助动力元件使机器人产生动作。工业机器人常用的驱动方式主要有液压驱动、气压驱动和电气驱动三种类型。目前，除了个

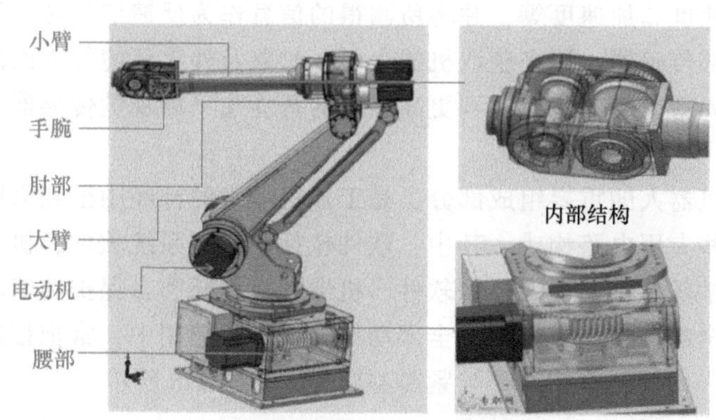

图 1-4　6 轴多关节机器人本体结构

别精度要求不高、重负或有防爆要求的机器人采用液压驱动、气压驱动以外，工业机器人大多采用电气驱动，而其中交流伺服电动机应用最广，而且一般每个关节由一个驱动装置独立控制，如图 1-5 所示。

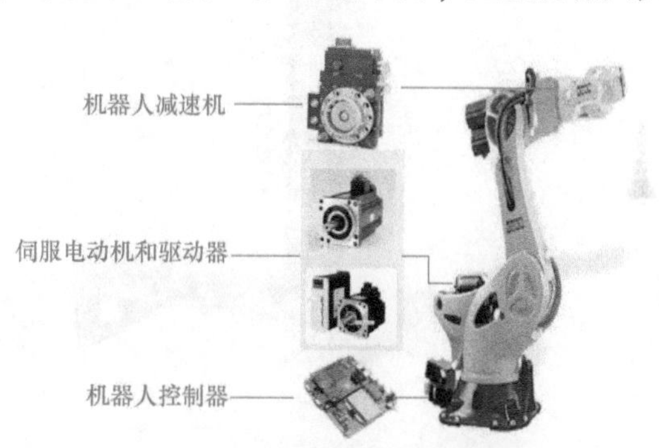

图 1-5　工业机器人驱动装置

为确保末端执行器的位置、姿态及运动符合要求，驱动装置的受控运动必须通过传动单元带动机械臂运动。目前，工业机器人广泛采用的机械传动单元是减速机。关节减速机要求具有传动链短、体积小、功率大、质量小以及易于控制等特点。精密减速机可使机器人伺服电动机在一个合适的速度下运转，并精确地将转速降到工业机器人各部位所需要的速度，在提高机械本体刚性的同时输出更大的转矩。

一般用在关节型机器人上的减速机主要有两类：谐波减速机（图 1-6）和 RV 减速机（图 1-7）。一般将谐波减速机放在手臂、腕部或手部等轻负载位置（20kg 以下的机器人关节），而将 RV 减速机放在基座、腰部或大臂等重负载位置（20kg 以上的机器人关节）。此外，机器人还采用齿轮传动、链（带）传动和直线运动单元等。

图 1-6　谐波减速机

图 1-7　RV 减速机

检测部件用于检测机器人的当前运动及工作情况，根据需要反馈给控制系统，与设定信息进行比较后，对执行机构进行快速调整，以保证机器人的动作符合预定的要求。作为检测装置的传感器一般可以分为两类：一类是内部传感器，用于检测机器人各部分的内部状况，如各关节的位置、速度和加速度等，并将所测得的信息作为反馈信号送至控制器，形成闭环控制；另一类是外部传感器，用来获取机器人作业对象及外界环境等方面的信息，以使机器人的动作能适应外界情况的变化，达到更高层次的智能化，如视觉传感器。

2. 控制器

控制器是工业机器人的重要组成部分，是工业机器人的神经中枢和大脑。控制器由计算机硬件、软件和一些专用电路构成。其中，软件包括控制器系统软件，机器人专用语言，机器人运动学、动力学软件，机器人控制软件，机器人自诊断和自保护功能软件等，它处理机器人工作过程中的全部信息，并控制其全部动作。在实际应用中，常把控制器集中在一个柜子中，也称控制柜，一般会有标准型与紧凑型两种，如图 1-8 所示。

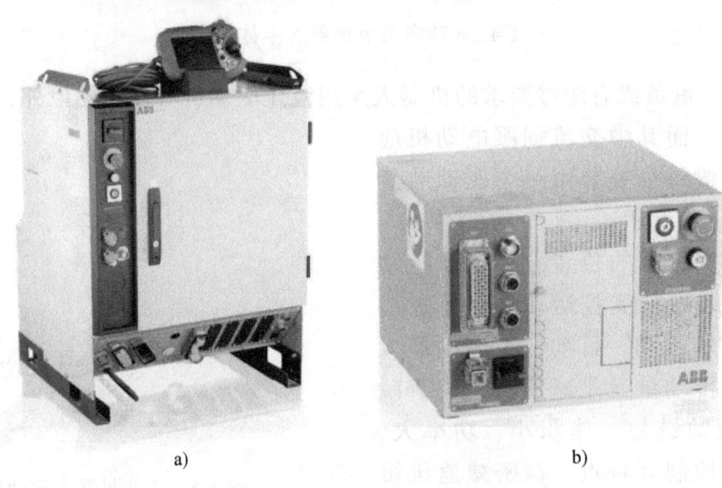

a) b)

图 1-8 IRC5 标准型与紧凑型控制柜

3. 示教器

示教器（图 1-9）也称示教编程器或示教操作盘，主要由液晶屏幕和操作按键组成，可由作业人员手持移动。它是人机交互接口，对工业机器人的所有操作基本上都是通过示教器来完成的，它可以用来点动控制机器人动作，也可以编写、测试和运行机器人程序，设定、

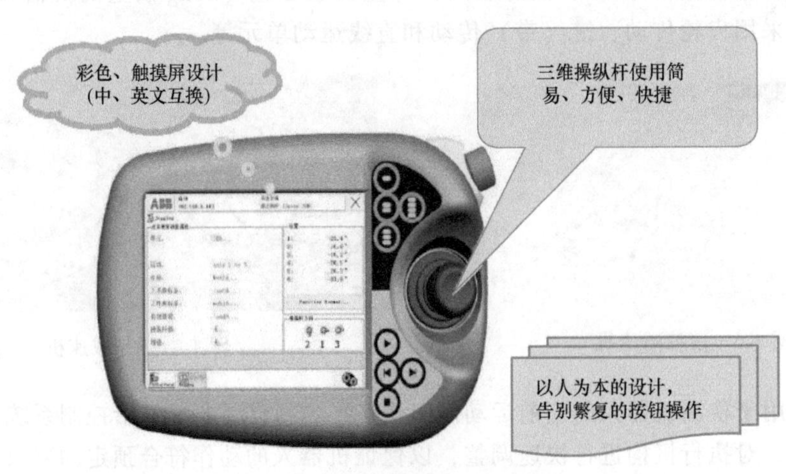

图 1-9 工业机器人示教器

查阅机器人的状态设置和位置等。

三、工业机器人的品牌

工业机器人的品牌

1. 国际品牌

机器人产业的应用水平是一个国家工业化的重要标志，在劳动力成本不断提高和机器人成本日趋下降的大背景下，机器人及智能装备产业的发展越来越受到社会的广泛关注。

近年来，工业机器人在工业制造中的优势和作用越来越显著，机器人企业也得到了快速发展。然而占据主导地位的还是有工业机器人“四大家族”之称的 ABB、KUKA、发那科和安川。

（1）ABB 1988 年创立于瑞士的 ABB 公司在 1994 年进入中国，于 1995 年成立 ABB（中国）有限公司。2005 年起，ABB 机器人（图 1-10）的生产、研发和工程中心都开始转移到中国。2011 年，ABB 公司销售额达 380 亿美元，其中在华销售额达 51 亿美元，同比增长了 21%。

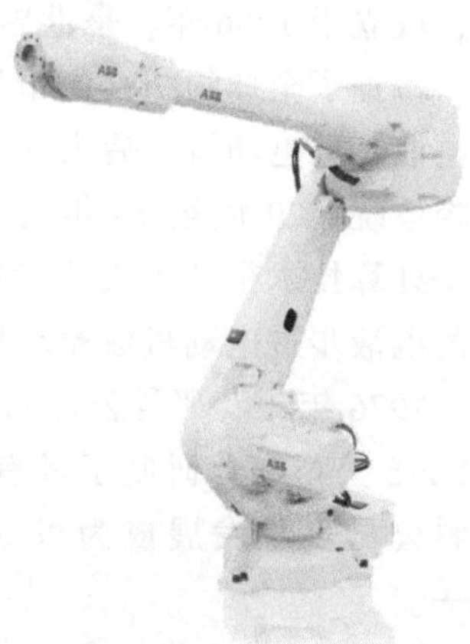

图 1-10 ABB 机器人

目前，ABB 机器人产品和解决方案已广泛应用于汽车制造、食品饮料、计算机和消费电子等众多行业的焊接、装配、搬运、喷涂、精加工、包装和码垛等不同作业环节，帮助客户大大提高了生产效率。例如，安装到雷柏公司深圳厂区生产线上的 70 台 ABB 最小的机器人 IRB120，不仅将工人从繁重枯燥的机械化工作中解放出来，实现了生产效率成倍的提高，成本也降低了 50%。另外，这些机器人的柔性特点还帮助雷柏公司降低了工程设计难度，将自动设备的开发时间比预期缩短了 15%。

ABB 机器人的编程语言使用 RAPID 编程语言的特定词汇和语法，其包含的指令不仅可以实现移动机器人、设置输出和读取输入等功能，还能实现决策、重复其他指令、构造程序以及与系统操作员交流等功能。

（2）KUKA KUKA 及其德国母公司是全球工业机器人和自动控制系统领域的优秀制造商。它于 1898 年在德国奥格斯堡成立，当时称“克勒与克纳皮赫奥格斯堡（Keller und Knappich Augsburg）”。1995 年，KUKA 公司拆分为 KUKA 机器人公司和 KUKA 焊接设备有限公司（即现在的 KUKA 制造系统）。2011 年 3 月，KUKA 机器人中国公司更名为库卡机器人（上海）有限公司。

KUKA 产品广泛应用于汽车、冶金、食品和塑料成形等行业。KUKA 机器人公司在全球拥有 20 多个子公司，其中大部分是销售和服务中心。KUKA 在全球的运营点分布于美国、墨西哥、巴西、日本、韩国、中国、印度和欧洲各国。

1973 年，KUKA 研发出第一台工业机器人，命名为 FAMULUS。这是世界上第一台电机驱动的 6 轴机器人。今天，该公司的 4 轴和 6 轴机器人有效载荷范围可达 3～1300kg、机械臂展达 350～3700mm，机型包括 SCARA、码垛机、门式及多关节机器人（图 1-11），皆采用基于通用 PC 控制器的平台控制。

KUKA 的机器人产品广泛应用于工厂焊接、操作、码垛、包装、加工或其他自动化作业，同时还适用于医疗行业，如医院的脑外科及放射造影。

KUKA 工业机器人的用户包括通用汽车、克莱斯勒、福特汽车、保时捷、宝马、奥迪、奔驰、大众、哈雷-戴维森、波音、西门子、宜家、沃尔玛、雀巢、百威啤酒以及可口可乐等知名企业。

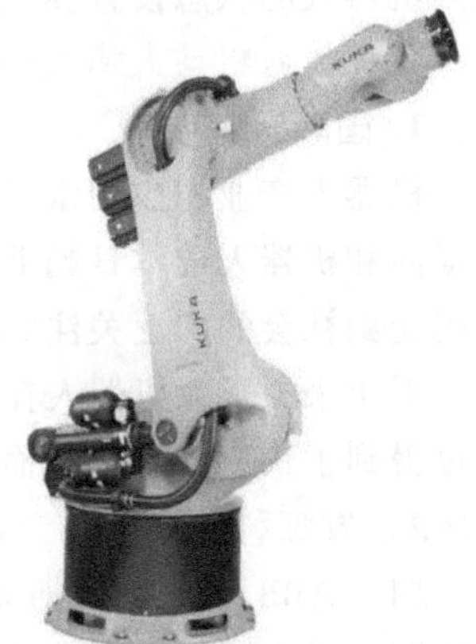

图 1-11　KUKA 机器人

KUKA 机器人的编程语言采用 KUKA 公司自行开发的针对用户的语言平台，通俗易懂，简称 KRL。但在面对一些较复杂的工艺动作进行机器人运动编程时，需要进行结构化编程。

（3）发那科　发那科是日本一家专门研究数控系统的公司，成立于 1956 年，是世界上最大的专业数控系统生产厂家之一，占据了全球约 70%的市场份额。发那科于 1959 年首先推出了电液步进电动机，后来逐步发展并完善了以硬件为主的开环数控系统。20 世纪 70 年代，微电子技术、功率电子技术，尤其是计算技术得到了飞速发展，发那科公司毅然舍弃了使其发家的电液步进电动机数控产品，并从 GETTES 公司引进直流伺服电动机制造技术。

1976 年，发那科公司的数控系统 5 研制成功，随后又与 SIEMENS 公司联合研制了具有先进水平的数控系统 7，而后，发那科公司逐步发展成为世界上最大的专业数控系统生产厂家之一。

FANUC 机器人（图 1-12）产品系列多达 240 种，负重从 0.5kg 到 1.35t，广泛应用在装配、搬运、焊接、铸造、喷涂和码垛等不同生产环节，满足了客户的不同需求。

自 1974 年首台 FANUC 机器人问世以来，发那科公司致力于机器人技术上的研发与创新，是一家由机器人来制造机器人的公司，能提供集成视觉系统的机器人和智能机器人。

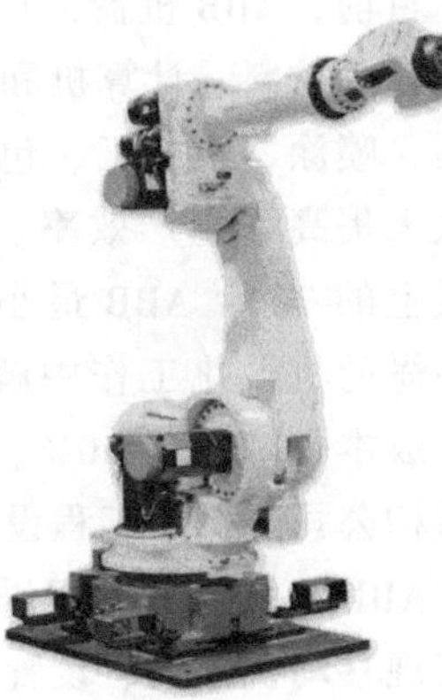

图 1-12　FANUC 机器人

FANUC 机器人的 KAREL 系统由机器人、控制器和系统软件组成。它使用 KAREL 编程语言编写的程序来完成工业任务。KAREL 可以操作数据，控制和相关设备进行通信并与操作员进行交互。

（4）安川　日本安川电机株式会社成立于 1915 年，是有近百年历史的专业电气厂商。截至 2011 年 3 月，安川公司的机器人（图 1-13）累计出售台数已突破 23 万。

安川在斯洛文尼亚 Ribnica 开设了机器人中心，该中心在 2013 年之前为欧洲中心。同时，安川还将德国的生产线转移至斯洛文尼亚，并与当地的 MotomanRobotec 和 Ristro 合作，目前这两家当地企业已更名为 Yaskawa Slovenia 和 YaskawaRistro。其中，YaskawaRistro 计划满足欧洲对合成机器人需求的 60%。合成机器人用于汽车工业、金属加工业、食品生产业和制药业。

Yaskawa 机器人的程序语言为安川公司开发的专用语言（INFORM），其指令主要分为移动指令、输入输出指令、控制指令、平移指令和运算指令等。

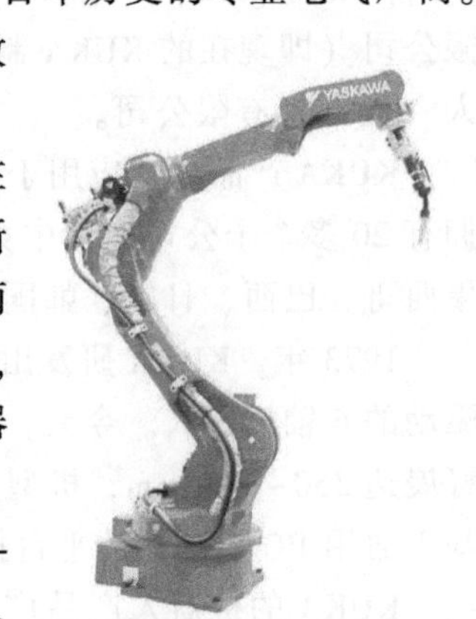

图 1-13　Yaskawa 机器人

2. 国内品牌

(1) 新松 新松机器人自动化股份有限公司成立于2000年，是一家以机器人技术为核心的高科技上市公司。作为中国机器人领军企业及国家机器人产业化基地，新松拥有完整的机器人产品线及工业4.0整体解决方案。新松本部位于沈阳，在上海设有国际总部，在沈阳、上海、杭州、青岛、天津和无锡建有产业园区。同时，新松积极布局国际市场，在韩国、新加坡和泰国等国家设立多家控股子公司，形成了以自主核心技术、核心零部件、核心产品及行业系统解决方案为一体的全产业价值链。

新松已经形成"4+X+Y"产品架构。"4"是指其目前拥有四大类产品：工业机器人（图1-14）、物流与仓储自动化成套设备、自动化装配与检测生产线及系统集成和交通自动化系统；"X"是指其已研发或定型的具备批量生产能力的产品，包括特种机器人（军品）、激光设备、全自动电池交换站、智能电表自动检定系统、洁净自动化装备和纳米绿色制版打印成套设备等；"Y"是指新松正在进行预研的项目，包括石油装备机器人、电梯卫士、太阳能电池成套装备和智能服务机器人等。由于中国工业自动化趋势明显，新松的新产品储备丰富，正在形成开发模块化、产品系列化以及生产规模化，产品结构仍在快速变化之中。

图1-14 新松机器人

新松的业务范围较广，以工业机器人技术为核心，形成了大型自动化成套装备与多种产品类别，广泛应用于汽车整车及汽车零部件、工程机械、轨道交通、低压电器、电力、IC装备、军工、烟草、金融、医药、冶金及印刷出版等行业。

(2) 埃夫特 安徽埃夫特智能装备有限公司成立于2007年，是一家专门从事工业机器人、大型物流储运设备及非标生产设备设计和制造的高新技术企业。

EFORT机器人（图1-15）在奇瑞汽车等企业历经了五年的苛刻考验和充分验证之后，被广泛推广到汽车及零部件行业、家电行业、电子行业、卫浴行业、机床行业、日化行业、食品与药品行业、光电行业和钢铁行业等。

图1-15 EFORT机器人

(3) 埃斯顿 南京埃斯顿自动化股份有限公司于1993年在六朝古都南京注册成立，其自动化核心部件产品线已完成从交流伺服系统到运动控制系统解决方案的战略转型，业务模式正在实现从单轴→单机→单元的全面升级；工业机器人产品线在其自主核心部件的支撑下得到了超高速发展，奠定了其作为国产机器人行业的龙头地位，通过推进机器人产品线"All Made By ESTUN"的战略，形成核心部件—工业机器人（图1-16）—机器人智能系统工程的全产业链竞争力，构建了从技术、成本到服务的全方位竞争优势。

南京埃斯顿自动化股份有限公司现拥有一支高水平的专业研发团队，具有与世界工业机器人技术同步发展的技术优势，并且已经具有全系列工业机器人产品，包括DELTA和SCARA工业机器人系列，其中标准工业机器人规格为6~300kg，应用于点焊、弧焊、搬运及机床上下料等领域。同时，公司拥有一支强大的工业机器人工程应用设计团队，致力于客户价值最大化，为客户提供工业机器人应用完整解决方案。

(4) 华数 武汉华中数控股份有限公司创立于1994年，是华中科技大学第三家股份制公司。早期主要制造数控机床，借助于华中科技大学的人才优势，具有高精尖的典型，同时数控机床和自动化教学均需要实际操作，因此，华数的早期客户是国内的一批学校。

图 1-16　ESTUN 机器人

华中数控先后整合或合作成立了深圳华数机器人有限公司、重庆华数机器人有限公司、泉州华数机器人有限公司、佛山华数机器人有限公司和武汉机器人事业部，全面开展了 PLC 战略规划实施。已经研发出四个系列 27 种规格的机器人（图 1-17）整机产品，完成了包括冲压、注塑、机加、焊接、喷涂、打磨和抛光等几十条自动化线，开发了机器人控制器、示教器、伺服驱动和伺服电动机等近十个规格的机器人核心基础零部件，并且已经形成了工业机器人批量销售。除此之外，该公司还在宁波、沈阳、襄阳和鄂州等地分公司开展了工业机器人及自动化业务。

（5）广数　广州数控设备有限公司是中国南方数控产业基地，成立于 1991 年，是国内技术领先的专业成套机床和数控系统供应商。该公司秉承科技创新，以核心技术为动力，以追求卓越品质为目标，以提高用户生产力为先导，主要业务有数控系统、伺服驱动、伺服电动机研发生产，数控机床连锁营销、机床数控化工程，工业机器人（图 1-18）、精密数控注塑机研制以及数控高技能人才培训。

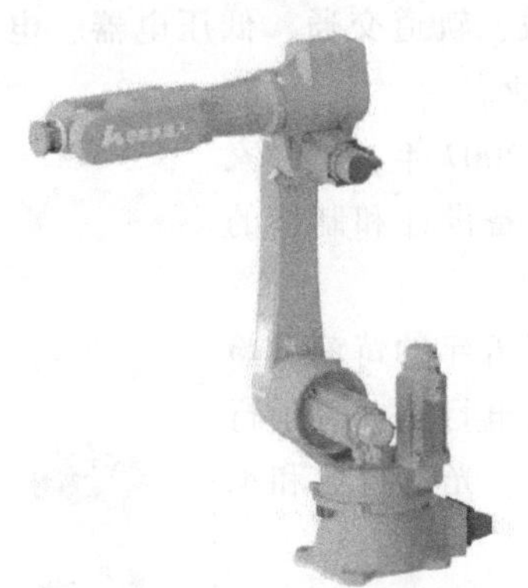
图 1-17　华数机器人

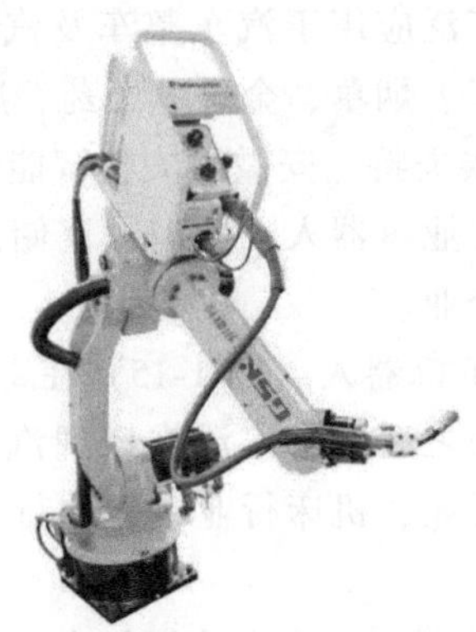
图 1-18　广数机器人

广州数控设备有限公司拥有国内最大的机床数控系统研发和生产基地，科研开发人员 800 多人，年投入科研经费占销售收入 8%以上，年新产品收入占总销售的 75%以上。该公司拥有国内一流的生产设备和工艺流程，年产销数控系统连续 10 年全国领先，占国内同类产品市场约 50%份额。

任务二　认识机器人的发展及分类

一、机器人的发展

1. 现代机器人发展史

机器人的发展

20 世纪中期，计算机的问世与发展推动了自动化技术发展的进程。同时，人们开始研究现代机器人。1954 年，美国学者乔治・戴沃尔最先提出了工业机器人的概念，主要是借助伺服系统操纵机器人的各个关节。人先对机器人进行动作示教，机器人能实现动作的记录与再现。这就是现在所说的示教再现机器人，至今，工业机器人大都采用这种控制方式。

1962 年，美国 AMF 公司推出的“VERSTRAN”和 UNIMATION 公司推出的“UNIMATE”是机器人产品最早的实用机型（示教再现机器人）。这些工业机器人的控制方式与数控机床类似，但外形特征各不相同，主要由类似人的手、臂组成。

1970 年，在美国召开了第一届国际工业机器人学术会议，此后，对机器人的研究得到了空前发展。

1980 年，日本真正意义上普及了工业机器人，一般称该年为“机器人元年”。此后，工业机器人在日本得到了更快速的发展，日本也因此获得了“机器人王国”的美誉。同时，因为人工智能等科学技术的快速发展，科研人员提出了智能机器人概念：同时具备感觉、思考、决策和动作能力的设备。这一概念的提出加快了机器人技术研究的广度与深度。

现阶段的工业机器人技术仍基本集中在日本和欧洲一些国家。在日本，机器人的关键性技术——减速器已形成绝对优势；德国则在原材料和本体零部件上具有很大的优势；我国基本处于产业链的中下游，主要是系统集成、二次开发、定制性部件和售后服务。2017 年，国产工业机器人已服务于国民经济 37 个行业大类，102 个行业中类，从销量上看，汽车制造业、计算机、通信和其他电子设备制造业、通用设备制造业、电气机械和器材制造业使用工业机器人的数量最多。工业机器人在自动化生产线成套装备已成为自动化装备的主流以及未来的发展方向。

2. 工业机器人的发展前景

随着科技高速发展、人力劳动成本上升，工业生产正在向智能化转型，工业机器人呈现快速发展态势。

近年来，新推出的机器人产品都朝着智能化、模块化与系统化的方向发展。具体可总结为：结构的模块性与可重组性，控制方式的开放性、PC 化与网络化，伺服系统的数字性与分散性，综合传感器的实用性及系统的网络化与智能化。

二、工业机器人的分类

多关节机器人是结构较复杂的工业机器人，可以完成复杂的操作，运行轨迹也更加灵活多样。在自由度得到提升的前提下，对成本和工作空间的要求也更高。因此多关节机器人的应用领域有限，在焊接、喷涂等领域应用最为广泛。工业机器人的主要特点如下：

1）能高强度地、长期地在各种生产和工作环境中从事单调重复的劳动。

2）对工作环境有很强的适应能力，能代替人在有害和危险场所工作。

3）动作准确性高，可保证产品质量的稳定性。

4）具有很广泛的通用性和独特的柔性，比一般自动化设备有更广的用途，既能满足大批大量生产的需要，又可以灵活、迅速地实现多品种、小批量的生产。

5）能显著地提高生产率，大幅度降低产品成本。

1. 按坐标系统分类

从结构上看，工业机器人大致分为四类：直角坐标机器人、柱面坐标机器人、球面坐标机器人和多关节型机器人。不同结构的工业机器人特点不同，应用的场合也不同。直角坐标机器人是最基本的类型，应用于点胶、滴

按坐标系统分类

塑、喷涂、码垛、分拣、包装和焊接等常见的工业领域。在工业机器人中，直角坐标机器人成本非常低廉，系统结构也比较简单。

（1）直角坐标机器人　直角坐标机器人是只具有移动关节的工业机器人，如图 1-19 所示。它具有空间上相互垂直的多个直线移动轴，通常为三个。通过直角坐标方向的 3 个独立自由度确定其手部的空间位置，其运动空间为一长方体。

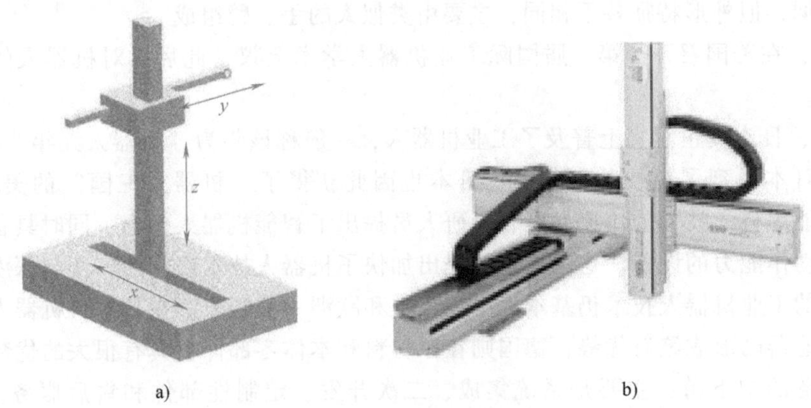

图 1-19　直角坐标机器人

a）示意图　b）实物图

直角坐标机器人结构简单，定位精度高，空间轨迹易于求解；但其动作范围相对较小，设备的空间因数较低，实现相同的动作空间要求时，机体本身的体积较大。

（2）柱面坐标机器人　柱面坐标机器人具有一个转动关节、其余为移动关节，如图 1-20 所示。它主要由旋转基座、垂直移动和水平移动轴构成，具有一个回转自由度和两个平移自由度，其运动空间为圆柱体。

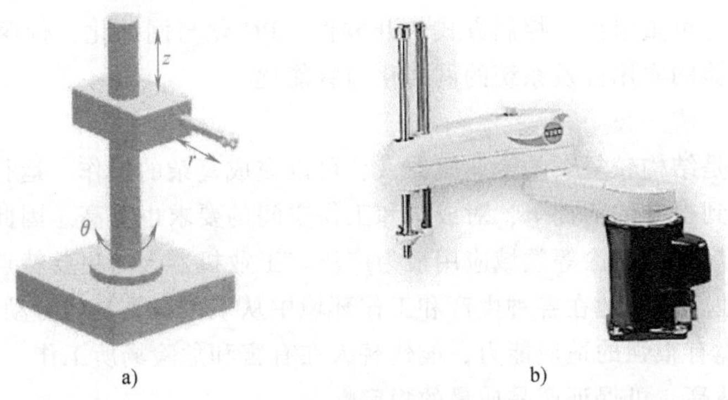

图 1-20　柱面坐标机器人

a）示意图　b）实物图

柱面坐标机器人结构简单、刚性好，但缺点是在机器人的运动范围内，必须有沿轴线前后方向的移动空间，空间利用率较低。

（3）球面坐标机器人　球面坐标机器人是具有两个转动关节、其余为移动关节的工业机器人，如图 1-21 所示。其空间位置分别由旋转、摆动和平移 3 个自由度确定，运动空间为球面的一部分。其机械手能够做前后伸缩移动、在垂直平面上的摆动以及绕底座在水平面上的转动。

球面坐标机器人结构紧凑，所占空间体积小于直角坐标和柱面坐标机器人，但仍大于多关节型机器人。

(4) 多关节型机器人　多关节型机器人由多个旋转和摆动机构组合而成。这类机器人结构紧凑、工作空间大，动作最接近人的动作，对喷涂、装配和焊接等多种作业都有良好的适应性，应用范围越来越广。不少著名的工业机器人都采用了这种形式，其摆动方向主要有垂直方向和水平方向两种，因此这类机器人又可分为垂直多关节机器人和水平多关节机器人。例如，美国 Unimation 公司在 20 世纪 70 年代末推出的 PUMA 机器人就是一种垂直多关节机器人，日本山梨大学研制的 SCARA 机器人则是一种典型的水平多关节机器人。目前，世界范围内装机量最多的工业机器人是串联关节型垂直六轴机器人和 SCARA 型 4 轴机器人。

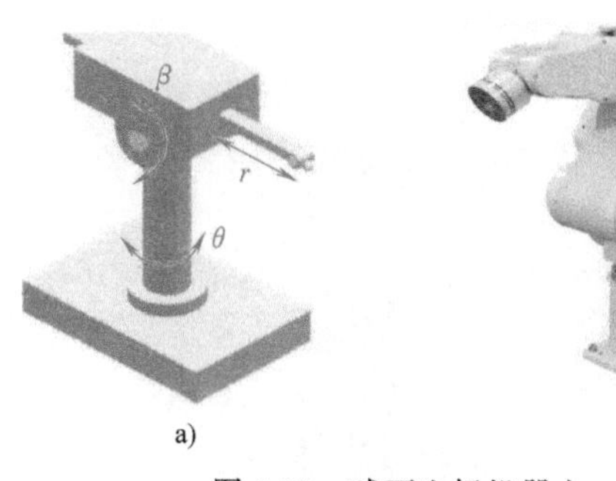

a)　b)

图 1-21　球面坐标机器人

a) 示意图　b) 实物图

1) 垂直多关节机器人。垂直多关节机器人如图 1-22 所示。其模拟了人类的手臂功能，由垂直于地面的腰部旋转轴（相当于大臂旋转的肩部旋转轴）、带动小臂旋转的肘部旋转轴以及小臂前端的手腕旋转轴等构成。手腕旋转轴通常有 2~3 个自由度。其运动空间近似一个球体，所以也称为多关节球面机器人。

垂直多关节机器人的优点是：可以自由地实现三维空间的各种姿势，可以生成各种复杂形状的轨迹；相对机器人的安装面积，其运动空间很大。缺点是：结构刚度较低，运动的绝对位置精度较低。

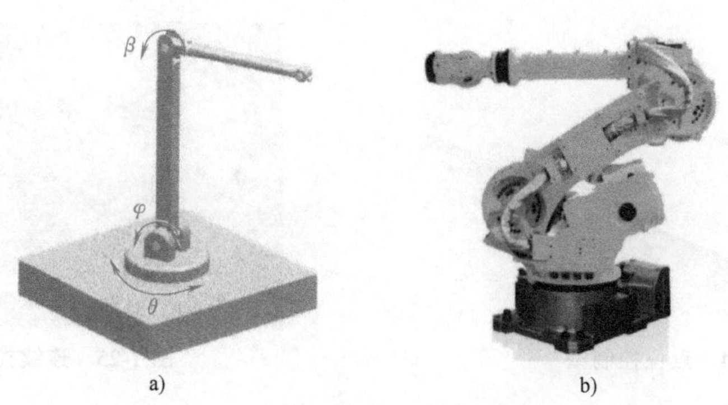

a)　b)

图 1-22　垂直多关节机器人

a) 示意图　b) 实物图

2) 水平多关节机器人。水平多关节机器人如图 1-23 所示。它在结构上具有串联配置的两个能够在水平面内旋转的手臂，其自由度可以根据用途选择 2~4 个，运动空间为一圆柱体。

水平多关节机器人的优点是：垂直方向上的刚性好，能方便地实现二维平面上的运动，在装配作业中得到了普遍应用。

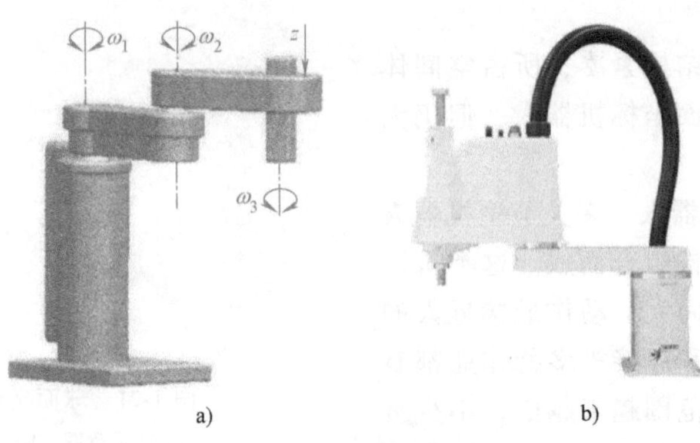

图 1-23 水平多关节机器人

a）示意图 b）实物图

2. 按控制方式分类

按控制方式分类

按照机器人的控制方式可以将工业机器人分为点位控制型和连续控制型两类。

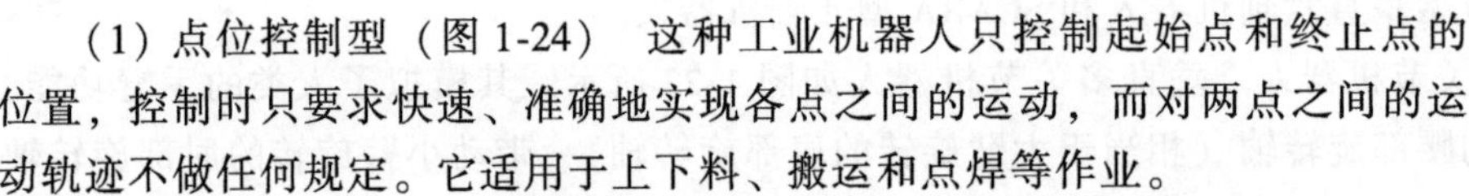

（1）点位控制型（图 1-24） 这种工业机器人只控制起始点和终止点的位置，控制时只要求快速、准确地实现各点之间的运动，而对两点之间的运动轨迹不做任何规定。它适用于上下料、搬运和点焊等作业。

（2）连续控制型 连续控制型工业机器人是一种新型的仿生机器人，如图 1-25 所示。采用“无脊椎”的柔性结构，不具有任何离散关节和刚性连杆。其弯曲性能优良，对障碍物众多的非结构环境和工作空间狭小的受限工作环境适应能力强，不仅可以像传统机器人那样在其末端安装执行器以实现抓取和夹持等动作，还可以利用整个机器人本体实现对物体的抓取。

图 1-24 点位控制型

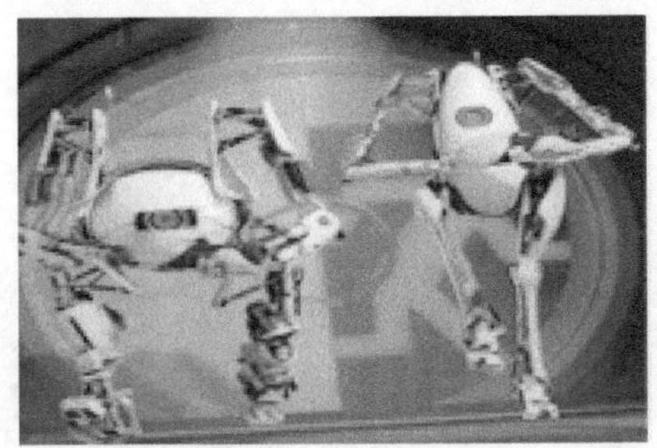

图 1-25 连续控制型

3. 按驱动方式分类

机器人驱动器是用来使机器人进行运动的动力机构。机器人驱动器可将电能、液压能和气压能等转化为机器人的动力。按机器人的驱动方式可以将工业机器人分为电气驱动、液压驱动和气压驱动三类（表 1-1）。

4. 按技术等级分类

按照机器人的技术等级可以将工业机器人分为三类。

（1）示教再现工业机器人 第一代工业机器人是示教再现工业机器人。这类机器人能够按照人类预先示教的轨

按驱动方式分类

按技术等级分类

迹、行为、顺序和速度重复作业。示教可以由操作员手把手地进行，如图 1-26 所示。例如，操作人员握住机器人上的喷枪，沿喷漆路线示教一遍，在机器人运动过程中记录这一系列运动轨迹，工作时，自动重复再现这些运动，从而完成给定位置的喷涂工作，这种方式即“直接示教”。

表 1-1　不同驱动方式的机器人

驱动方式	执行机构	优点	缺点
液压驱动	电液步进马达和液压缸等	输出力较大,反应灵敏,可实现连续轨迹运行	液压元件成本较高,油路结构较复杂
气压驱动	气缸和气动马达等	结构简单,传输介质来源方便、成本低,可高速运行	输出力较小,体积较大,低速时不易控制,难以精确定位
电气驱动	直流伺服电动机、步进电动机和交流伺服电动机等	输出力中等,控制性能好,响应快,可精确定位	控制结构复杂,成本较高

a)

b)

图 1-26　第一代工业机器人与手把手示教

比较普遍的方式是通过示教器示教，如图 1-27 所示。操作人员利用示教器上的开关或按键来控制机器人一步一步地运动，机器人自动记录，然后重复再现。目前，在工业现场应用的机器人大多属于示教再现工业机器人。

图 1-27　示教器示教

（2）感知工业机器人　第二代工业机器人具有环境感知装置，是具有感知功能（包括光觉、视觉、触觉和声觉等）的工业机器人，如图 1-28 所示。

这类机器人能在一定程度上适应环境变化，目前，已进入应用阶段。以焊接机器人为例，机器人焊接的过程一般是通过示教方式给出机器人的运动曲线，机器人携带焊枪沿着该曲线进行焊接。这就要求工件的一致性要好，即工件被焊接位置必须十分准确；否则，机器人携带焊枪沿所走的曲线和工件的实际焊缝位置会有偏差。因此，第二代工业机器人（应用于焊接作业时）采用焊缝跟踪技术，通过传感器感知焊缝的位置，再通过反馈控制，机器人就能够自动跟踪焊缝，从而对示教的位置进行修正，即使实际焊缝相对于原始设定的位置有变化，机器人仍然可以很好地完成焊接工作。类似的技术正越来越多地应用于工业机器人。

（3）智能工业机器人　第三代工业机器人称为智能机器人，具有发现问题并且能自主地解决问题的能力，尚处于实验研究阶段，如图 1-29 所示。

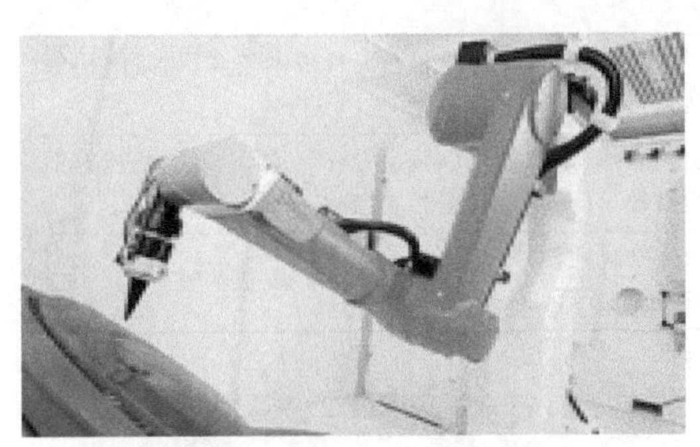

图 1-28　第二代工业机器人

图 1-29　第三代工业机器人

作为发展目标，这类机器人具有多种传感器，不仅可以感知自身的状态，如所处的位置、自身的故障情况等，而且能够感知外部环境的状态，如自动发现路况、测出协作机器的相对位置、相互作用的力等。更为重要的是，这类机器人能够根据获得的信息进行逻辑推理、判断决策，在变化的内部状态与变化的外部环境中自主决定自身的行为。

这类机器人具有高度的适应性和自治能力。尽管经过多年的不懈研究，人们研制了很多各具特点的试验装置，提出大量新思想、新方法，但现有工业机器人的自适应技术还是十分有限的。

5. 按用途分类

按用途分类

（1）焊接机器人　焊接机器人是指把焊枪固定在机器手臂上，然后通过一系列的程序控制电焊机起动、焊接及停止，同时控制机器手臂旋转、摆动等，实现全自动焊接的工作站，如图 1-30 所示。

（2）装配机器人　装配机器人是指通过机器人、控制器、智能传感器和末端执行器，根据机器人的作业指令程序和从传感器反馈回来的信号，自动控制末端执行器来完成工件装配的工作站，如图 1-31 所示。

图 1-30　焊接机器人

图 1-31　装配机器人

（3）喷涂机器人 喷涂机器人是指在产品生产加工完成后，控制喷涂设备借助于压力或离心力，将涂料分散成均匀而微细的雾滴，自动喷涂于被涂物表面的工作站，如图 1-32 所示。

（4）打磨、抛光机器人 打磨、抛光机器人是指应用压力控制技术，通过数字化编程在工件上准确地控制磨料的磨损补偿，以自动化抛光、打磨系统为核心的工作站，如图 1-33 所示。

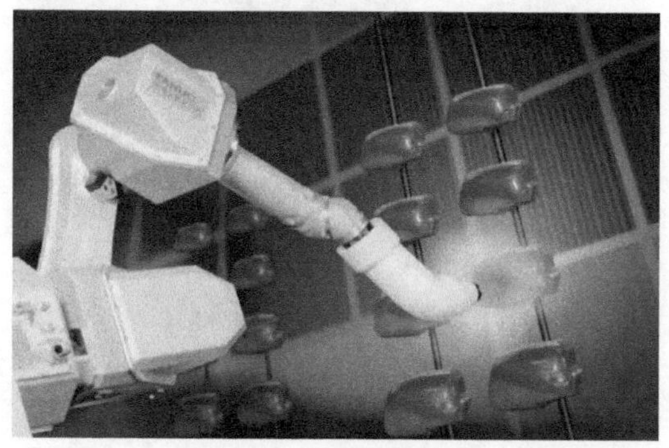

图 1-32 喷涂机器人

图 1-33 打磨、抛光机器人

（5）切割机器人 水切割机器人是指利用高压水流切割技术，完成对材料切割的工作站，如图 1-34a 所示。激光切割机器人是指利用高功率密度激光束照射技术，完成对材料切割的工作站，如图 1-34b 所示。

（6）锻造冲压机器人 锻造冲压机器人是指利用锻造冲压机械的锤头、砧块、冲头或通过模具对坯料施加压力，使之产生塑性变形，从而获得所需形状和尺寸的制件的工作站，如图 1-35 所示。

（7）上下料机器人 上下料机器人是指将待加工工件送装到加工位置、将已加工工件从加工位置取下的自动上下料工作站如图 1-36 所示。

（8）码垛机器人 码垛机器人是指通过定位信息，由机器人将已输送到抓取工位的工件自动抓取到码垛位置进行码垛，然后重复抓取工件进行新垛码放的工作站，如图 1-37 所示。

a)

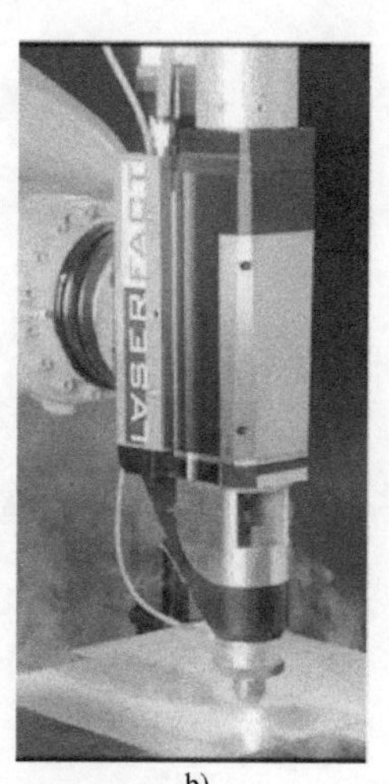

b)

图 1-34 切割机器人

a）水切割机器人 b）激光切割机器人

（9）分拣机器人 分拣机器人是指一种具备传感器、物镜和电子光学系统，可以快速进行货物分拣的工作站，如图 1-38 所示。

（10）AGV 移动小车 AGV 移动小车是指装备有电磁或光学等自动导向系统，可以保障系统在不需要人工引航的情况下就能够沿预定的路线自动行驶，将货物或物料自动从起始点运送到目的地的无人驾驶运输车，如图 1-39 所示。

图 1-35　锻造冲压机器人

图 1-36　上下料机器人

图 1-37　码垛机器人

图 1-38　分拣机器人

图 1-39　AGV 移动小车

练 习 题

1. 填空题

（1）1959 年，________研制出了世界上第一台工业机器人 Unimate。

（2）工业机器人“四大家族”品牌分别为________、________、________和________。

（3）联合国标准化组织采纳了美国机器人协会给机器人下的定义：一种具有________和________的功能，能完成各种不同作业任务的________。

（4）当前工业中应用最多的是 6 轴机器人，它的结构主要由________、________、________及________等组成。

（5）机器人本体是________和________，也是机器人的________和________。

（6）机器人本体最后一个轴的接口通常为一个________，可以安装不同的操作装置（习惯上称末端执行器），如夹紧爪、吸盘和焊枪等。

（7）工业机器人常用的驱动方式主要有________、________和________三种类型。

（8）目前，工业机器人广泛采用的机械传动单元是________，关节减速机要求具有传动链短、体积小、功率大、质量小和易于控制等特点。

（9）一般用在关节型机器人上的减速机主要有两类：________和________。

（10）示教器也称为________或________，主要由________和________组成，可由作业人员手持移动。

2. 选择题

（1）从结构上看，工业机器人大致分为（　　）。

A. 直角坐标机器人　　B. 柱面坐标机器人

C. 球面坐标机器人　　D. 多关节机器人

（2）按照机器人的控制方式可以将工业机器人分为（　　）。

A. 点位控制型　　B. 服务机器人　　C. 手动机器人　　D. 连续控制型

（3）下面不属于“四大家族”工业机器人产地的是（　　）。

A. 瑞士　　B. 美国　　C. 日本　　D. 德国

（4）1973 年，KUKA 研发其第一台工业机器人，命名为 FAMULUS。这是世界上第一台电机驱动的（　　）轴机器人。

A. 2　　B. 4　　C. 6　　D. 3

（5）（　　）公司产品广泛应用于汽车、冶金、食品和塑料成形等行业。

A. ABB　　B. FANUC　　C. KUKA　　D. Yaskawa

（6）（　　）于 1959 年首先推出了电液步进电机，后来逐步发展并完善了以硬件为主的开环数控系统。

A. ABB　　B. FANUC　　C. KUKA　　D. Yaskawa

（7）（　　）是最基本的类型，应用于点胶、滴塑、喷涂、码垛、分拣、包装和焊接等常见的工业领域。

A. 柱面坐标机器人　　B. 直角坐标机器人

C. 球面坐标机器人　　D. 多关节机器人

（8）（　　）机器人能够按照人类预先示教的轨迹、行为、顺序和速度重复作业。

A. 示教再现型　　B. 感知工业机器人

C. 气动机器人　　D. 智能机器人

3. 简答题

（1）简述工业机器人的定义。

（2）简述工业机器人的组成及各部分的作用。

（3）简述工业机器人的“四大家族”及其特点。

（4）简述工业机器人国内品牌及其特点。

（5）简述工业机器人的技术发展方向。

ROBOT

项目二　ABB工业机器人的基本操作

任务一　ABB 工业机器人认知

ABB 是工业机器人“四大家族”之一的技术供应商，主要提供机器人本体、软件、外围设备、系统集成以及客户服务。ABB 工业机器人主要用于焊接、搬运、装配、涂装、机加工、捡拾、包装、码垛和上下料等应用，广泛应用于汽车、电子产品制造、食品饮料、金属加工、塑料橡胶和机床等行业。ABB 在中国、瑞典和美国三地设有机器人生产基地，全球累计装机量已超过 400,000 台。

1969 年，ABB 研制出世界上首台喷涂机器人并成功进入市场。1974 年又发明了全球首台投入商用的电动机器人 IRB6。ABB 现有 30 余种型号的机器人，产品组合完整，拥有 4 轴机器人、6 轴机器人、7 轴机器人、喷涂机器人、协作机器人以及 SCARA 机器人等，可满足各行各业的生产需求，并具备强大的系统集成能力。

ABB 上海康桥基地也是全球唯一的 ABB 喷涂机器人生产基地，并拥有 ABB 全球首个机器人质量中心和中国首个机器人整车喷涂实验中心。截至目前，ABB 是唯一一家在中国打造工业机器人研发、生产、销售、工程、系统集成和服务全产业链的跨国企业。

常用 ABB 工业机器人认知

ABB 机器人的官方网站为 www. abb. com/robotics。

一、常用的 ABB 工业机器人

常用的 ABB 工业机器人见表 2-1。

表 2-1　常用的 ABB 工业机器人

工业机器人型号	外观	特点	参数
IRB120	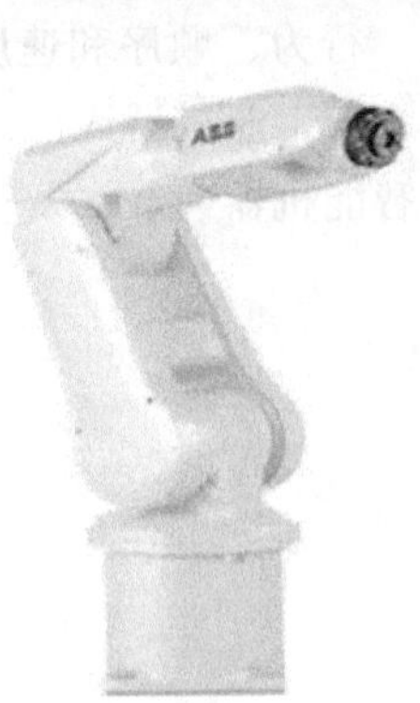	现阶段最小的多用途机器人，仅重 25kg，荷重 3kg（垂直腕为 4kg），工作范围达 0.58m，是具有低投资、高产出优势的经济可靠之选 能够在严苛的洁净室环境中充分发挥优势	IRB120 分为 IRB120 和 IRB120T 两种，其工作半径为 0.58m，末端负载 3kg

（续）

工业机器人型号	外观	特点	参数
IRB1410		应用于弧焊、物料搬运和过程应用领域。坚固可靠，过程速度和定位均可调整，工作周期较短	工作半径为1.44m，末端负载5kg
IRB1600		最高性能规格末端负载10kg，高速度和精度，缩短了工作周期	IRB1600有4种规格：①工作半径为1.2m，末端负载6kg；②工作半径为1.45m，末端负载6kg；③工作半径为1.2m，末端负载10kg；④工作半径为1.45m，末端负载10kg
IRB1600ID		专业弧焊机器人，采用集成式配套设计，所有电缆和软管均内嵌于机器人上臂。线缆包供应弧焊所需的全部介质，包括电源、焊丝、保护气和压缩空气	IRB1600ID工作半径为1.5m，末端负载4kg
IRB2600		包含3款子型号，荷重为12～20kg。该系列产品主要用于上下料、物料搬运、弧焊以及其他加工	IRB2600有3种规格：①工作半径为1.65m，末端负载12kg；②工作半径为1.65m，末端负载20kg；③工作半径为1.85m，末端负载12kg

（续）

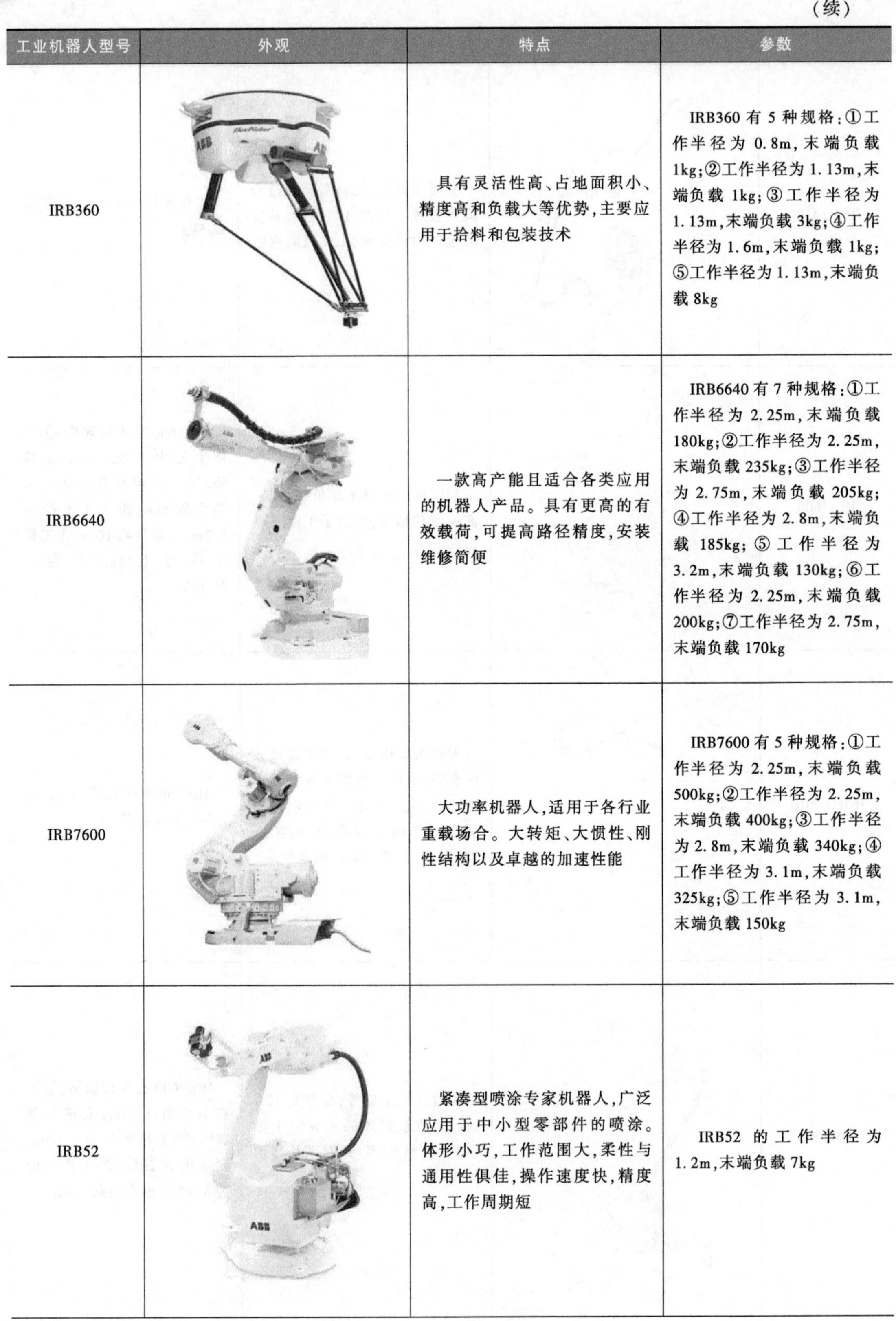

工业机器人型号	外观	特点	参数
IRB360		具有灵活性高、占地面积小、精度高和负载大等优势，主要应用于拾料和包装技术	IRB360有5种规格：①工作半径为0.8m，末端负载1kg；②工作半径为1.13m，末端负载1kg；③工作半径为1.13m，末端负载3kg；④工作半径为1.6m，末端负载1kg；⑤工作半径为1.13m，末端负载8kg
IRB6640		一款高产能且适合各类应用的机器人产品。具有更高的有效载荷，可提高路径精度，安装维修简便	IRB6640有7种规格：①工作半径为2.25m，末端负载180kg；②工作半径为2.25m，末端负载235kg；③工作半径为2.75m，末端负载205kg；④工作半径为2.8m，末端负载185kg；⑤工作半径为3.2m，末端负载130kg；⑥工作半径为2.25m，末端负载200kg；⑦工作半径为2.75m，末端负载170kg
IRB7600		大功率机器人，适用于各行业重载场合。大转矩、大惯性、刚性结构以及卓越的加速性能	IRB7600有5种规格：①工作半径为2.25m，末端负载500kg；②工作半径为2.25m，末端负载400kg；③工作半径为2.8m，末端负载340kg；④工作半径为3.1m，末端负载325kg；⑤工作半径为3.1m，末端负载150kg
IRB52		紧凑型喷涂专家机器人，广泛应用于中小型零部件的喷涂。体形小巧，工作范围大，柔性与通用性俱佳，操作速度快，精度高，工作周期短	IRB52的工作半径为1.2m，末端负载7kg

（续）

工业机器人型号	外观	特点	参数
IRB5500		创新的外表面喷涂机器人，采用独有的设计与结构，工作范围大，运动灵活，使用弹匣式旋杯系统（CBS），换色过程中的涂料损耗接近于零，适合小批量喷涂和多色喷涂	IRB5500 的工作半径为 2.97m，末端负载 13kg

二、ABB 机器人操作安全注意事项

1. 关闭总电源

ABB 机器人操作安全

在进行机器人的安装、维修和保养时，要将总电源关闭。带电作业可能会产生致命性后果：如不慎遭高压电击，可能会导致烧伤、心跳停止或其他严重伤害。

2. 与机器人保持足够的安全距离

在调试与运行时，机器人可能会出现一些意外的或不规范的运动，所有的运动都会产生很大的力量，可能会严重伤害个人或损坏机器人工作范围内的任何设备，所以应时刻警惕，与机器人保持足够的安全距离。

3. 静电放电危险

静电放电（ESD）是电势不同的两个物体间的静电传导，它可以通过直接接触传导，也可以通过感应电场传导。搬运部件或部件容器时，未接地的人员可能会传导大量的静电荷。这一放电过程可能会损坏敏感的电子设备，所以要做好静电放电防护。

4. 紧急停止

紧急停止优先于任何控制操作，它会断开机器人电动机的驱动电源，停止所有运转部件，并切断由机器人系统控制且存在潜在危险的功能部件的电源。出现下列情况时应立即按下急停按钮：

1）机器人运行中，工作区域内有工作人员。

2）机器人伤害了工作人员或损伤了机器设备。

5. 灭火

发生火灾时，要确认全体人员安全撤离后再灭火，应首先处理受伤人员。当电气设备（如机器人或控制器）起火时，要使用二氧化碳灭火器，切勿使用水或泡沫灭火器。

6. 工作中的安全注意事项

工业机器人运动过程中的停顿或停止都会产生危险，即使可以预测运动轨迹，但外部信号有可能改变操作，会在没有任何预警的情况下产生意想不到的运动。因此，当进入保护空间时，必须遵循以下的安全准则：

1）如果在保护空间内有工作人员，应手动操作机器人。

2）进入保护空间时，应准备好示教器，以便随时控制机器人。

3）注意旋转或运动的工具（如切削工具等），确保在接近机器人之前，这些工具已经停止运动。

4）注意工件和机器人系统的高温表面。机器人电动机长时间工作后，表面温度会很高。

5）注意工件被夹具装夹好。如果夹具打开，工件会脱落并导致人员受伤或设备损坏。夹具非常有力，如果不按照正确方法操作，也会导致人员受伤。

6）注意液压、气压系统以及带电部件。即使断电，这些电路上的残余电量也很危险。

7. 示教器的安全注意事项

示教器是一种高品质的手持式终端，它配备了高灵敏度的电子设备。为避免操作不当引起的故障或损害，操作时应注意以下几点：

1）不要摔打、抛掷或重击示教器，否则会导致示教器故障或损坏。不使用示教器时，将它放置在专门的支架上，以防意外掉落。

2）示教器的使用和存放时，其电缆应避免被踩踏。

3）切勿使用锋利的物体（如螺钉旋具或笔尖）操作触摸屏，否则可能会使触摸屏受损。应用手指或触摸笔（位于带有 USB 端口的示教器的背面）操作示教器的触摸屏。

4）定期清洁触摸屏。灰尘和小颗粒可能会挡住屏幕造成故障。

5）切勿使用溶剂、洗涤剂或擦洗海绵清洁示教器，应使用软布蘸少量水或中性清洁剂清洁。

6）没有连接 USB 设备时，务必盖上 USB 端口的保护盖。如果端口暴露到灰尘中，会造成端口中断或发生故障。

8. 手动模式下的安全注意事项

在手动减速模式下，机器人只能减速（250mm/s 或更慢）操作（移动）。只要操作人员在安全保护空间之内，就应始终以手动速度进行操作。

在手动全速模式下，机器人以程序预设速度运动。手动全速模式应仅用于所有人员都位于安全保护空间之外时，而且操作人员必须经过特殊训练，熟知潜在的危险。

9. 自动模式下的安全注意事项

自动模式用于在实际生产中运行机器人程序。在自动模式下，常规模式停止（GS）机制、自动模式停止（AS）机制和上级停止（SS）机制都将处于活动状态。

10. 遵循正确的操作规程

使用者在初次进行机器人操作时，必须认真地阅读设备的使用说明书或操作手册，按照操作规范进行正确操作。如果机器人在第一次使用或长期没有使用时，先慢速手动操作其各轴进行运动（必要时应校准机械原点），这些对于初学者尤其应引起重视，因为缺乏相应的操作培训，往往在这方面容易犯错。

11. 尽可能提高机器人的开动率

买入工业机器人及相关设备后，如果它的开动率不高，不但会使用户投入的设备不能起到生产的作用，而且还很有可能因为过保修期，导致设备发生故障时需要支付额外的维修费用。应在保修期内尽量多发现问题，即使平常缺少生产任务，也不能空闲不用，这不是对设备的爱护，可能会由于受潮等原因加快电子元器件的损坏，并出现机械部件的锈蚀问题。使用者要定期通电，进行空运行 1h 左右。

任务二　连接机器人本体与控制柜

ABB 机器人的控制柜

一、ABB 机器人的控制柜

1. ABB 机器人控制柜的安装

1）按照吊装方式，将控制柜移动到如图 2-1 所示的位置。

图 2-1　ABB 机器人控制柜的放置位置

2）按照图 2-2 所示对机器人控制柜进行布置。

3）示教器架子的安装方式如图 2-3 所示。

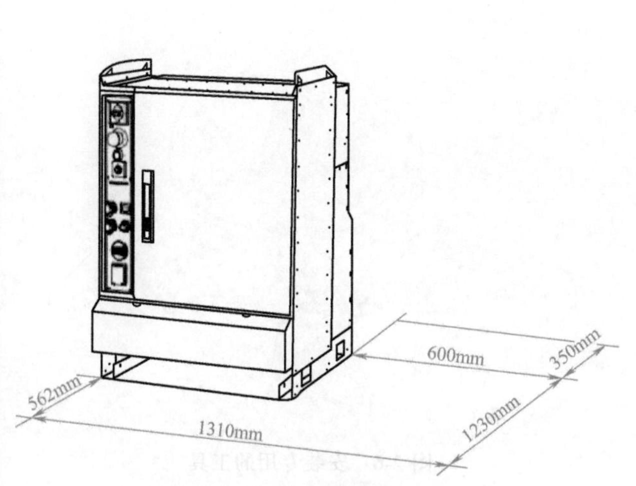

图 2-2　机器人控制柜的布置

图 2-3　示教器架子的安装方式

2. ABB 机器人控制柜的构造

ABB 机器人将所有需要的部件集中在一个控制柜中，如图 2-4 所示，主要由电源、电容、主计算机、机器人驱动器、轴计算机板、安全面板和 I/O 板等组成。

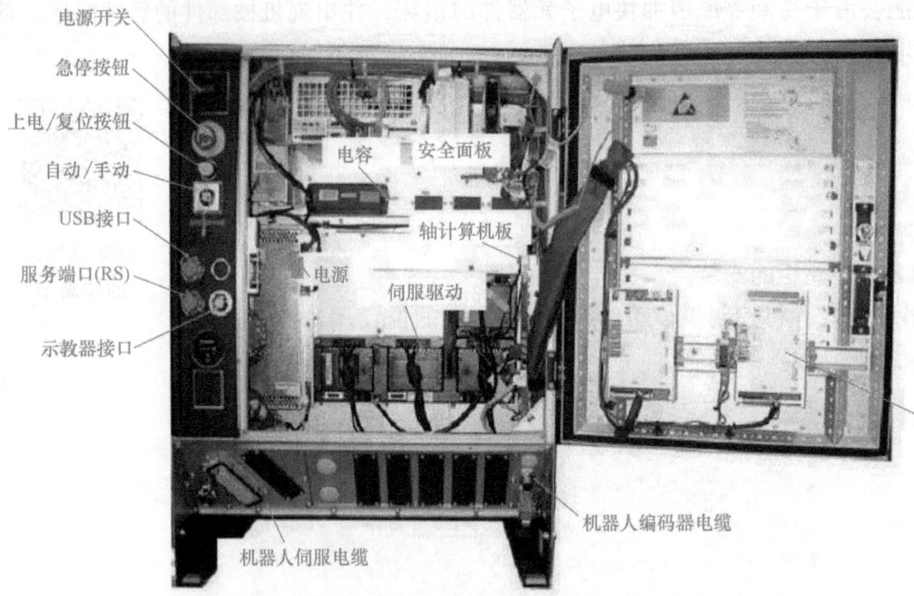

图 2-4　IRC5 控制柜

二、ABB 机器人的本体

1. ABB 机器人 IRB6640 本体的吊装示例

ABB 机器人的本体

不同机器人的吊装方式有所差异，具体请参阅 ABB 机器人随机光盘中的电子版说明书。

1）如图 2-5 所示，将轴 2、轴 3 和轴 5 运动至指定的位置。

2）如果使用叉车，需安装专用的工具，如图 2-6 所示。

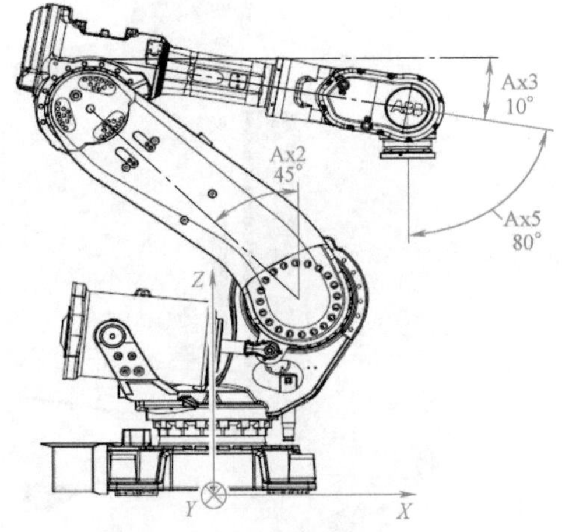

图 2-5　轴 2、轴 3 和轴 5 位置

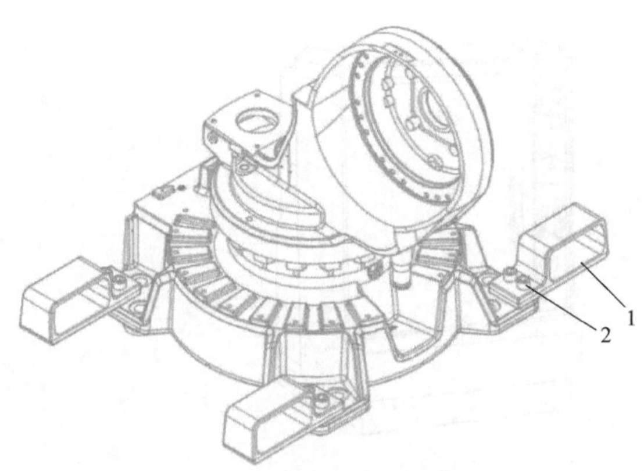

图 2-6　安装专用的工具

1—专用工具　2—固定螺钉

3）使用叉车进行吊装的示意图如图 2-7 所示。

4）使用吊车进行吊装的示意图如图 2-8 所示。

注意：在 A、B 和 C 处应添加覆盖物，预防绳索对机器人本体的损坏。

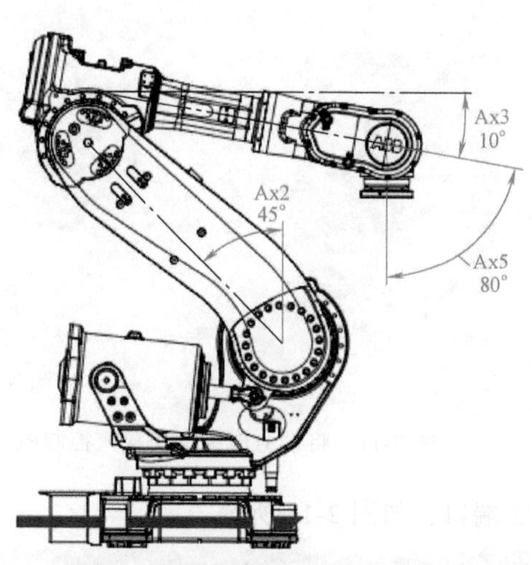

图 2-7 使用叉车进行吊装示意图

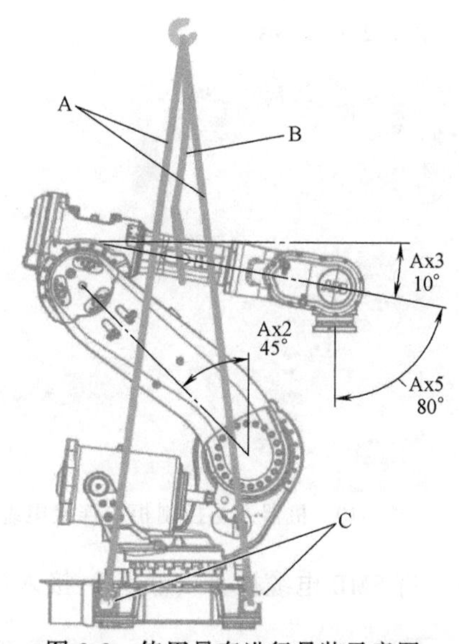

图 2-8 使用吊车进行吊装示意图

2. ABB 机器人 IRB1200 本体的连接接口说明

不同机器人的连接接口有所差异，但基本的连接线组成基本相同。

IRB1200 机器人本体的连接接口如图 2-9 所示。

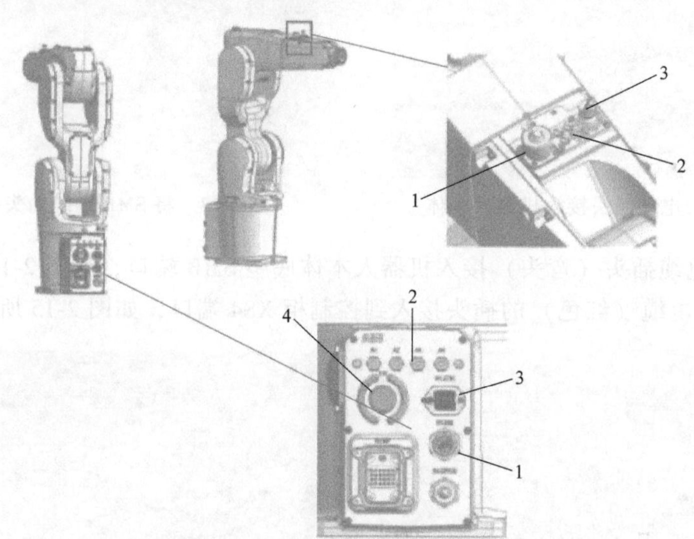

图 2-9 IRB1200 机器人本体的连接接口

1—10 芯用户信号插头最大电压 49V，最大电流 500mA 2—4 根气管，最大直径 4mm，可通过 5bar（0.5MPa）的压力 3—以太网通信接口 4—制动释放按钮

三、机器人的本体与控制柜的连接

机器人的本体与控制柜的连接

1）机器人本体与控制柜之间需要连接三根电缆：动力电缆、SMB 电缆和示教器电缆，如图 2-10 所示。

2）将标注为 XP1 的动力电缆插头接入控制柜，如图 2-11 所示。

3）将标注为 R1. MP 的动力电缆插头接入对应机器人本体底座的插

头上，如图 2-12 所示。

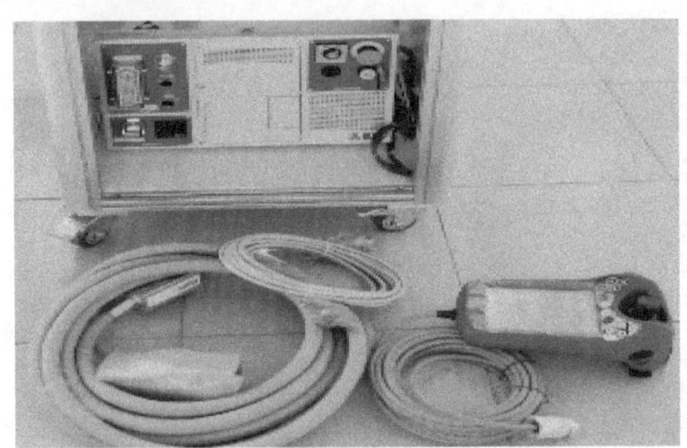
图 2-10　机器人与控制柜的连接电缆

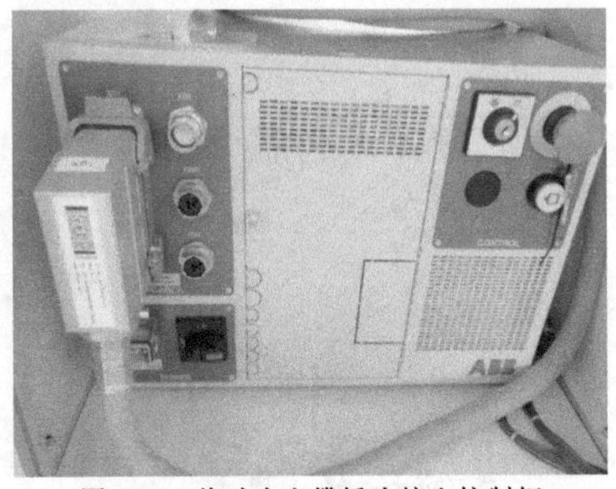
图 2-11　将动力电缆插头接入控制柜

4）将 SMB 电缆插头（直头）接入控制柜 XS2 端口，如图 2-13 所示。

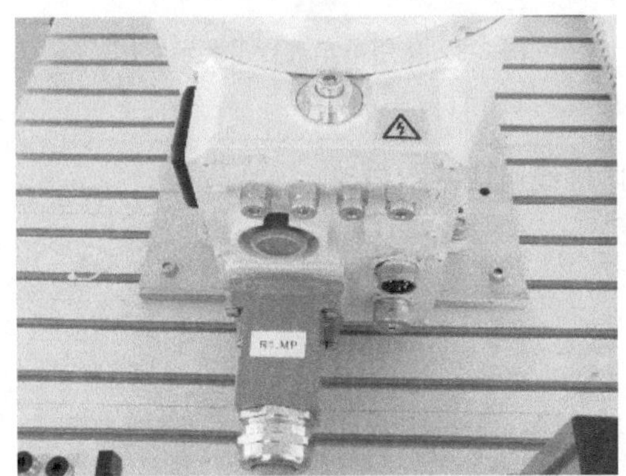
图 2-12　将动力电缆插头接入机器人本体

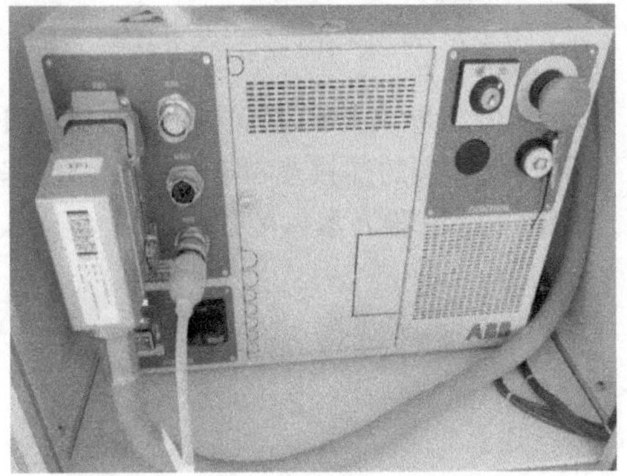
图 2-13　将 SMB 电缆插头接入控制柜

5）将 SMB 电缆插头（弯头）接入机器人本体底座 SMB 端口，如图 2-14 所示。

6）将示教器电缆（红色）的插头接入到控制柜 XS4 端口，如图 2-15 所示。

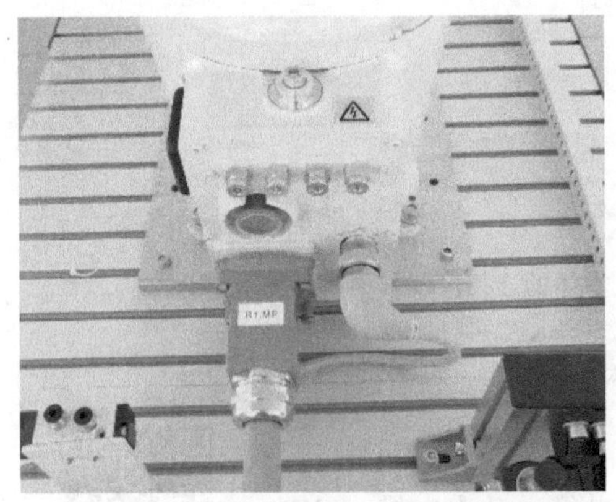
图 2-14　将 SMB 电缆插头接入机器人本体

图 2-15　将示教器电缆插头接入控制柜

7）本项目中 IRB1200 是使用单相 220V 供电，最大功率 0.5kW。根据此参数准备电源线并且制作控制柜端的插头，如图 2-16 所示。

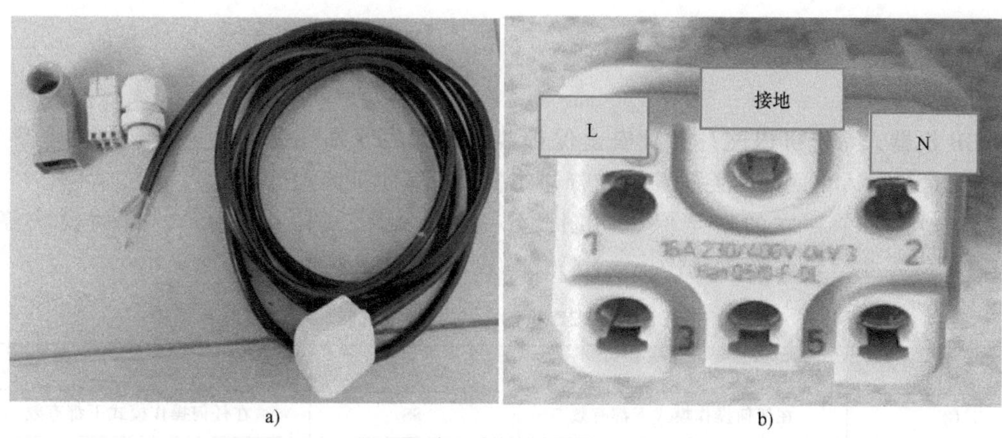

a) b)

图 2-16 电源线插头

8）将电源线根据定义进行接线，将电线涂锡后接入插头并压紧，如图 2-17 所示。

9）已制作好的电源线如图 2-18 所示。

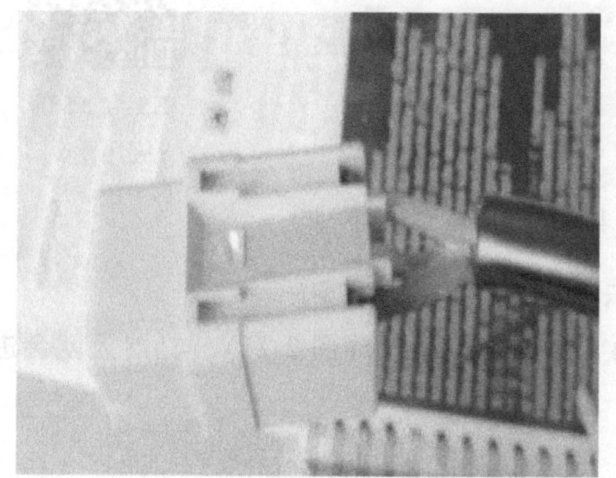

图 2-17 电源线接线

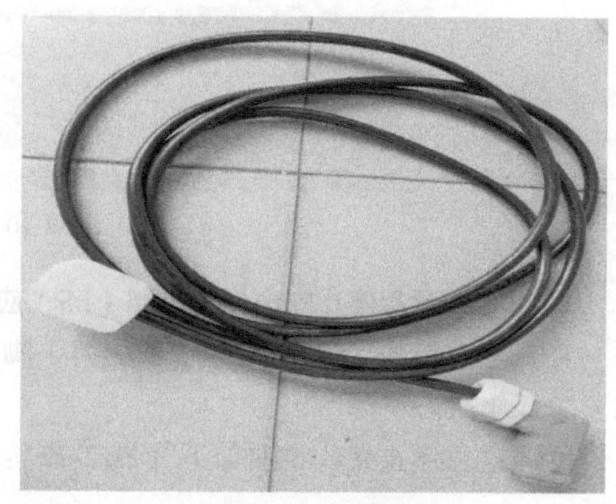

图 2-18 电源线

10）检查确认后，将电源插头接入控制柜 XP0 端口并锁紧，如图 2-19 所示。

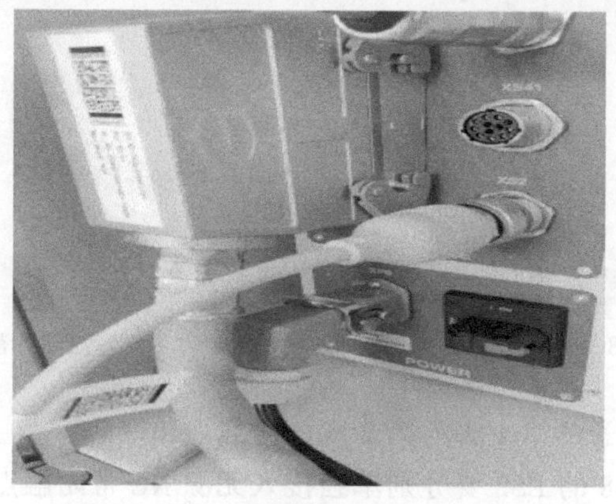

图 2-19 将电源插头接入控制柜

任务三　机器人安全保护机制认知

ABB 机器人系统可以配备各种安全保护装置，如门互锁开关、安全光幕和安全垫等。最常用的是机器人单元的门互锁开关，打开此装置可暂停机器人运行。

控制器有四个独立的安全保护机制，分别为常规模式停止（GS）、自动模式停止（AS）、上级停止（SS）和紧急停止（ES），见表 2-2。

表 2-2　ABB 机器人安全保护机制

安全保护	保护机制	安全保护	保护机制
GS	在任何操作模式下都有效	SS	在任何操作模式下都有效
AS	在自动模式下有效	ES	在急停按钮被按下时有效

一、ES 与 AS（图 2-20）的应用示例

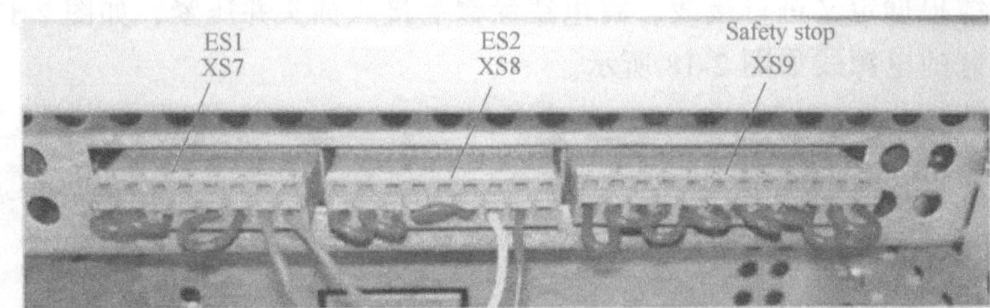

ES 与 AS 的应用示例

图 2-20　ES 与 AS

1. 机器人紧急停止安全保护机制（ES）应用示例

将安全面板的 XS7 与 XS8 端子的第 1 脚与第 2 脚的连接断开（图 2-21），机器人就会进入紧急停止状态。

外部紧急停止接线说明如下（图 2-22）：

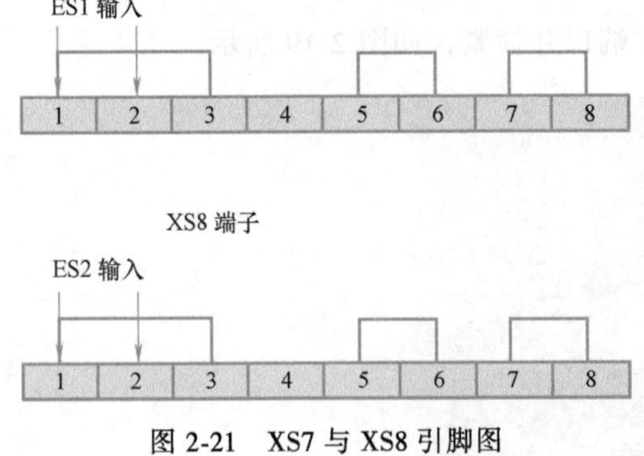

图 2-21　XS7 与 XS8 引脚图

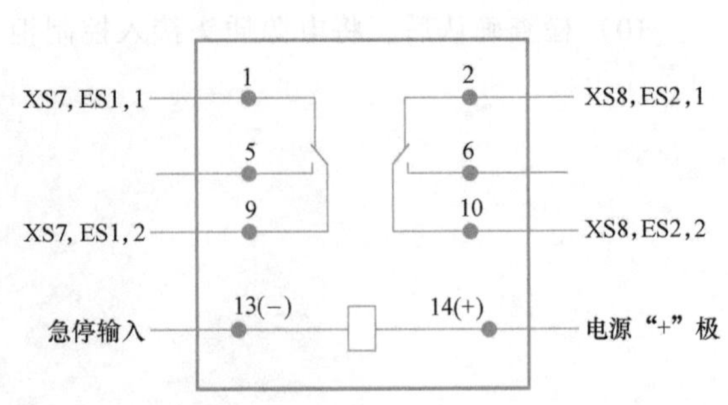

图 2-22　外部紧急停止接线图

1）将 XS7 和 XS8 端子的第 1 脚与第 2 脚短接线取出。

2）XS7 的 ES1 与 XS8 的 ES2 要分别单独接入无源 NC 常闭触点。

3）如果要输入急停信号，就必须同时使用 ES1 和 ES2，同断同通。

2. 机器人自动模式安全保护机制（AS）应用示例

将安全面板的 XS9 端子的第 5 脚与第 6 脚、第 11 脚与第 12 脚的连接断开（图 2-23），机器人就会进入自动停止状态。

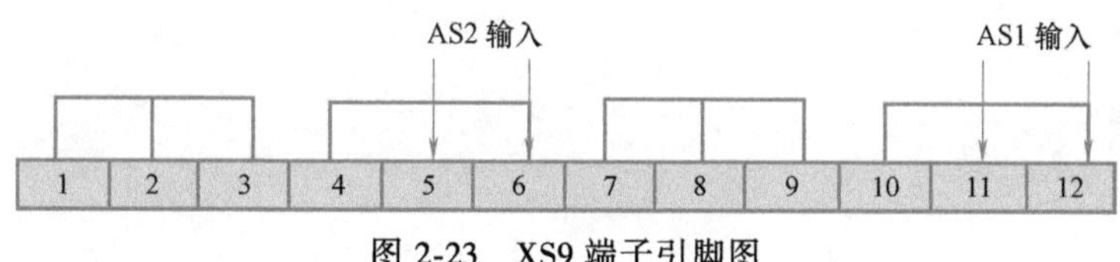

图 2-23　XS9 端子引脚图

外部自动停止接线说明（见图 2-24）：

1）将第 5 脚与第 6 脚、第 11 脚与第 12 脚的短接线取出。

2）AS1 和 AS2 分别单独接入无源 NC 常闭触点。

3）如果要接入自动模式安全保护停止信号，就必须同时使用 AS1 和 AS2，同断同通。

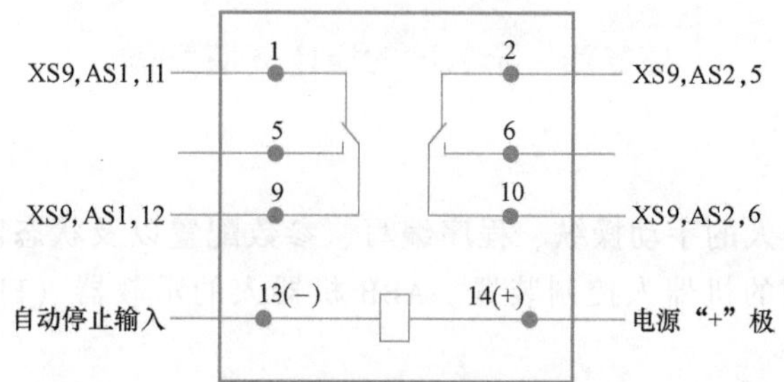

图 2-24　外部自动停止接线图

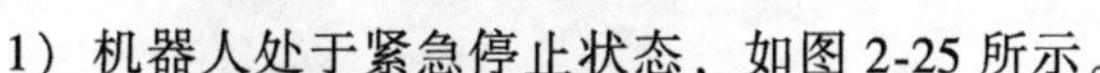

二、紧急停止后的恢复操作

机器人系统在紧急停止后，需要进行以下的操作后才可恢复到正常的状态。

紧急停止后的恢复操作

1）机器人处于紧急停止状态，如图 2-25 所示。

2）松开急停按钮。

3）按下电机通电/复位按钮，如图 2-26 所示。

图 2-25　机器人处于紧急停止状态

4）机器人系统恢复正常状态，如图 2-27 所示。

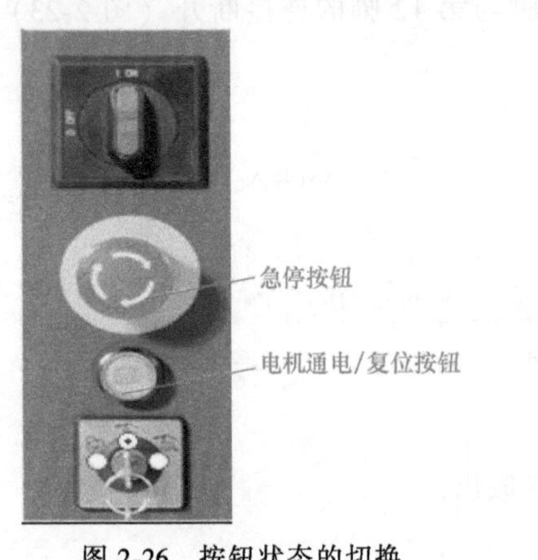

图 2-26　按钮状态的切换

图 2-27　机器人系统恢复正常状态

任务四　示教器的操作环境配置

一、什么是示教器

什么是示教器

示教器是用于机器人的手动操纵、程序编写、参数配置以及状态监控的手持装置，也是最常用的机器人控制装置。ABB 机器人的示教器（FlexPendant）如图 2-28 所示。

在示教器上，绝大多数的操作都是在触摸屏上完成的，同时也设置了必要的按钮与操作装置，如图 2-29 所示。

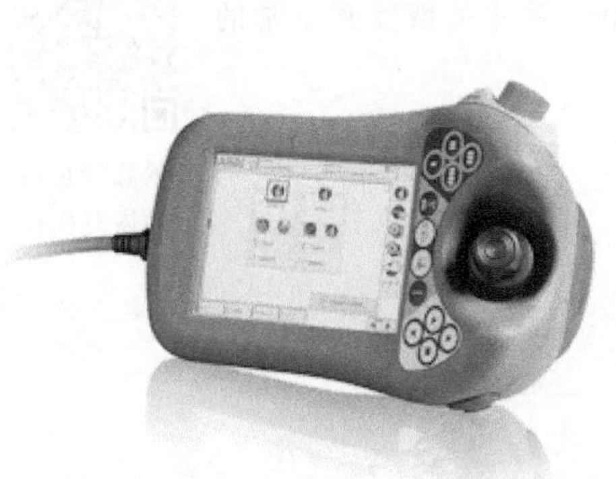

图 2-28　示教器的外观

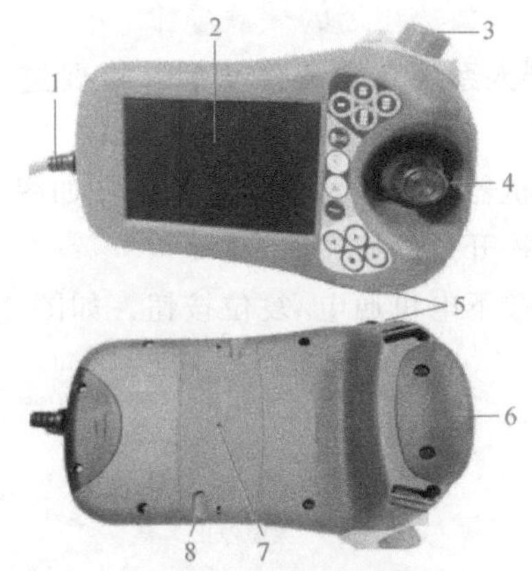

图 2-29　示教器的说明

1—连接电缆　2—触摸屏　3—急停按钮　4—手动操作摇杆　5—数据备份用 USB 端口　6—示教器使能按钮　7—示教器触摸屏复位键　8—示教器操纵笔套

只有在按下使能按钮，并保持在“电机开启”状态，才可对机器人进行手动操纵与程序调试。当发生危险时，人会本能地将使能按钮松开或按紧，则机器人会立即停止运行，以保证安全。

使能按钮分两档：在手动状态下第一档按下去，机器人将处于“电机开启”状态（图 2-30）；第二档按下去以后，机器人又处于“防护装置停止”状态（图 2-31）。

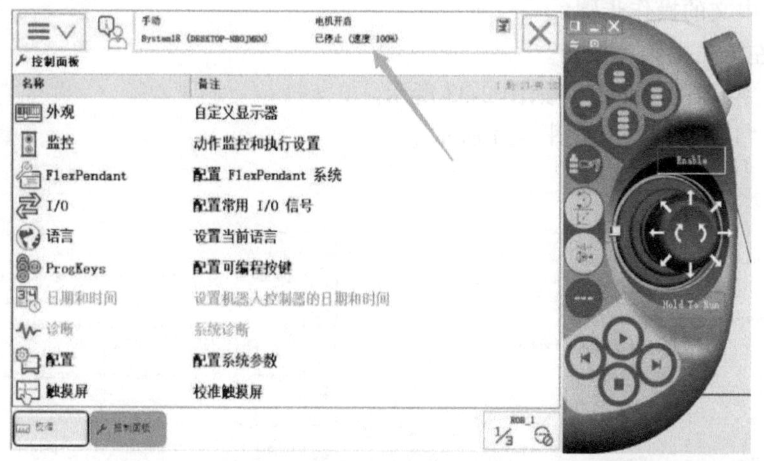

图 2-30 “电机开启”状态

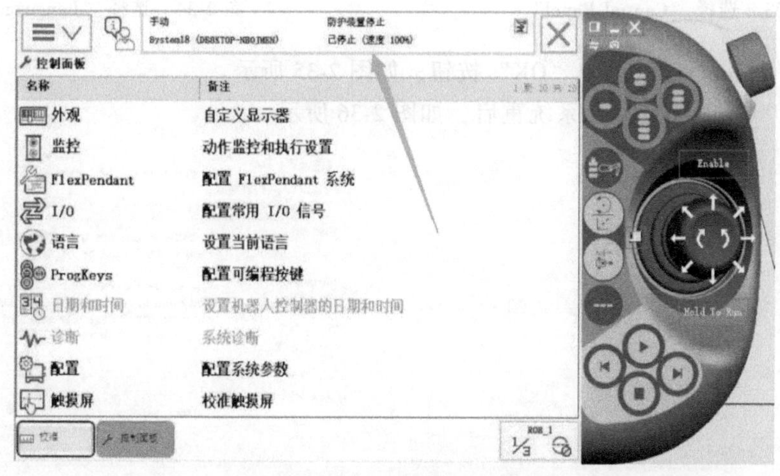

图 2-31 “防护装置停止”状态

示教器的具体使用方法是：左手拿示教器，右手进行触摸屏与按钮操作，如图 2-32 所示。

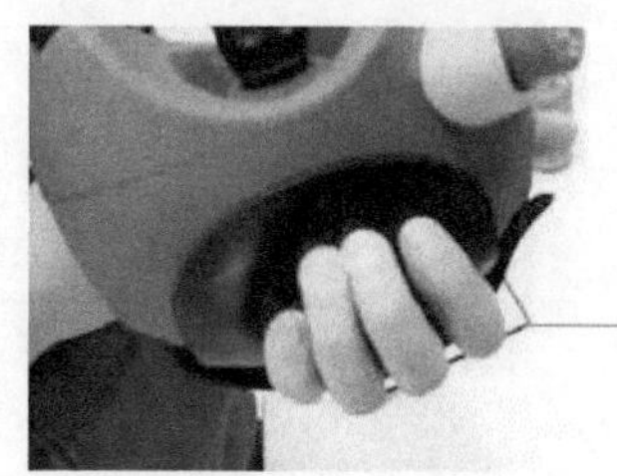

操作时，用左手的四个手指握住使能按钮，右手进行触摸屏与按钮操作

图 2-32 示教器的使用

此示教器是按照人体工程学进行设计的，同时适合左利手操作，可直接在屏幕中进行设置。

二、设定示教器的显示语言

设定示教器的显示语言

示教器在出厂时默认的显示语言是英语，为了方便操作，下面介绍把显示语言设定为中文的操作步骤。

1）单击左上角主菜单按钮。

2）选择“Control Panel”，如图 2-33 所示。

3）选择“Language”，如图 2-34 所示 。

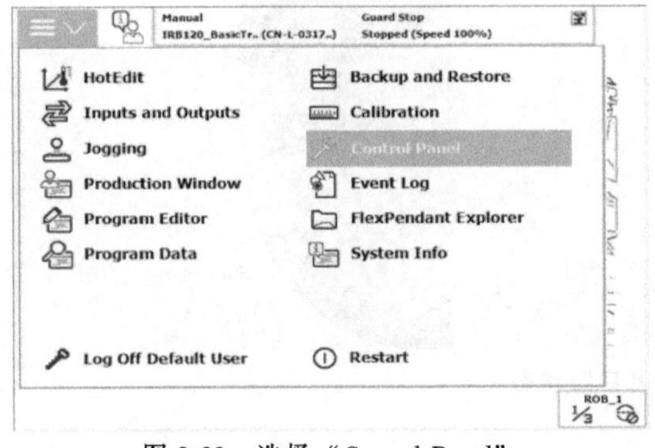

图 2-33　选择“Control Panel”

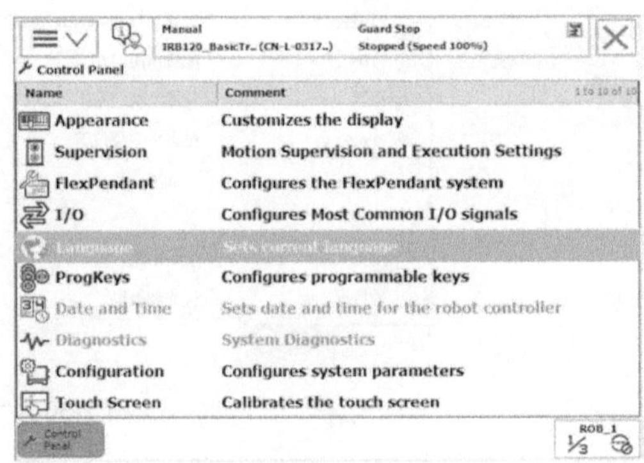

图 2-34　选择“Language”

4）选择“Chinese”，单击“OK”按钮，如图 2-35 所示。

5）单击“Yes”按钮后，系统重启，如图 2-36 所示。

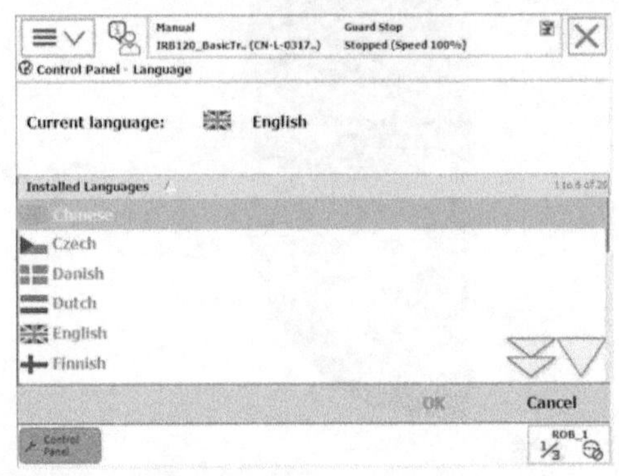

图 2-35　选择“Chinese”

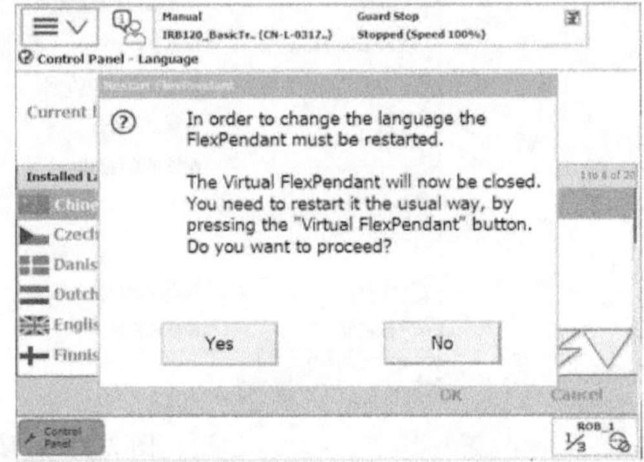

图 2-36　单击“Yes”按钮

6）重启后，单击左上角主菜单按钮就能看到菜单已切换成中文界面，如图 2-37 所示。

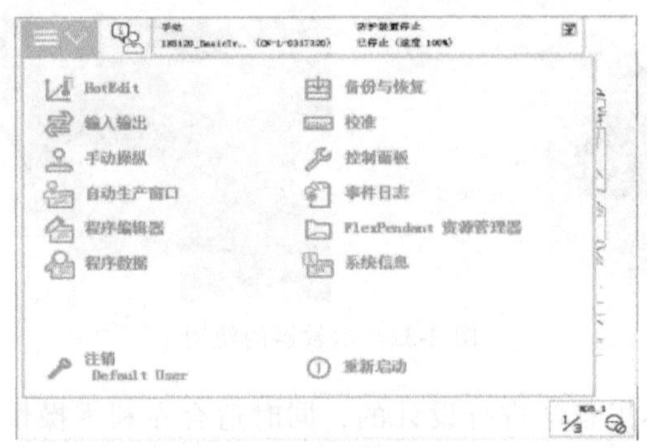

图 2-37　重启后的中文界面

三、用示教器切换左右手操作习惯

示教器切换左右手操作习惯设定

一般可按以下步骤在示教器中设定左右手操作习惯。

1）单击左上角主菜单按钮。

2）选择“控制面板”，如图 2-38 所示。

3）选择“外观”，如图 2-39 所示。

4）选择“向右旋转”或“向左旋转”，再单击“确定”按钮，就可以完成左右手操作习惯的切换，如图 2-40 所示。

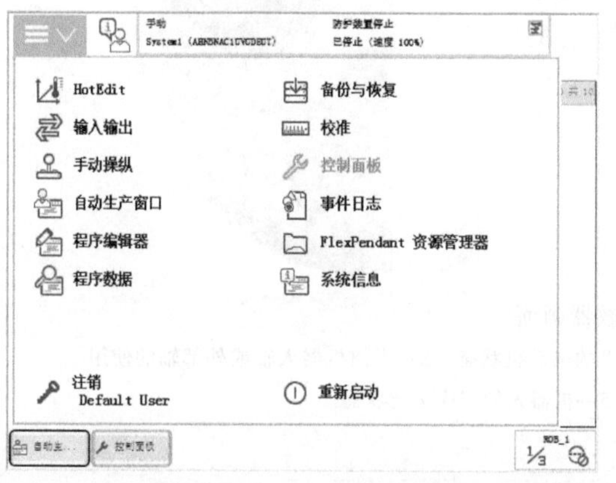

图 2-38 选择“控制面板”

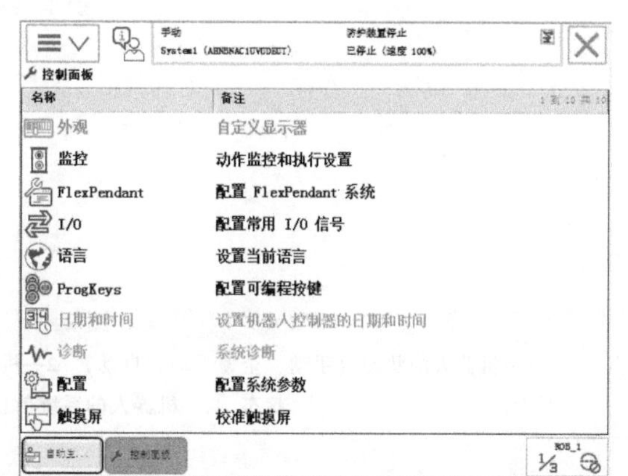

图 2-39 选择“外观”

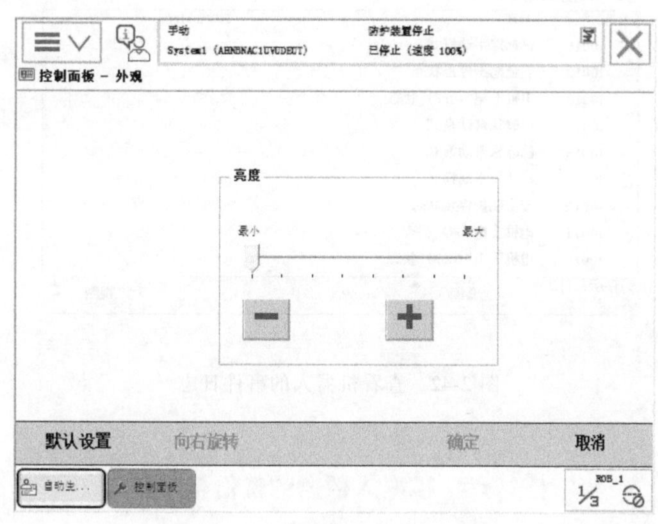

图 2-40 切换左右手操作习惯

任务五 查看机器人常用信息

查看机器人常用信息

通过示教器画面上的状态栏可以查看 ABB 机器人的常用信息，如图 2-41 所示。

单击画面中的状态栏就可以查看机器人的事件日志，如图 2-42 所示。

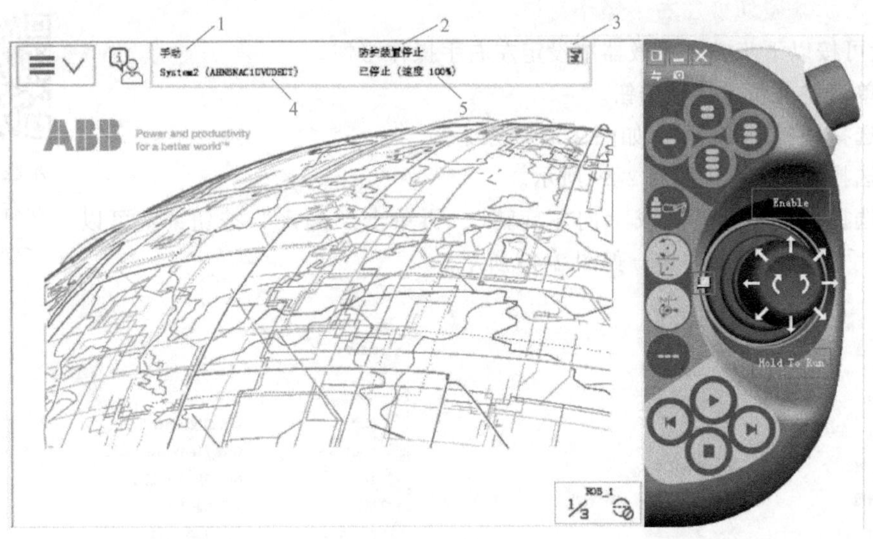

图 2-41　示教器画面

1—机器人的状态（手动、全速手动和自动）　2—机器人的电动机状态　3—当前机器人轴或外部轴的使用状态　4—机器人的系统信息　5—机器人的程序运行状态

手动　　防护装置停止

System19 (DESKTOP-NBOJMEN)　　已停止（速度 100%）

事件日志 - 公用

点击一个消息便可打开。

代码	标题	日期和时间
10015	已选择手动模式	2020-01-07 11:14:28
10012	安全防护停止状态	2020-01-07 11:14:28
10010	电机下电（OFF）状态	2020-01-07 11:13:37
10017	已确认自动模式	2020-01-07 11:13:37
10016	已请求自动模式	2020-01-07 11:13:37
10015	已选择手动模式	2020-01-07 11:13:37
10012	安全防护停止状态	2020-01-07 11:13:37
10011	电机上电（ON）状态	2020-01-07 11:13:26
10010	电机下电（OFF）状态	2020-01-07 11:13:31

另存所有日志为...　删除　更新　视图

ROB_1 1/3

图 2-42　查看机器人的事件日志

任务六　机器人数据的备份与恢复

机器人数据的备份与恢复

为了确保机器人正常工作，要定期对 ABB 机器人的数据进行备份。ABB 机器人数据备份的对象是所有正在系统内存中运行的 RAPID 程序和系统参数。当机器人系统出现错乱或者重新安装系统以后，可以通过备份快速地把机器人的数据恢复到备份时的状态。

1. 对 ABB 机器人数据进行备份的操作步骤

1）选择“备份与恢复”，如图 2-43 所示。

2）选择“备份当前系统...”，如图 2-44 所示。

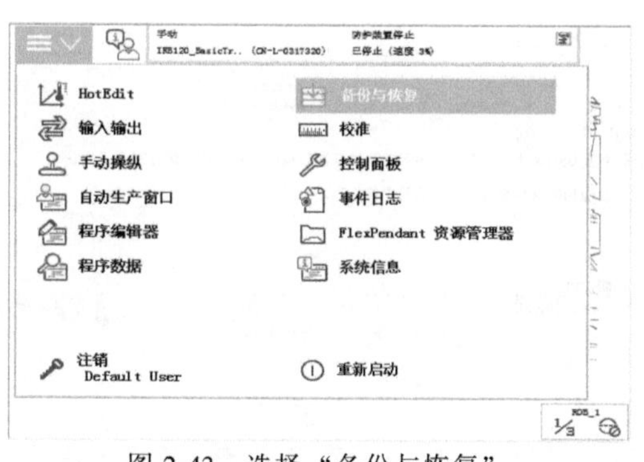

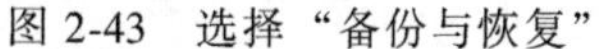
图 2-43 选择“备份与恢复”

图 2-44 选择“备份当前系统...”

3）单击“ABC...”按钮，进行存放备份数据目录名称的设定。

4）单击“…”按钮，选择备份存放的位置（机器人硬盘或 USB 存储设备）。

5）单击“备份”按钮进行备份操作，如图 2-45 所示。

6）等待备份完成，如图 2-46 所示。

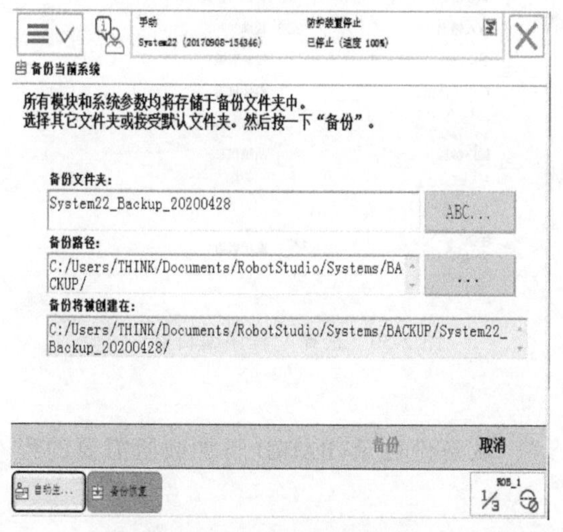

图 2-45 进行备份的操作

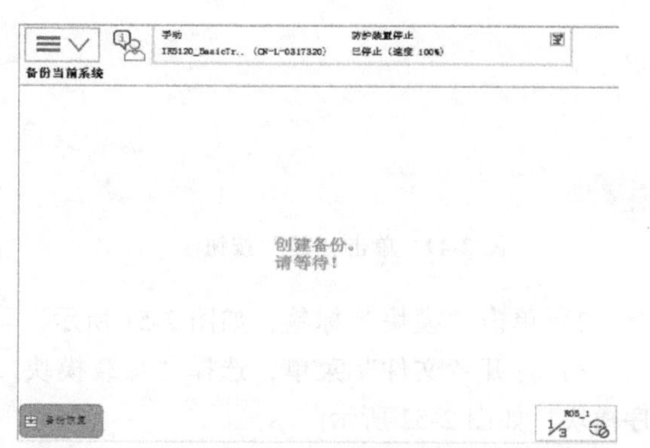

图 2-46 等待备份完成

2. 对 ABB 机器人数据进行恢复的操作

1）选择“恢复系统...”，如图 2-47 所示。

2）单击“…”按钮，选择备份存放的目录。

3）单击“恢复”按钮，如图 2-48 所示。

4）单击“是”按钮，如图 2-49 所示。

在进行数据恢复时要注意的是，备份数据是具有唯一性的，不能将一台机器人的备份数据恢复到另一台机器人中去，否则会造成系统故障。

但是，工程技术人员常会将程序和 I/O 的定义做成通用的，方便批量生产时使用。这时，可以通过分别单独导入程序和 EIO 文件来满足实际需要，其中 EIO 文件用来记录 I/O 信号配置的文件。

3. 单独导入程序的操作

1）选择“程序编辑器”，如图 2-50 所示。

图 2-47　选择“恢复系统...”

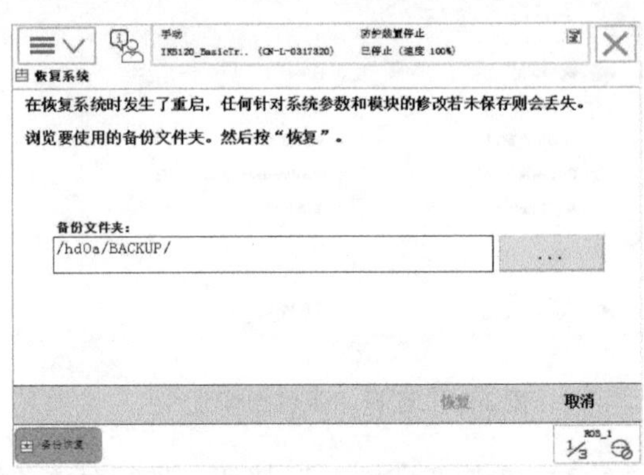

图 2-48　单击“恢复”按钮

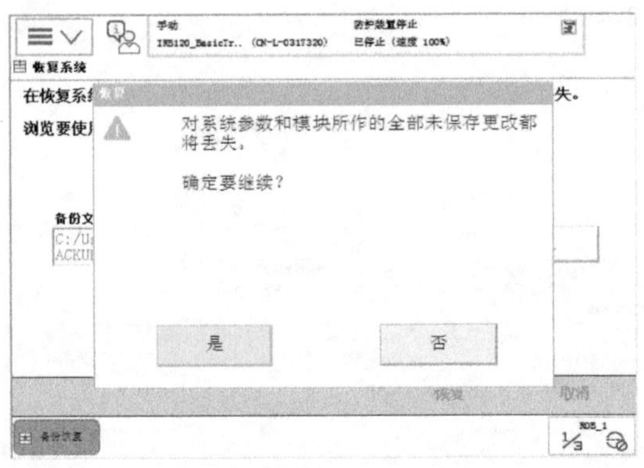

图 2-49　单击“是”按钮

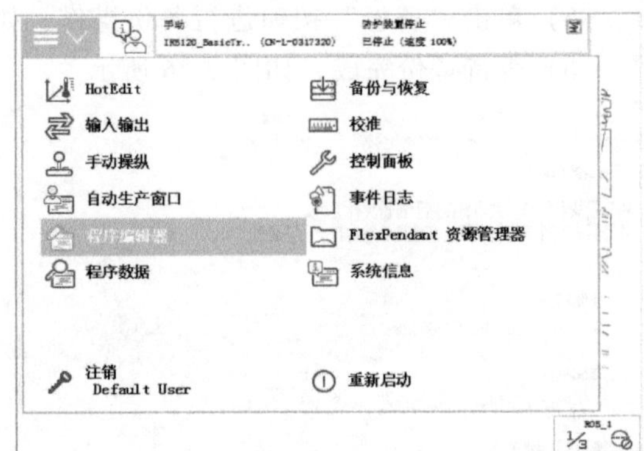

图 2-50　选择“程序编辑器”

2）单击“模块”标签，如图 2-51 所示。

3）打开“文件”菜单，选择“加载模块...”，从备份目录\RAPID 下加载所需要的程序模块，如图 2-52 所示。

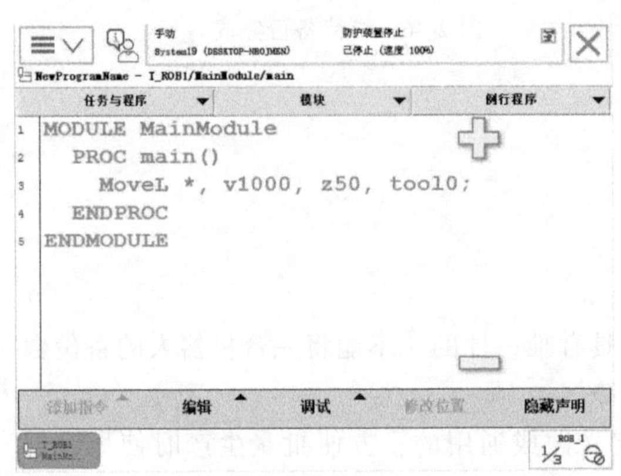

图 2-51　单击“模块”标签

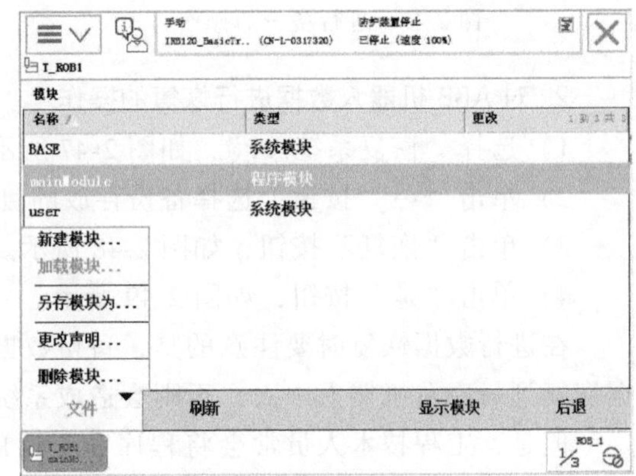

图 2-52　选择“加载模块...”

4. 单独导入 EIO 文件的操作

1）选择“控制面板”，如图 2-53 所示。

2）选择“配置”，如图2-54所示。

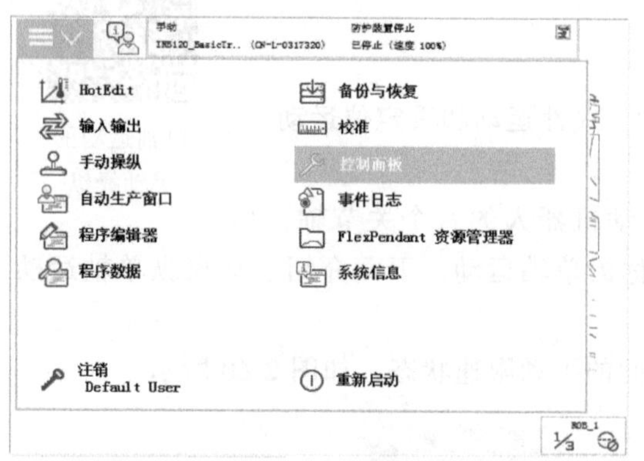

图2-53 选择“控制面板”

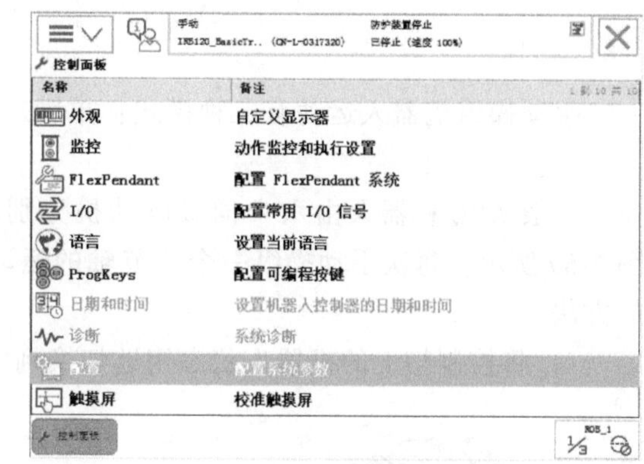

图2-54 选择“配置”

3）打开“文件”菜单，选择“加载参数”，如图2-55所示。

4）选择“删除现有参数后加载”，如图2-56所示。

5）单击“加载...”按钮。

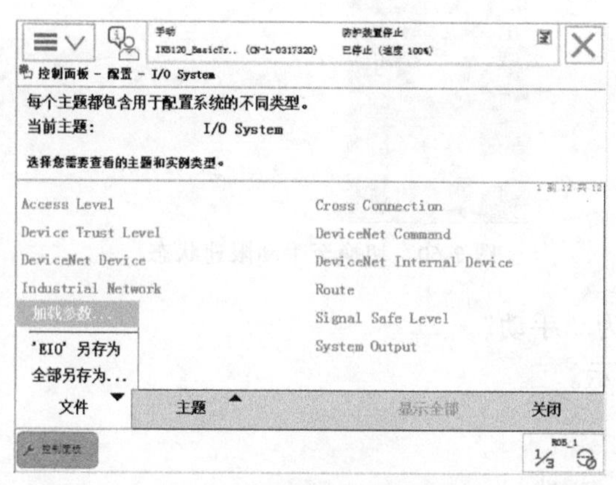

图2-55 选择“加载参数”

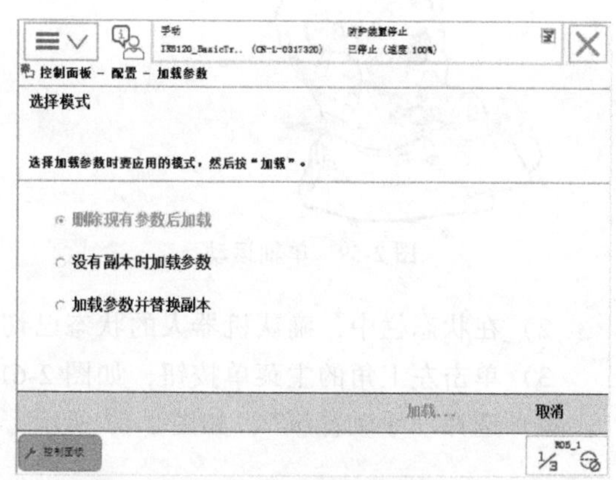

图2-56 选择“删除现有参数后加载”

6）在备份目录\SYSPAR中找到EIO.cfg文件，然后单击“确定”按钮，如图2-57所示。

7）单击“是”按钮，如图2-58所示，重启后完成导入。

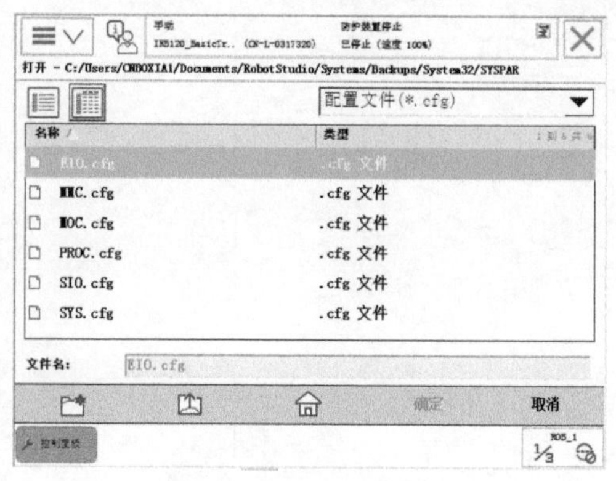

图2-57 EIO.cfg文件

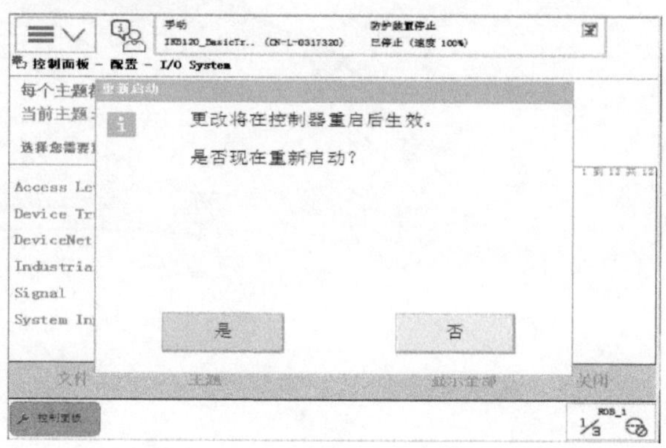

图2-58 单击“是”按钮

任务七　ABB 机器人的手动操纵

单轴运动的
手动操纵

手动操纵机器人运动有三种模式：单轴运动、线性运动和重定位运动。

一、单轴运动的手动操纵

一般 ABB 机器人由六个伺服电动机分别驱动机器人的六个关节轴，如图 2-59 所示。每次手动操纵一个关节轴的运动称为单轴运动。下面介绍手动操纵单轴运动的方法。

1）将控制柜上的机器人状态钥匙切换到中间的手动限速状态，如图 2-60 所示。

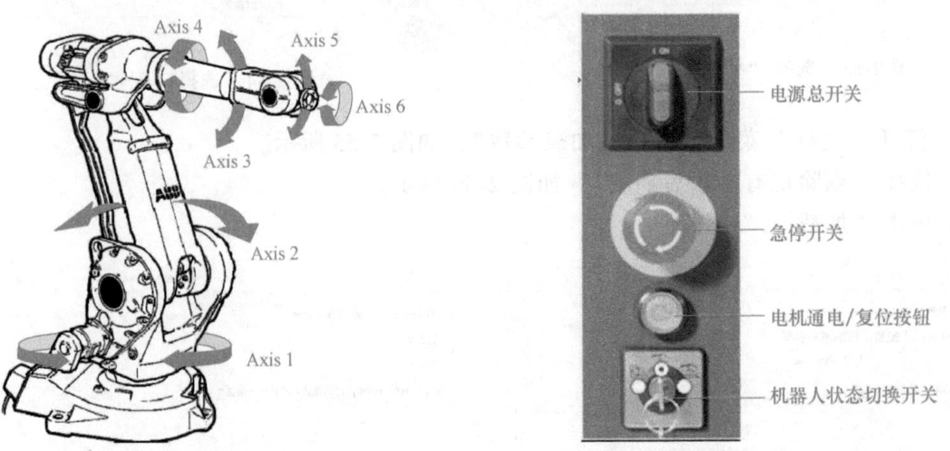

图 2-59　单轴运动　　　　图 2-60　切换至手动限速状态

2）在状态栏中，确认机器人的状态已切换为“手动”。

3）单击左上角的主菜单按钮，如图 2-61 所示。

4）选择“手动操纵”，如图 2-62 所示。

图 2-61　选择主菜单

5）选择“动作模式”，如图 2-63 所示。

图 2-62 选择“手动操纵”

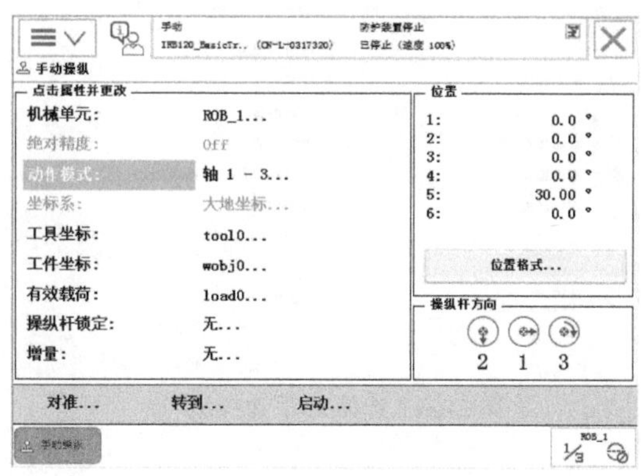

图 2-63 选择“动作模式”

6）选择“轴 1-3”，然后单击“确定”按钮，选择“轴 4-6”就可以操纵轴 4 ~ 6，如图 2-64 所示。

7）按下使能按钮，进入“电机开启”状态。在状态栏中，确认“电机开启”状态。示教器中将显示“轴 1-3”的操纵杆方向，箭头代表正方向，如图 2-65 所示。

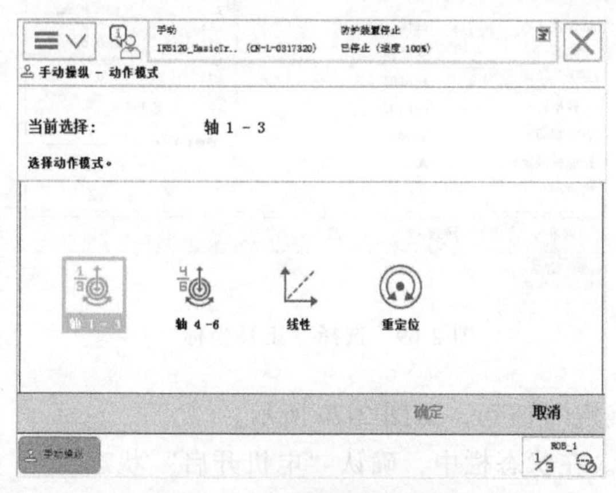

图 2-64 选择需要操纵的轴

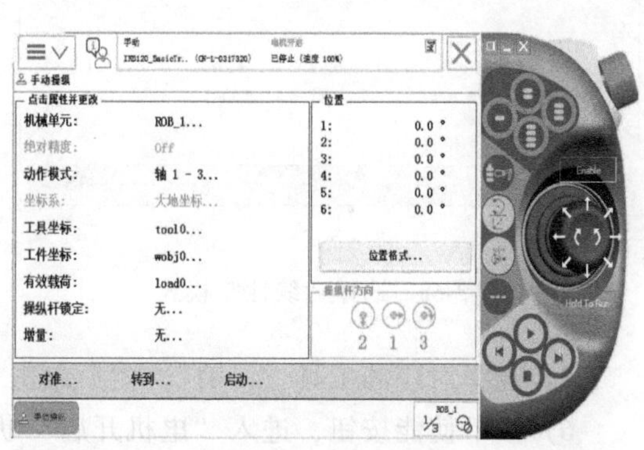

图 2-65 单轴操纵

操纵杆的使用技巧如下：

1）可以将机器人的操纵杆比作汽车的节气门，操纵杆的操纵幅度是与机器人的运动速度相关的。操纵幅度较小，则机器人运动速度较慢。操纵幅度较大，则机器人运动速度较快。

2）刚开始操作时，尽量以小幅度操纵使机器人缓慢运动。

二、线性运动的手动操纵

1. 线性手动操纵方法

机器人的线性运动是指安装在机器人第 6 轴法兰盘上工具的 TCP 在空间中做线性运动。手动操纵线性运动的步骤如下：

线性运动的手动操纵

1）选择“手动操纵”，如图 2-66 所示。

2）选择“动作模式”，如图 2-67 所示。

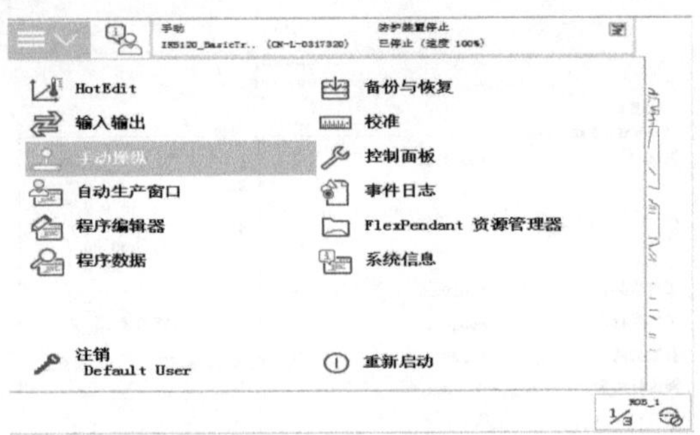

图 2-66　选择“手动操纵”

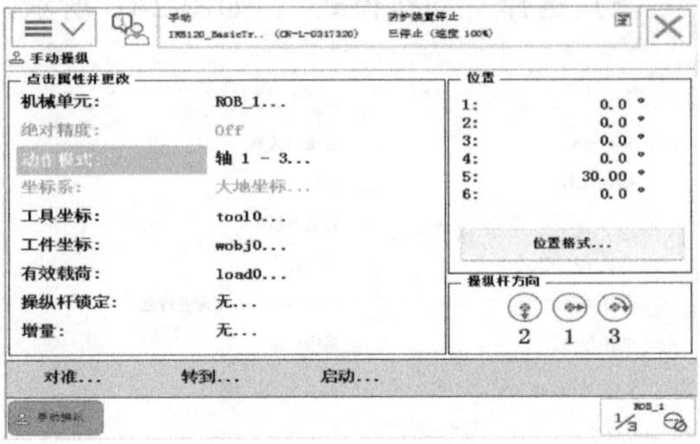

图 2-67　选择“动作模式”

3）选择“线性”，然后单击“确定”按钮，如图 2-68 所示。

4）选择“工具坐标”（机器人的线性运动要在“工具坐标”中指定对应的工具），如图 2-69 所示。

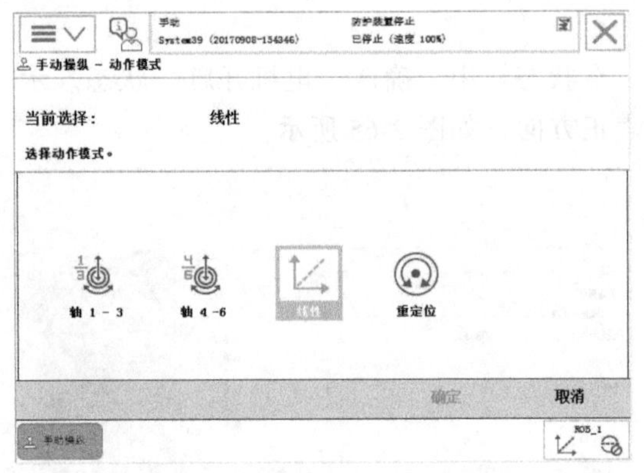

图 2-68　选择“线性”模式

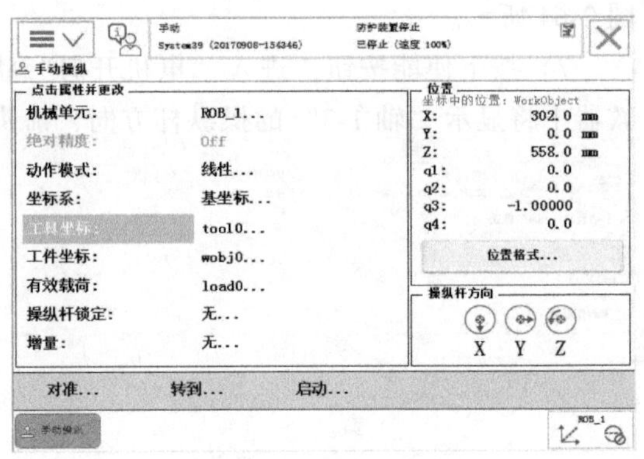

图 2-69　选择“工具坐标”

5）选择对应的工具“tool1”，然后单击“确定”按钮，如图 2-70 所示。

6）按下使能按钮，进入“电机开启”状态。在状态栏中，确认“电机开启”状态。示教器中将显示 X、Y、Z 轴的操纵杆方向，箭头代表正方向，如图 2-71 所示。

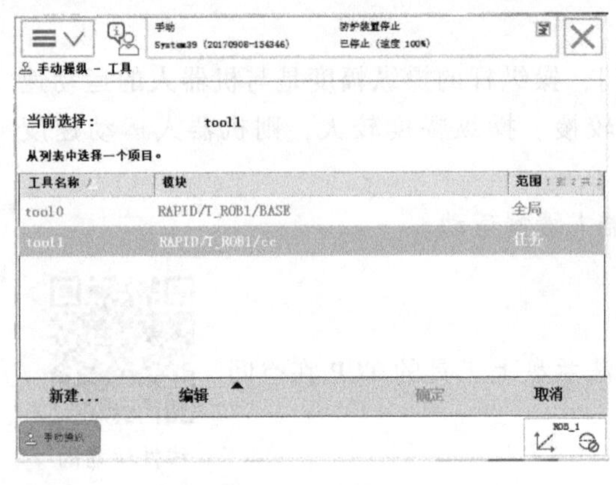

图 2-70　选择“tool1”

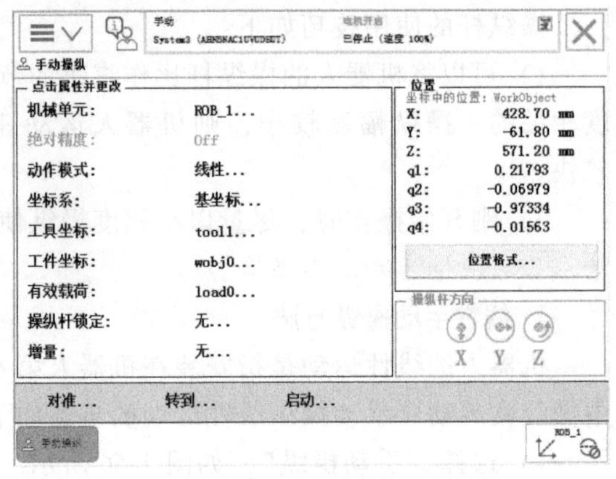

图 2-71　线性操纵

7）操作示教器上的操纵杆，工具的TCP将在空间中作线性运动，如图 2-72 所示。

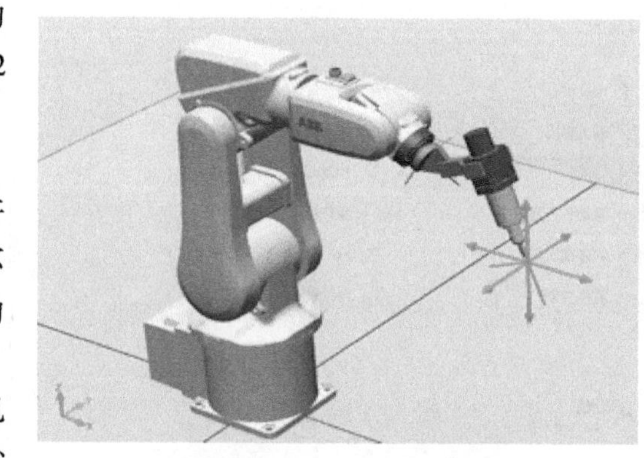

图 2-72 空间中作线性运动

2. 增量模式的应用

1）选择“增量”。如果对使用操纵杆通过位移的幅度来控制机器人的运动速度不熟练，可以使用增量模式来控制机器人的运动。

在增量模式下，操纵杆每位移一次，机器人就移动一步。如果操纵杆持续 1s 或数秒钟，机器人就会持续移动（速率为 10 步/s），如图 2-73 所示。

2）根据需要选择增量的移动距离，然后单击“确定”按钮，如图 2-74 所示。不同增量值的比较见表 2-3。

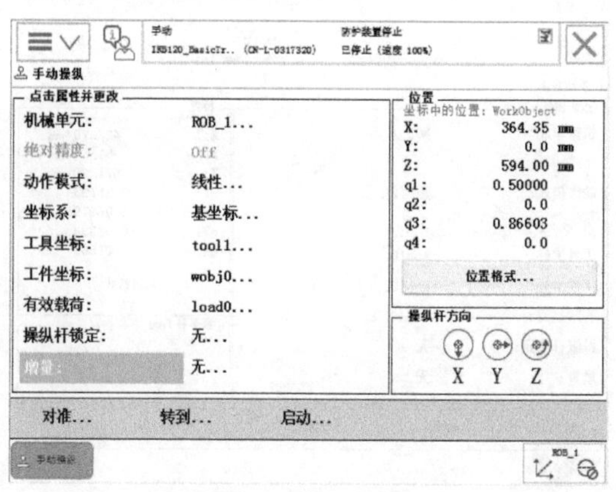

图 2-73 选择“增量”

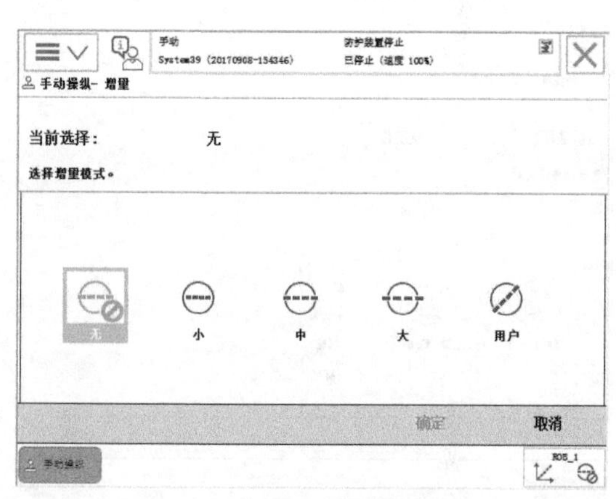

图 2-74 选择增量的移动距离

表 2-3 不同增量值的比较

增量	移动距离/mm	角度/(°)
小	0.05	0.005
中	1	0.02
大	5	0.2
用户	自定义	自定义

三、重定位运动的手动操纵

1. 重定位运动手动操纵方法

重定位运动的手动操纵

机器人的重定位运动是指机器人第 6 轴法兰盘上的工具 TCP 在空间中绕坐标轴旋转的运动，也可以理解为机器人绕工具 TCP 在空间中作姿态调整的运动。下面介绍手动操纵重定位运动的方法。

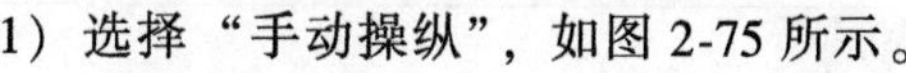

1）选择“手动操纵”，如图 2-75 所示。

2）选择“动作模式”，如图 2-76 所示。

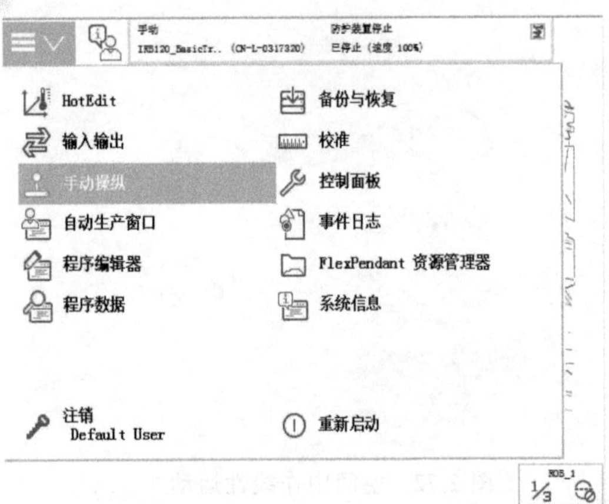

图 2-75　选择“手动操纵”

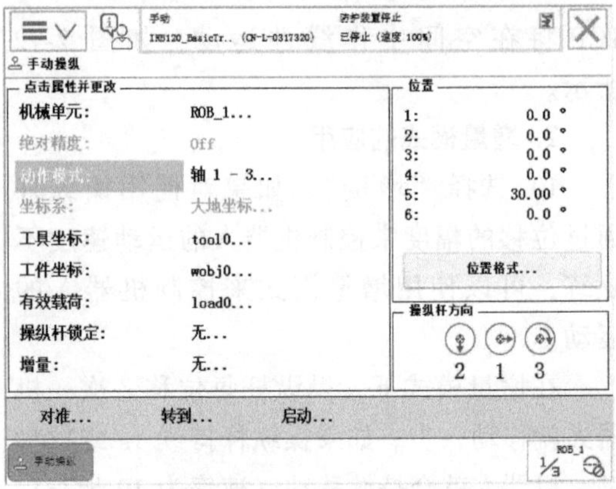

图 2-76　选择“动作模式”

3）选择“重定位”，然后单击“确定”按钮，如图 2-77 所示。

4）选择“坐标系”，如图 2-78 所示。

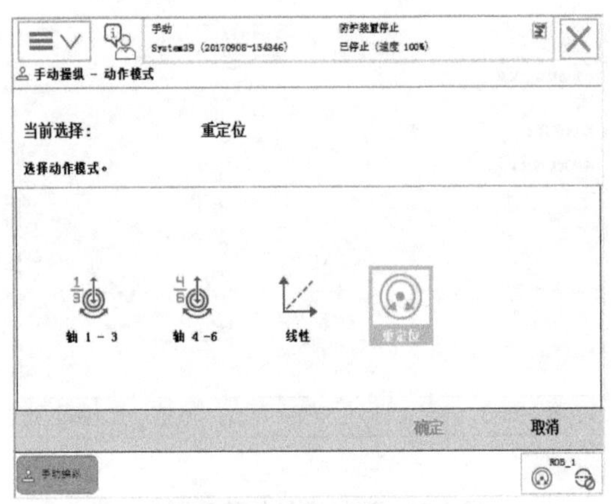

图 2-77　选择“重定位”

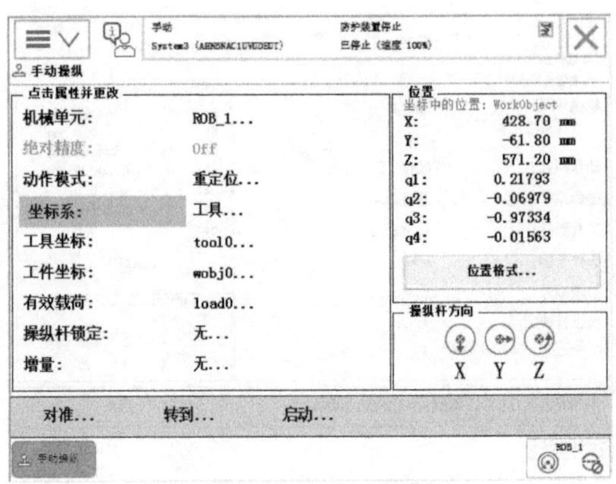

图 2-78　选择“坐标系”

5）选择“工具”，然后单击“确定”按钮，如图 2-79 所示。

6）选择“工具坐标”，如图 2-80 所示。

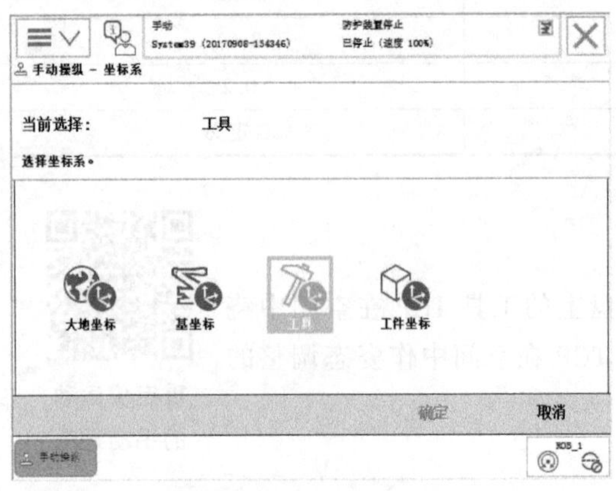

图 2-79　选择“工具”

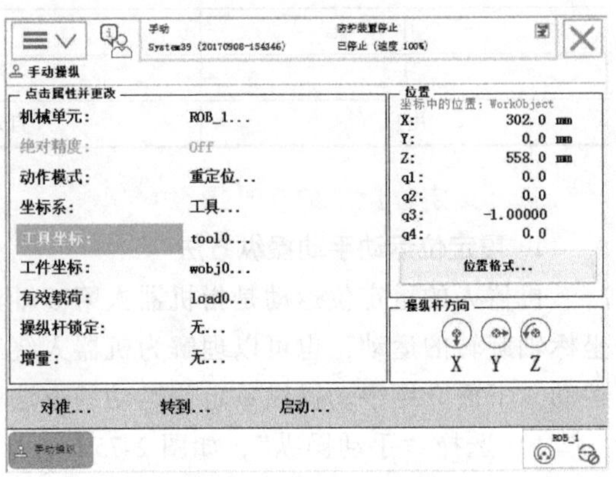

图 2-80　选择“工具坐标”

7）选择对应的工具“tool1”，然后单击“确定”按钮，如图 2-81 所示。

8）按下使能按钮，进入“电机开启”状态。在状态栏中，确认“电机开启”状态。显示 X、Y、Z 轴的操纵杆方向，箭头代表正方向，如图 2-82 所示。

手动
System39 (20170908-134346)
防护装置停止
已停止（速度 100%）
手动操纵 - 工具
当前选择：
tool1
从列表中选择一个项目。
工具名称
模块
范围
tool0
RAPID/T_ROB1/BASE
全局
tool1
RAPID/T_ROB1/cc
任务
新建...
编辑
确定
取消
ROB_1

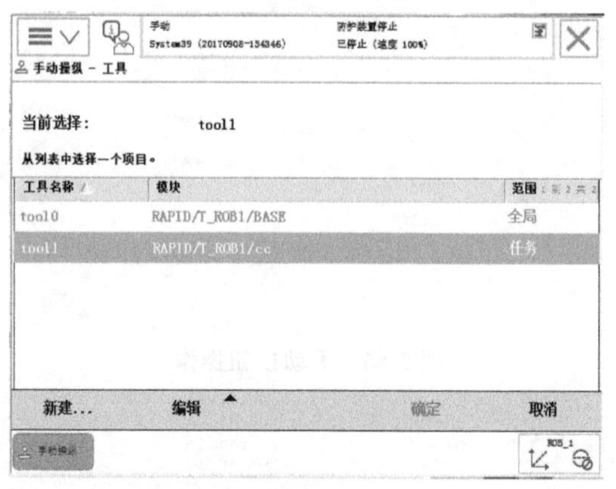

图 2-81 选择“tool1”

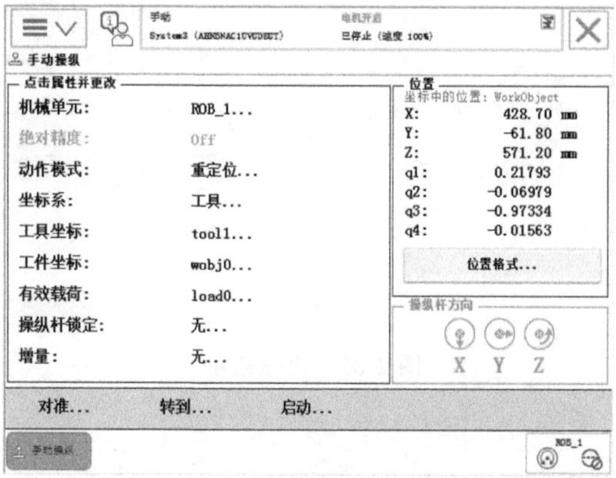

手动
电机开启
已停止（速度 100%）
手动操纵
点击属性并更改
机械单元：
ROB_1...
绝对精度：
Off
动作模式：
重定位...
坐标系：
工具...
工具坐标：
tool1...
工件坐标：
wobj0...
有效载荷：
load0...
操纵杆锁定：
无...
增量：
无...
位置
坐标中的位置：WorkObject
X:
428.70 mm
Y:
-61.80 mm
Z:
571.20 mm
q1:
0.21793
q2:
-0.06979
q3:
-0.97334
q4:
-0.01563
位置格式...
操纵杆方向
X Y Z
对准...
转到...
启动...
ROB_1

图 2-82 重定位操纵

9）操纵示教器上的操纵杆，使机器人绕着工具 TCP 在空间中作姿态调整的运动，如图 2-83 所示。

2. 手动操纵的快捷按钮

手动操纵的快捷按钮如图 2-84 所示。

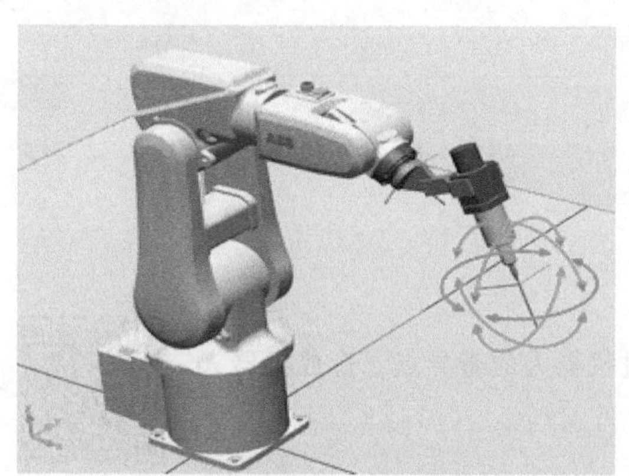

图 2-83 空间中作姿态调整运动

1
2
3
4
Enable
Hold To Run

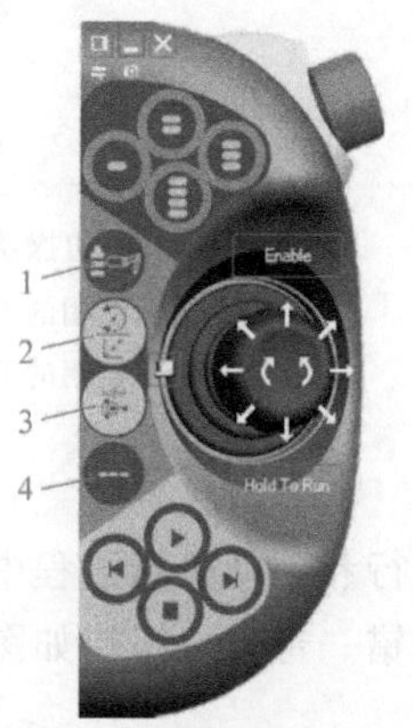

图 2-84 手动操纵的快捷按钮

1—机器人/外轴的切换 2—线性运动/重定位运动的切换 3—各轴切换 4—增量开关

3. 手动操纵的快捷菜单

1）单击右下角快捷菜单按钮，如图 2-85 所示。

2）单击“手动操纵”按钮。

3）单击“显示详情”按钮，如图 2-86 所示。系统弹出的手动操纵界面如图 2-87 所示。

4）单击“增量模式”按钮，选择需要的增量。

5）自定义增量值。选择“用户模块”，然后单击“显示值”按钮就可以自定义增量值了，如图 2-88 所示。

图 2-85　快捷菜单

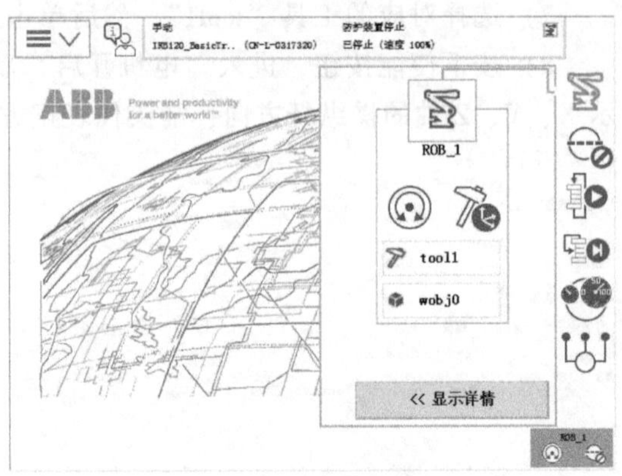

图 2-86　手动按钮操作

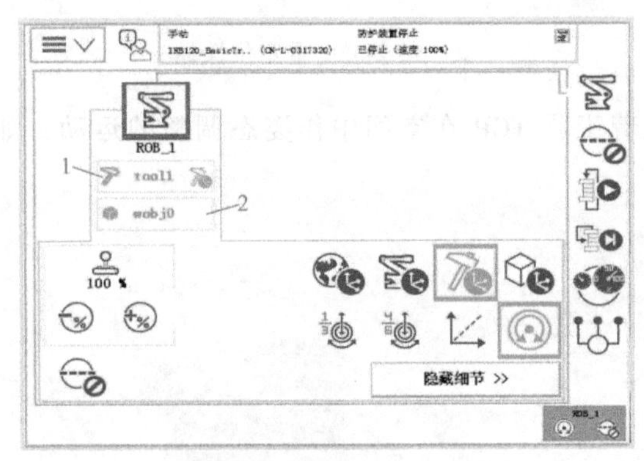

图 2-87　手动操纵界面

1—选择当前使用的工具数据

2—选择当前使用的工件坐标

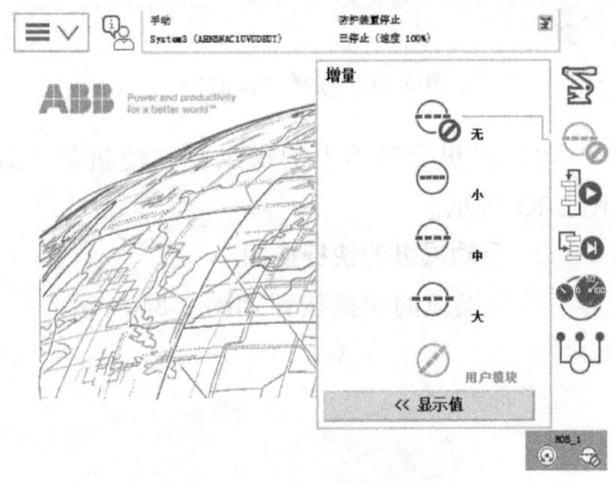

图 2-88　自定义增量值

四、ABB 机器人奇异点管理

ABB 机器人奇异点管理

在运行和手动操纵过程中，有时候会经过机器人的奇异点，造成机器人停止并报错。奇异点报错如图 2-89 所示。

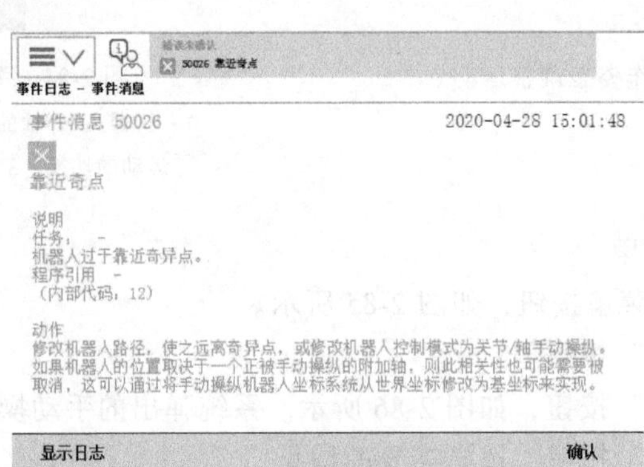

事件日志 - 事件消息

事件消息 50026　　2020-04-28 15:01:48

靠近奇点

说明
任务： -
机器人过于靠近奇异点。
程序引用 -
（内部代码：12）

动作
修改机器人路径，使之远离奇异点，或修改机器人控制模式为关节/轴手动操纵。如果机器人的位置取决于一个正被手动操纵的附加轴，则此相关性也可能需要被取消，这可以通过将手动操纵机器人坐标系统从世界坐标修改为基坐标来实现。

显示日志　　确认

图 2-89　奇异点报错

1）臂奇异点。臂奇异点是指腕中心（轴 4、轴 5 和轴 6 的交点）正好直接位于轴 1 上方的所有配置，如图 2-90 所示。

腕中心与轴 1 汇集时将经过臂奇异点。

2）腕奇异点。腕奇异点是指轴 4 和轴 6 处于同一条线上（即轴 5 的角度为 0°）的配置，如图 2-91 所示。

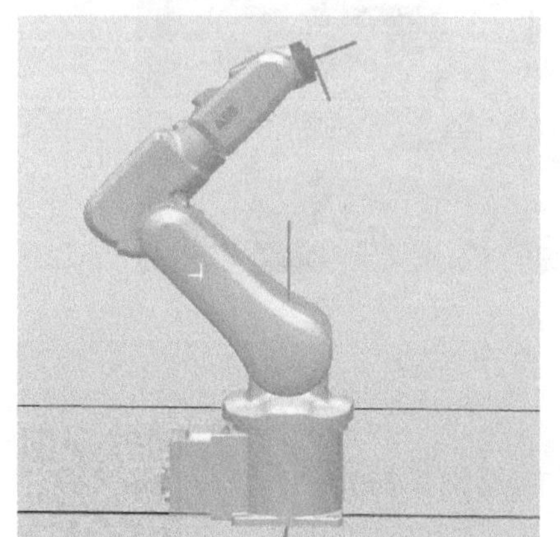

图 2-90 臂奇异点

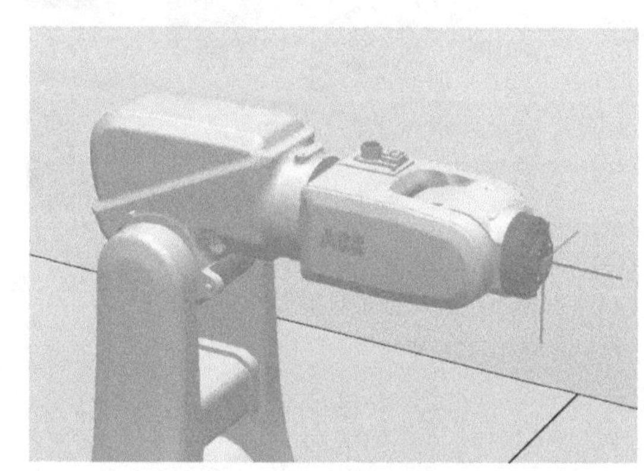

图 2-91 腕奇异点

轴 5 的角度为 0°时将经过腕奇异点。

3）避免机器人处于奇异状态的方法如下：

① 在路径规划过程中，尽可能不让机器人出现奇异点姿态。

② 如果路径必须经过奇异点，在机器人动作安全的情况下，可以用 MoveJ 指令代替 MoveL 指令。

任务八 机器人 SMB 电池的更换

ABB 机器人在关掉控制柜主电源后，六个轴的位置数据是由电池提供的电能进行保存的。所以在电池即将耗尽之前，需要对其进行更换；否则，每次主电源断电后再次通电，就要进行机器人转数计数器的更新操作。

机器人 SMB 电池的更换

IRB120 更换 SMB 电池的操作步骤如下：

1）采用手动操纵，使机器人六个轴回到机械原点刻度位置，如图 2-92 所示。

2）更换电池，具体方法如下：①关闭总电源；②打开后盖 A；③取出旧电池 B，然后换上新电池；④装回后盖 A；⑤打开总电源，如图 2-93 所示。

3）更新转数计数器。

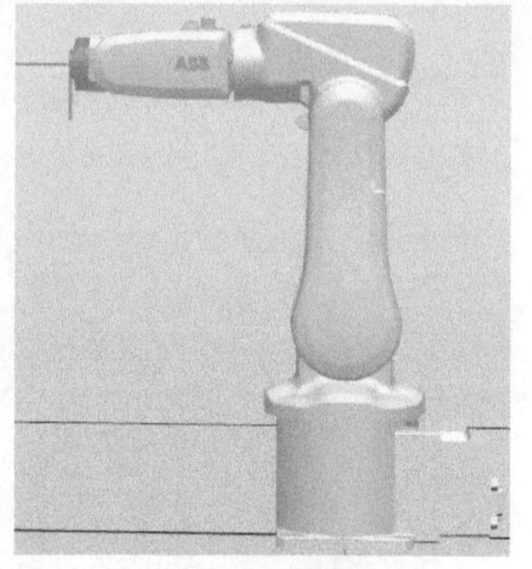

图 2-92 六个轴回到机械原点刻度位置

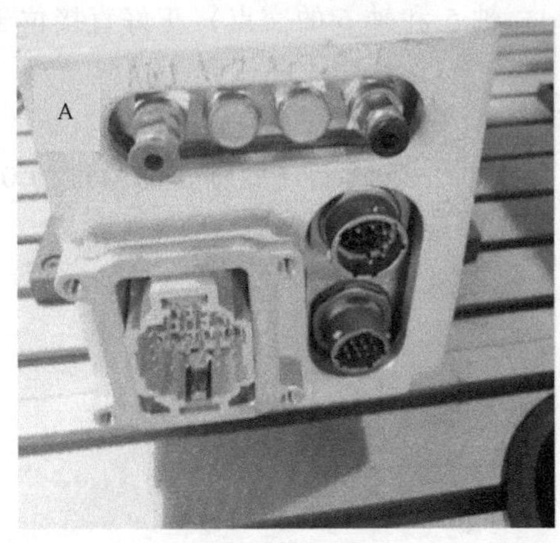

a)

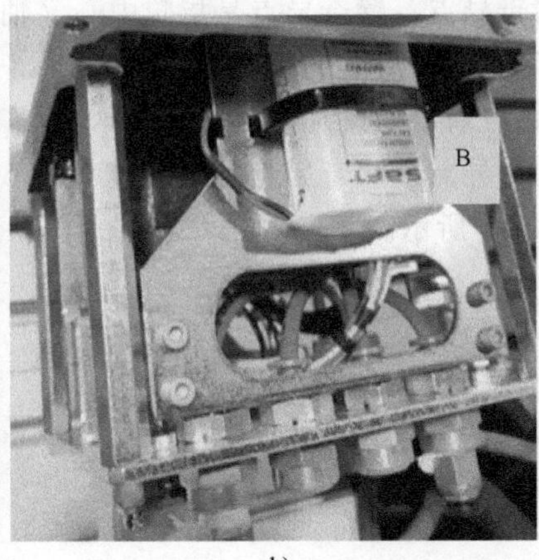

b)

图 2-93　更换电池

任务九　ABB 机器人的转数计数器更新操作

ABB 机器人的转数计数器更新操作

ABB 机器人的六个轴都有一个机械原点位置。

遇到以下情况时，需要对机械原点的位置进行转数计数器更新操作：

1）更换伺服电动机转数计数器电池后。

2）当转数计数器发生故障被修复后。

3）转数计数器与测量板之间断开过。

4）断电后，机器人关节轴发生了移动。

5）系统报警提示“10036 转数计数器未更新”。

下面介绍 IRB120 转数计数器更新操作。

1）机器人六个轴的机械原点刻度位置如图 2-94 所示。

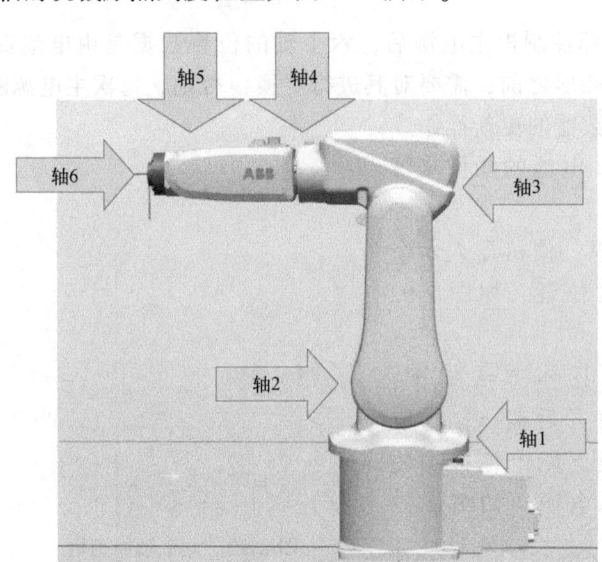

图 2-94　机器人六个轴回机械原点

注意：

① 采用手动操纵使机器人各轴运动到机械原点刻度位置的顺序是：轴 4→轴 5→轴 6→轴 1→轴 2→轴 3。

② 各型号机器人的机械原点刻度位置会有所不同，请参阅 ABB 机器人随机光盘中的电子版说明书。

2）在“手动操纵”中，选择“轴 4-6”动作模式，将轴 4 运动到机械原点的刻度位置，如图 2-95 所示。

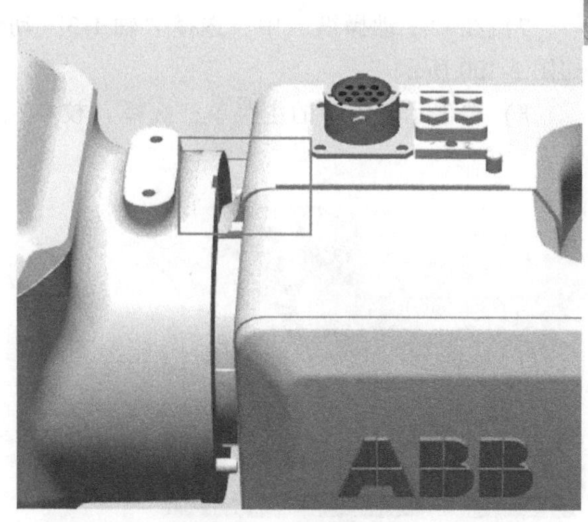

图 2-95 调整轴 4

3）在“手动操纵”中，选择“轴 4-6”动作模式，将轴 5 运动到机械原点的刻度位置，如图 2-96 所示。

4）在“手动操纵”中，选择“轴 4-6”动作模式，将轴 6 运动到机械原点的刻度位置，如图 2-97 所示。

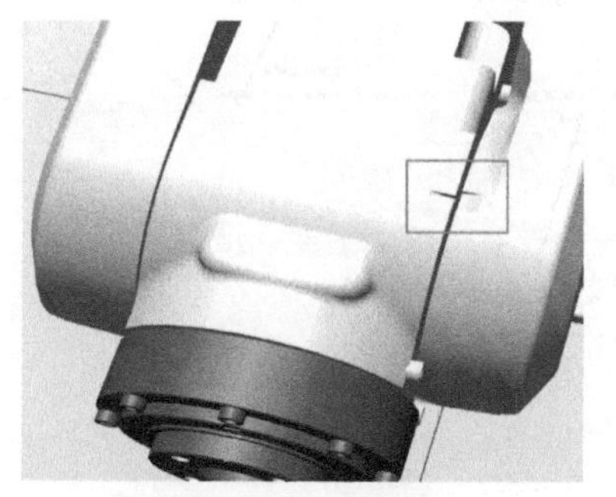

图 2-96 调整轴 5

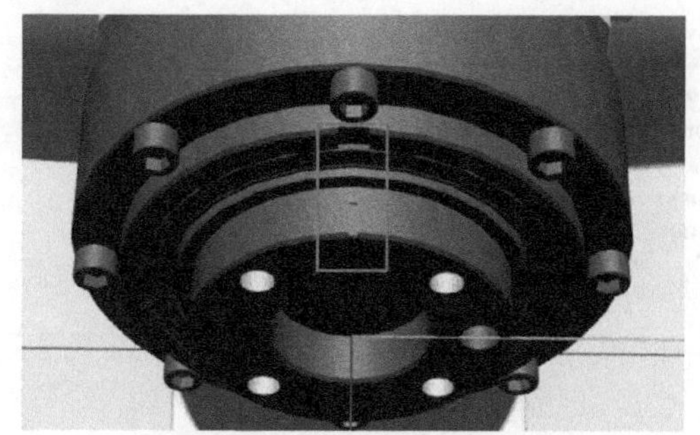

图 2-97 调整轴 6

5）在“手动操纵”中，选择“轴 1-3”动作模式，将轴 1 运动到机械原点的刻度位置，如图 2-98 所示。

6）在“手动操纵”中，选择“轴 1-3”动作模式，将轴 2 运动到机械原点的刻度位置，如图 2-99 所示。

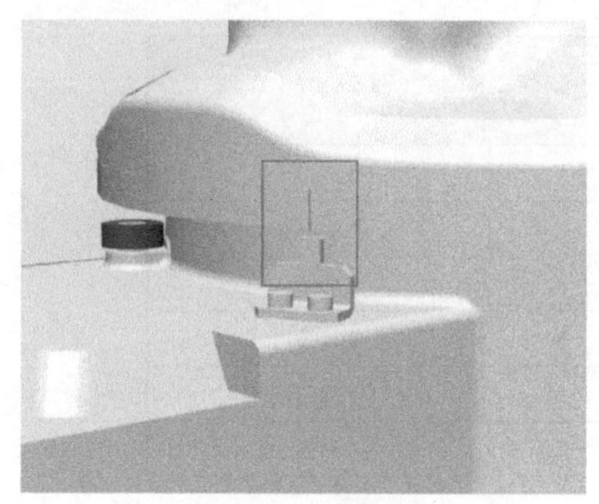

图 2-98 调整轴 1

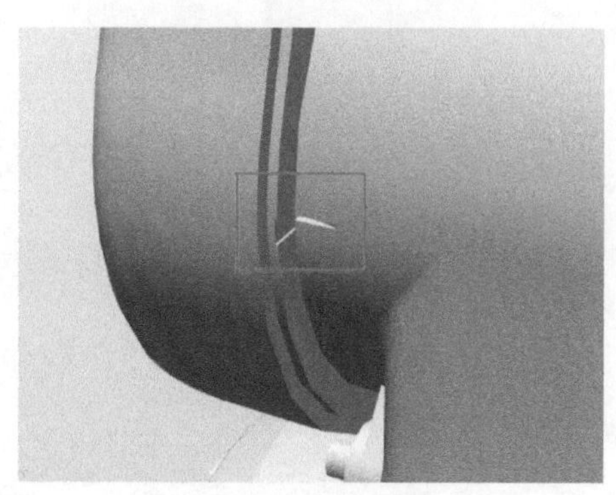

图 2-99 调整轴 2

7）在“手动操纵”中，选择“轴 1-3”动作模式，将轴 3 运动到机械原点的刻度位置，如图 2-100 所示。

8）单击示教器中的主菜单，选择“校准”，如图 2-101 所示。

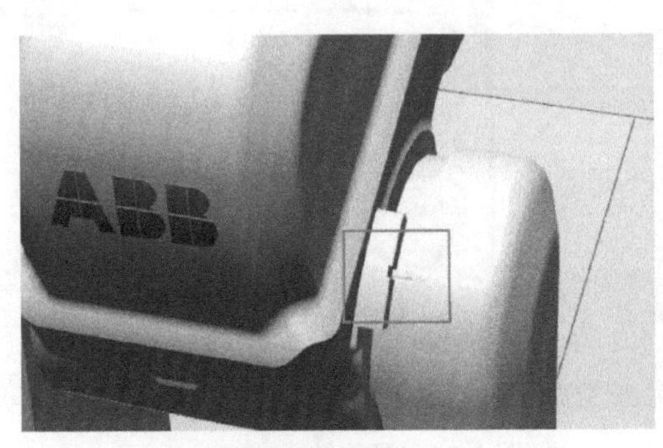

图 2-100　调整轴 3

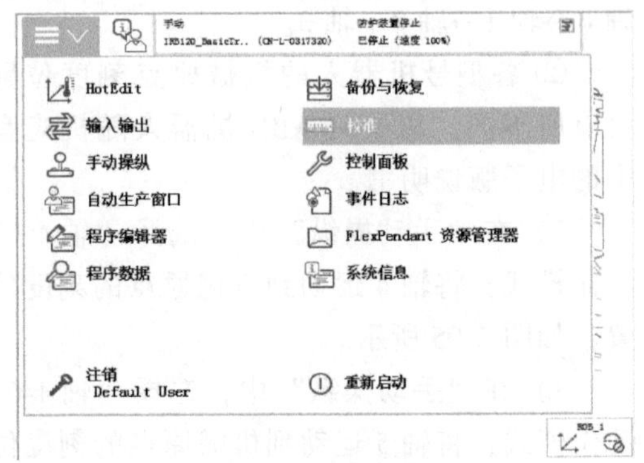

图 2-101　选择“校准”

9）选择“ROB_1”，如图 2-102 所示。

10）选择“校准参数”，选择“编辑电机校准偏移...”，如图 2-103 所示。

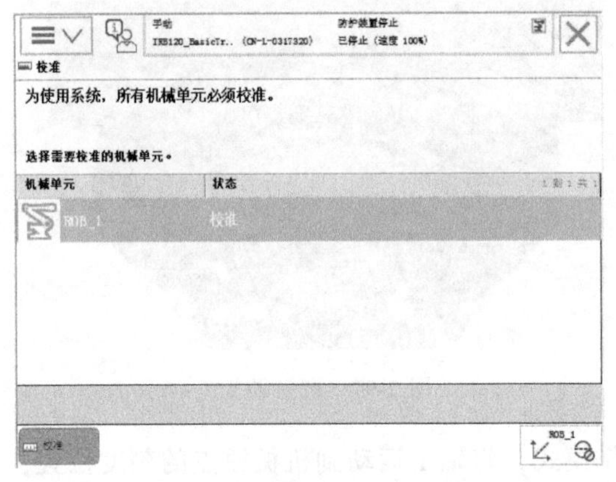

图 2-102　选择“ROB_1”

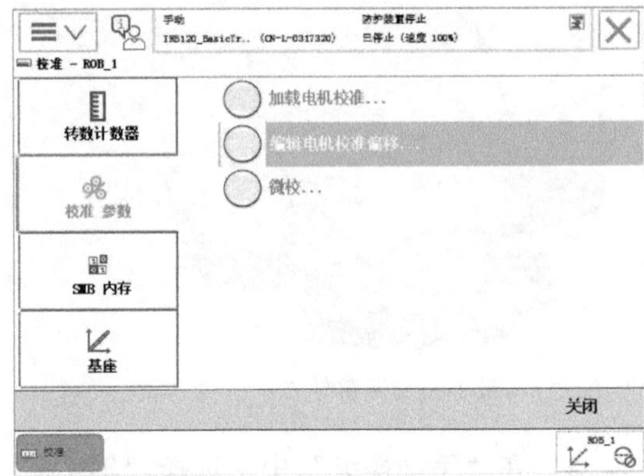

图 2-103　选择“编辑电机校准偏移...”

11）将机器人本体上的电动机校准偏移记录下来，如图 2-104 所示。

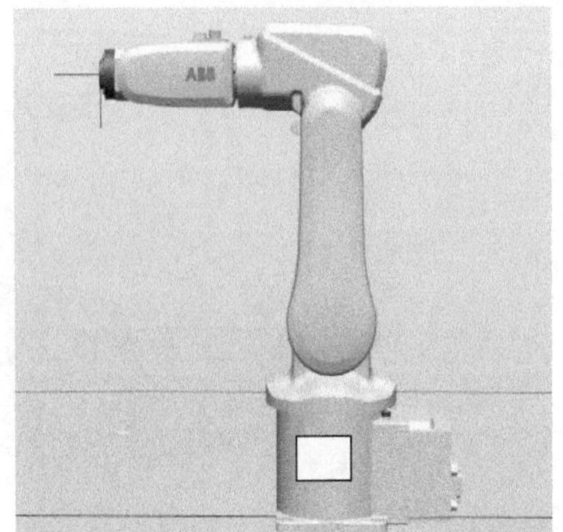

120-502695	
轴	编码器当前值
1	4.3613
2	3.8791
3	3.4159
4	2.1185
5	2.3283
6	0.6529

图 2-104　机器人本体上的电动机校准偏移

12）单击“是”按钮，如图 2-105 所示。

13）输入从机器人本体记录的电动机校准偏移数据，然后单击“确定”按钮，如图 2-106 所示。

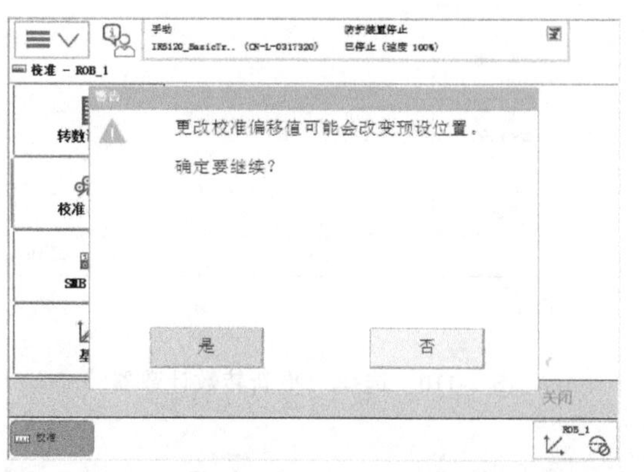

图 2-105 单击“是”按钮

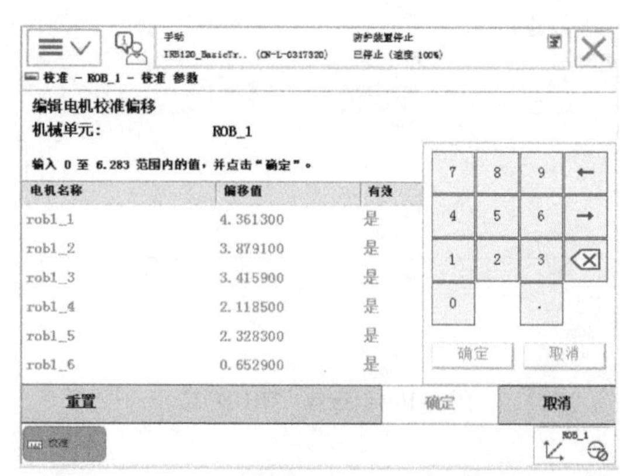

图 2-106 记录电动机校准偏移数据

如果示教器中显示的数值与机器人本体上的标签数值一致，则无需修改，直接单击“取消”按钮退出，跳到第 17 步。

14）单击“是”按钮，如图 2-107 所示。

15）重启后，单击主菜单，选择“校准”，如图 2-108 所示。

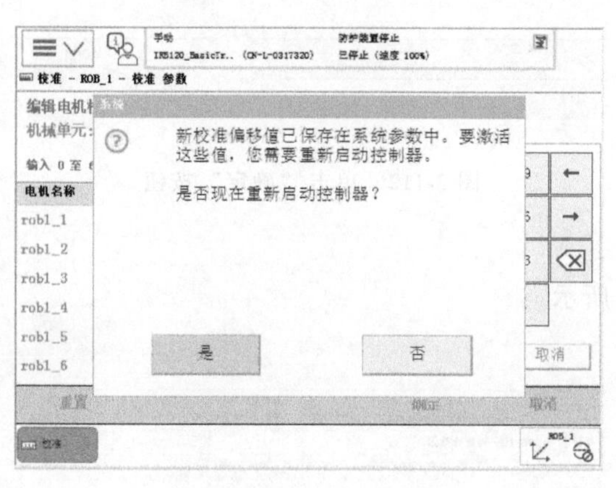

图 2-107 单击“是”按钮

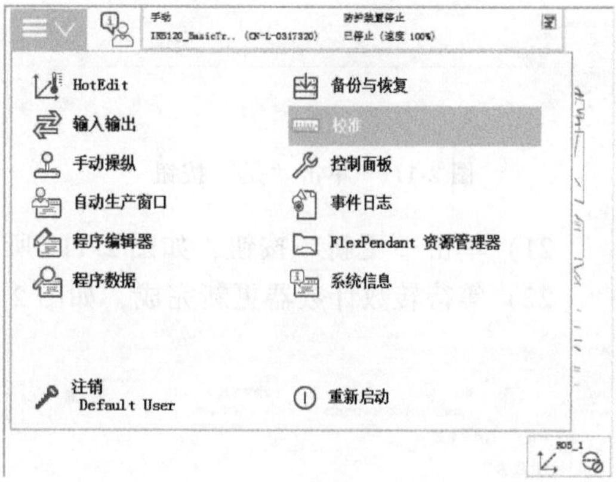

图 2-108 选择“校准”

16）选择“ROB_1”，如图 2-109 所示。

17）选择“更新转数计数器...”，如图 2-110 所示。

18）单击“是”按钮，如图 2-111 所示。

19）单击“确定”按钮，如图 2-112 所示。

20）单击“全选”按钮，然后单击“更新”按钮。

如果由于安装位置的关系，无法使六个轴同时到达机械原点刻度位置，则可以逐一对关节轴进行转数计数器更新，如图 2-113 所示。

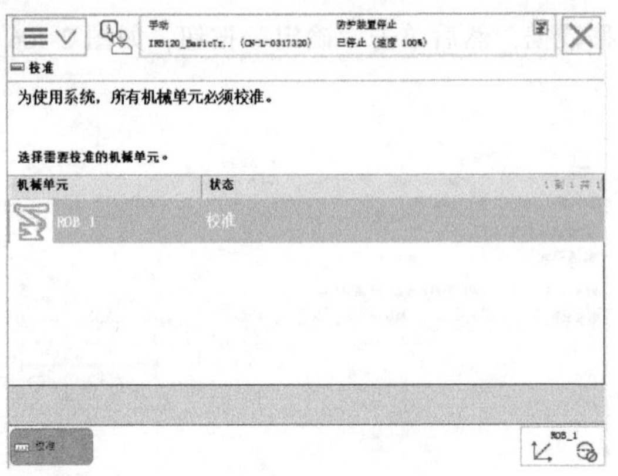

图 2-109　选择“ROB_1”

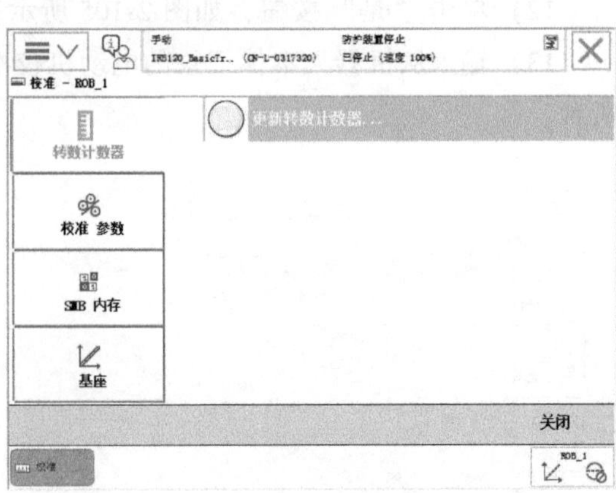

图 2-110　选择“更新转数计数器...”

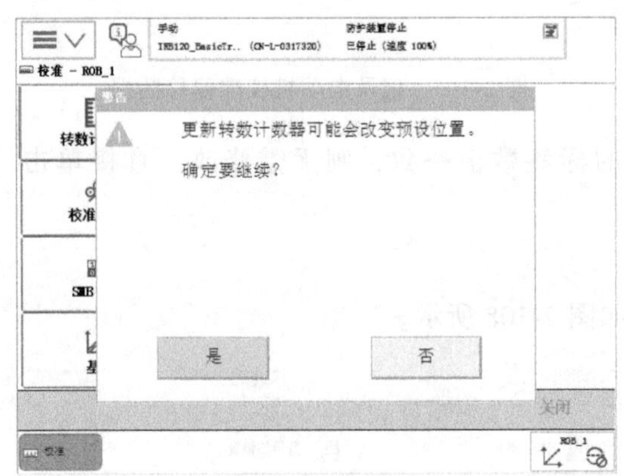

图 2-111　单击“是”按钮

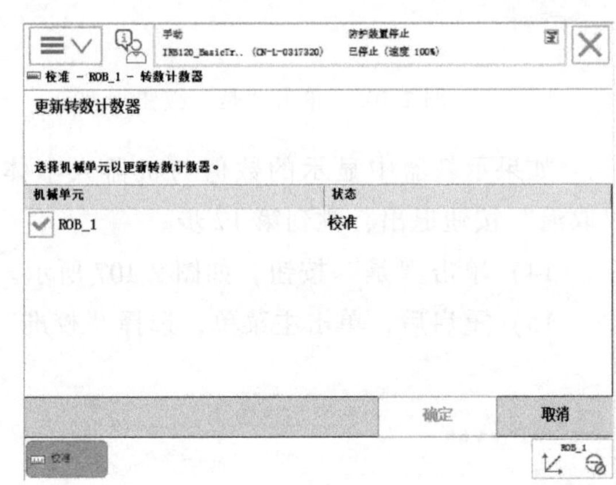

图 2-112　单击“确定”按钮

21）单击“更新”按钮，如图 2-114 所示。

22）等待转数计数器更新完成，如图 2-115 所示。

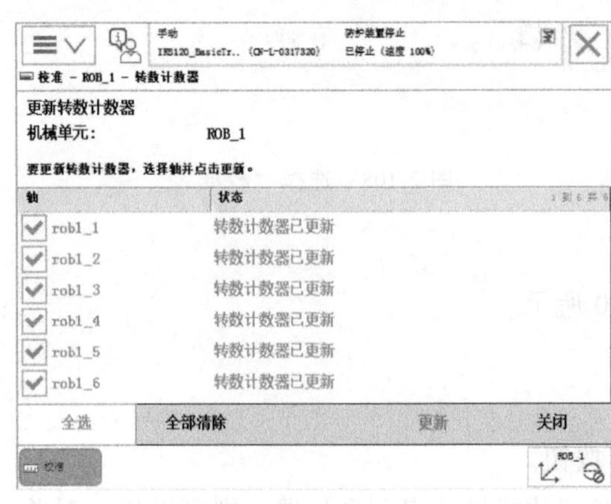

图 2-113　单击“全选”“更新”按钮

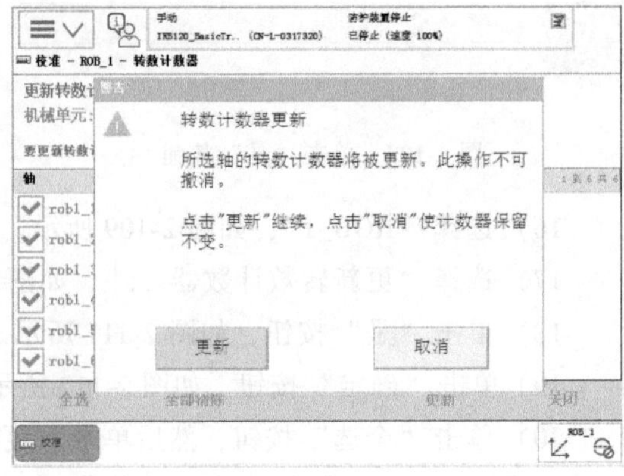

图 2-114　单击“更新”按钮

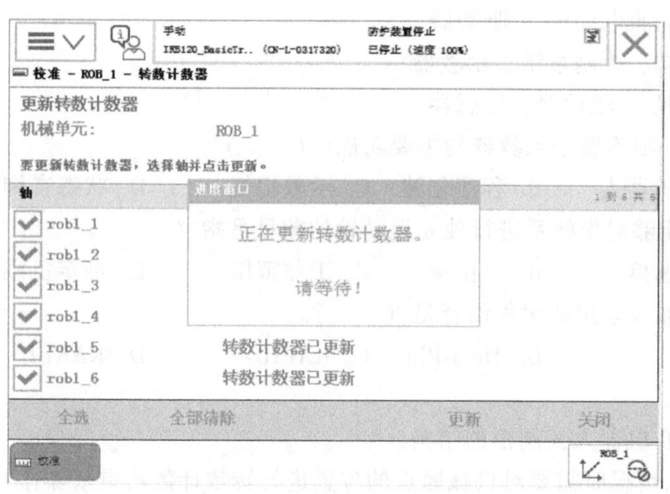

图 2-115 等待转数计数器更新完成

练 习 题

1. 填空题

(1) 按照技术发展水平分类，机器人可分为________、________、________。

(2) 工作在对环境要求较高的场景需要选的 ABB 6 轴机器人型号为________。

(3) 具有灵活性高、占地面积小，主要应用于拾料和包装技术的 ABB 6 轴机器人型号为______。

(4) 在发生__________、__________情况时，应立即按下急停按钮。

(5) 机器人手动模式分为__________、__________两种。

(6) ABB 是工业机器人"四大家族"之一的技术供应商，主要提供______、______、______、______、以及______。

(7) 腕奇异点是指轴 4 和轴 6 处于____________________的配置。

(8) 在进行机器人的安装、维修和保养时注意要________________。

(9) 臂奇异点是指腕中心（轴 4、轴 5 和轴 6 的交点）正好直接位于________的所有配置。

(10) 机器人本体与控制柜之间需要连接三条电缆：__________、__________和__________。

2. 选择题

(1) 机器人的（　　）是工业机器人的神经中枢、大脑。

A. 控制器　　B. 机械臂　　C. 示教器　　D. 本体

(2) 以下关于 ABB IRB120 机器人技术参数的描述，哪项是错误的？（　　）

A. 工作范围是 ϕ120mm　　B. 额定负载 3kg

C. 有 6 个自由度　　D. 重复定位精度是±0.01mm

(3) 机器人主要是由以下哪三部分组成的？（　　）

A. 减速机、伺服电动机、控制器

B. 减速机、伺服电动机 、驱动器

C. 机器人本体、控制系统、示教器

D. 伺服电动机 、驱动器、传感器

(4) 以下哪一项不属于示教器的主要功能？(　　)

A. 手动操控机器人　　B. 程序创建　C. 示教记忆　　D. 状态查询

(5) 机器人能够对坐标系进行独立运动轴的数目是指 (　　)。

A. 最大工作速度　　B. 自由度　　C. 工作范围　　D. 额定负载

(6) ABB 机器人采用的编程语音是 (　　)。

A. KRL　　B. Moto-Plus　C. RAPID　　D. KAREL

3. 简答题

(1) 简述 ABB 机器人控制柜的结构。

(2) 出现什么情况时需要对机械原点的位置进行转数计数器更新操作？

(3) 简述机器人紧急停止后的恢复操作步骤。

(4) 简述修改示教器的显示语言的步骤。

(5) 简述查看机器人信息的步骤。

(6) 简述机器人数据的备份与恢复的步骤。

(7) 简述机器人单轴手动操纵步骤。

(8) 简述机器人重定位的手动操纵步骤。

(9) 简述机器人 SMB 电池更换的步骤。

(10) 简述 ABB 机器人转数计数器更新的步骤。

项目三 ABB机器人I/O通信认知

任务一 认识 ABB 机器人 I/O 通信

ABB 机器人常见的通信方式

一、ABB 机器人常见的通信方式

ABB 机器人与外部通信常见的方式分为三类（表 3-1），可以轻松地实现与周边设备进行通信。

表 3-1 ABB 机器人与外部通信常见的方式

PC	现场总线	ABB 标准
RS232 通信 OPC server Socket Message①	Device Net② Profibus② Profibus-DP② Profinet② EtherNet IP②	标准 I/O 板 PLC … … …

① 一种通信协议。
② 不同厂商推出的现场总线协议。

关于 ABB 机器人的 I/O 通信接口说明如下：

1）ABB 的标准 I/O 板提供的常用信号处理有数字输入 di、数字输出 do、模拟输入 ai、模拟输出 ao 以及输送链跟踪。

2）ABB 机器人可以选配标准 ABB 的 PLC，省去了原来与外部 PLC 进行通信设置的麻烦，并且在机器人示教器上就能实现 PLC 的相关操作。

3）本项目将以最常用的 ABB 标准 I/O 板 DSQC651 为例，详细介绍如何进行相关参数的设定。

IRC5 紧凑型控制器接口如图 3-1 所示，接口说明见表 3-2。

表 3-2 接口说明

接　口	接口说明	备　注
Power Switch(Q1)	主电源控制开关	
Power Input(XS0)	220V 电源接入口	
Signal Cable(XS2)	SMB 电缆连接口	连接至机器人 SMB 输入口
Signal Cable For Force Control(XS41)	力控制选项信号电缆入口	有力控制选项才有用
Power Cable(XS1)	机器人主电缆	连接至机器人主电源输入口
Flex Pendant(XS4)	示教器电缆连接口	
ES1(XS7)	急停输入接口 1	
ES2(XS8)	急停输入接口 2	
Safety Stop(XS9)	安全停止接口	

（续）

接　　口	接口说明	备　　注
Mode Switch(S21.1)	机器人运动模式切换	
Emergency Stop(S21.3)	急停按钮	
Motor On(S21.2)	机器人“电动机上电/复位”按钮	
Brake Release(S21.4)	机器人“本体松刹车”按钮	只对 IRB120 有效
EtherNet Switch(A64)	EtherNet 连接口	
Remote Service(A61)	远程服务连接口	

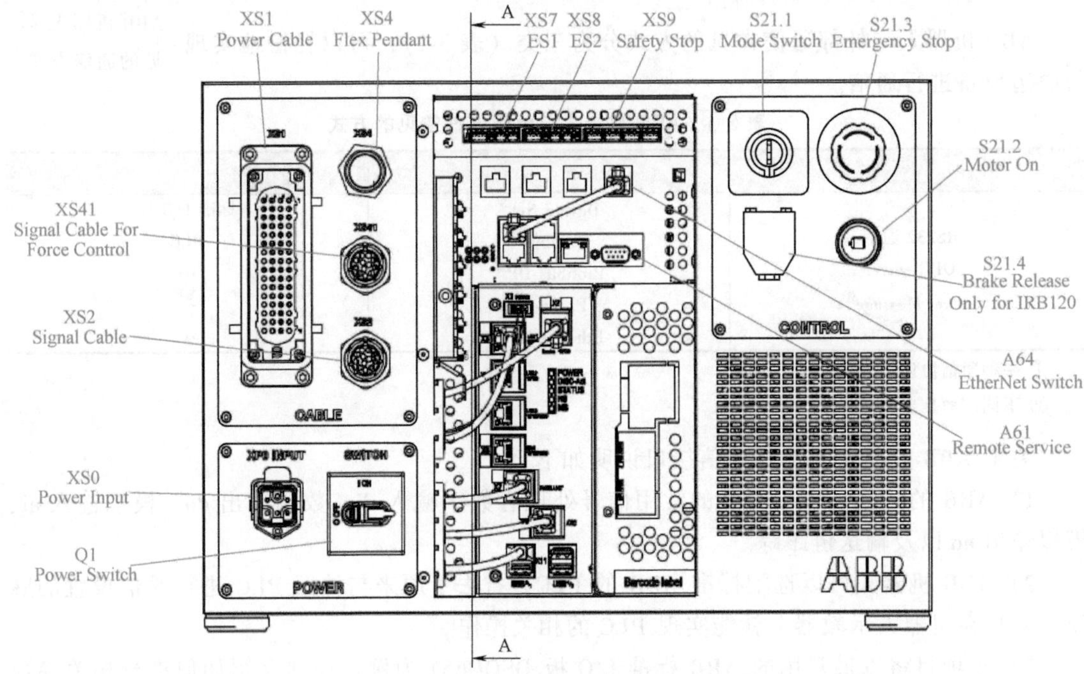

图 3-1　IRC5 紧凑型控制器接口

ABB 机器人 I/O 板通信接口和控制柜接口连接图如图 3-2 和图 3-3 所示。

图 3-2　ABB 机器人 I/O 板通信接口

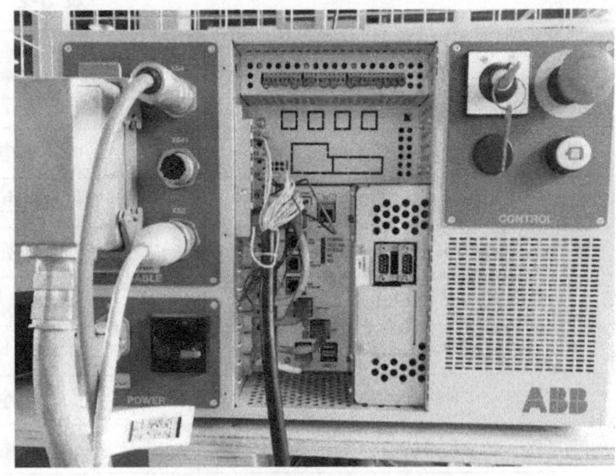

图 3-3　控制柜接口连接图

二、IRC5 紧凑型第二代控制器 I/O 接线

IRC5 紧凑型第二代控制器 I/O 接线

这里以 ABB 标准 I/O 板 DSQC652 为例。

1）外部接口如图 3-4 所示。

2）输入端实际端子如图 3-5 所示。

说明：输入两端子分别 9 脚接 0V，可从 XS16 上接线。

3）输出端实际端子如图 3-6 所示。

XS12	八位数字输入	地址 0～7
XS13	八位数字输入	地址 8～15
XS14	八位数字输出	地址 0～7
XS15	八位数字输出	地址 8～15
XS16	24V/0V 电源	0V和24V每位间隔
XS17	DeviceNet 外部连接口	

图 3-4 ABB 标准 I/O 板 DSQC652 接口

INPUT CH.1 2 3 4 5 6 7 8 0V — -XS12 1 2 3 4 5 6 7 8 9 10

INPUT CH.9 10 11 12 13 14 15 16 0V — -XS13 1 2 3 4 5 6 7 8 9 10

图 3-5 输入端实际端子

OUTPUT CH1 2 3 4 5 6 7 8 0V 24V DC — -XS14 1 2 3 4 5 6 7 8 9 10

OUTPUT CH.9 10 11 12 13 14 15 16 0V 24V DC — -XS15 1 2 3 4 5 6 7 8 9 10

图 3-6 输出端实际端子

说明：输出两端子分别 9 脚接 0V，10 脚接 24V，可从 XS16 上接线。

4）24V/0V 供电接口实际端子如图 3-7 所示。

说明：从 1 脚到 10 脚间隔为 24V 和 0V。

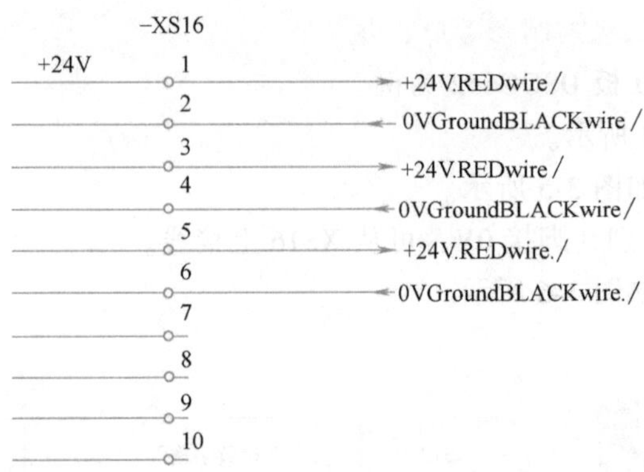

图 3-7　24V/0V 供电接口实际端子

任务二　认识 ABB 标准 I/O 板

ABB 标准 I/O 板

常用的 ABB 标准 I/O 板及说明见表 3-3（具体规格参数以 ABB 官方最新公布为准）。

表 3-3　常用的 ABB 标准 I/O 板及说明

型号	说　明	备　注
DSQC651	分布式 I/O 模块，di8、do8、ao2	8 个数字输入、8 个数字输出、2 个模拟输出
DSQC652	分布式 I/O 模块，di16、do16	16 个数字输入、16 个数字输出
DSQC653	分布式 I/O 模块，di8、do8，带继电器	8 个数字输入，8 个数字输出，带继电器
DSQC355A	分布式 I/O 模块，ai4、ao4	4 个模拟输入、4 个模拟输出
DSQC377A	输送链跟踪单元	

1. ABB 标准 I/O 板 DSQC651

DSQC651 板可提供 8 个数字输入信号、8 个数字输出信号和 2 个模拟输出信号的处理功能。

1）模块接口如图 3-8 所示。

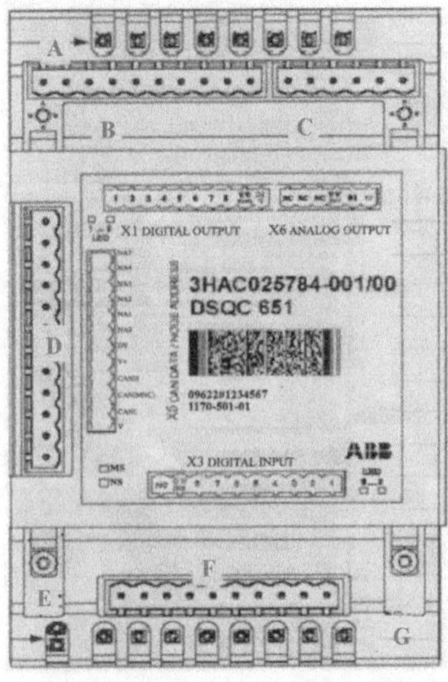

标号	说明
A	数字输出信号指示灯
B	X1数字输出接口
C	X6模拟输出接口
D	X5DeviceNet接口
E	模块状态指示灯
F	X3数字输入接口
G	数字输入信号指示灯

图 3-8　DSQC651 模块接口

2）模块接口连接说明。

① X1（数字输出接口）端子见表 3-4。

② X3（数字输入接口）端子见表 3-5。

③ X5（DeviceNet 接口）端子见表 3-6。

表 3-4 DSQC651 X1 端子

X1 端子编号	使用定义	地址分配	X1 端子编号	使用定义	地址分配
1	OUTPUT CH1	32	6	OUTPUT CH6	37
2	OUTPUT CH2	33	7	OUTPUT CH7	38
3	OUTPUT CH3	34	8	OUTPUT CH8	39
4	OUTPUT CH4	35	9	0V	—
5	OUTPUT CH5	36	10	24V	—

表 3-5 DSQC651 X3 端子

X3 端子编号	使用定义	地址分配	X3 端子编号	使用定义	地址分配
1	INPUT CH1	0	6	INPUT CH6	5
2	INPUT CH2	1	7	INPUT CH7	6
3	INPUT CH3	2	8	INPUT CH8	7
4	INPUT CH4	3	9	0V	—
5	INPUT CH5	4	10	未使用	—

表 3-6 DSQC651 X5 端子

X5 端子编号	使用定义	X5 端子编号	使用定义
1	0V BLACK	7	模块 ID bit 0(LSB)
2	CAN 信号线 low BLUE	8	模块 ID bit 1(LSB)
3	屏蔽线	9	模块 ID bit 2(LSB)
4	CAN 信号线 high WHITE	10	模块 ID bit 3(LSB)
5	24V RED	11	模块 ID bit 4(LSB)
6	GND 地址选择公共端	12	模块 ID bit 5(LSB)

注：BLACK 表示黑色，BLUE 表示蓝色，WHITE 表示白色，RED 表示红色。

ABB 标准 I/O 板是挂在 DeviceNet 网络上的，所以要设定 I/O 板模块在 DeviceNet 网络中的地址。如图 3-9 所示，端子 X5 的 6 脚是 0V 电源端，第 7~12 脚默认初始状态是高电平，如图 3-10 所示，将第 8 脚和第 10 脚的跳线剪去，第 7~12 脚的状态以低位向高位排序形成“001010”的二进制数，转换为十进制为 10，所以该 I/O 板的地址为 10。其中，I/O 板的地址范围为 10~63。

④ X6（模拟输出接口）端子见表 3-7。

2. ABB 标准 I/O 板 DSQC652

DSQC652 板可提供 16 个数字输入信号和 16 个数字输出信号的处理功能。模块接口如图 3-11 所示。

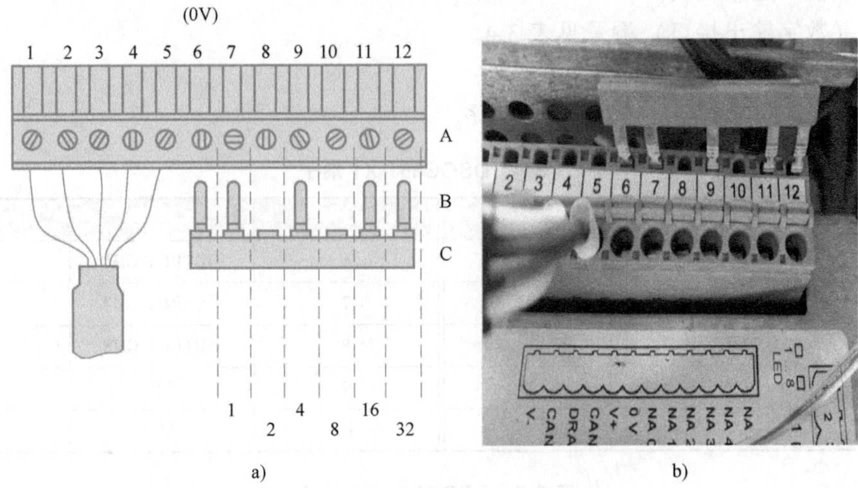

图 3-9 I/O 板的接线图

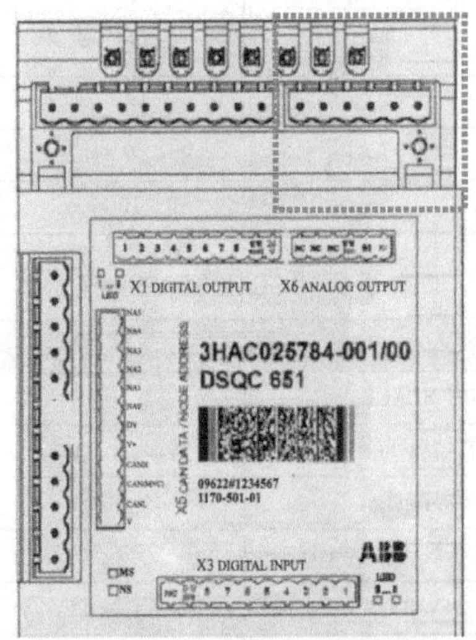

图 3-10 ABB 标准 I/O 板

表 3-7 DSQC651 X6 端子

X6 端子编号	使用定义	地址分配	备 注
1	未使用	—	—
2	未使用	—	—
3	未使用	—	—
4	0V	—	—
5	模拟输出 ao1	0~15	模拟输出的范围为 0~+10V
6	模拟输出 ao2	16~31	模拟输出的范围为 0~+10V

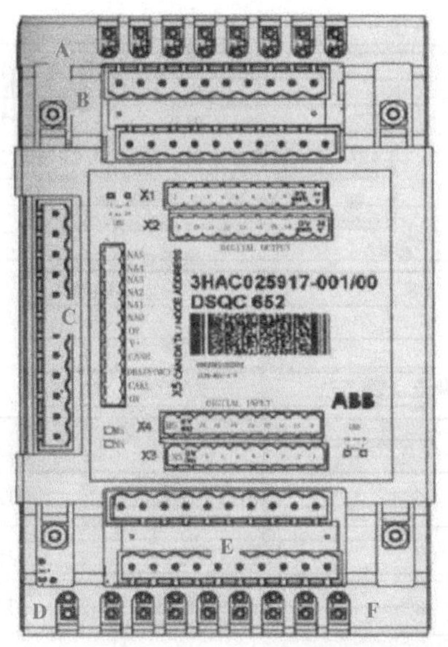

标号	说明
A	数字输出信号指示灯
B	X1、X2数字输出接口
C	X5是DeviceNet接口
D	模块状态指示灯
E	X3、X4数字输入接口
F	数字输入信号指示灯

图 3-11 DSQC652 模块接口

① X1（数字输出接口）端子见表 3-8。

② X2（数字输出接口）端子见表 3-9。

表 3-8 DSQC652 X1 端子

X1 端子编号	使用定义	地址分配	X1 端子编号	使用定义	地址分配
1	OUTPUT CH1	0	6	OUTPUT CH6	5
2	OUTPUT CH2	1	7	OUTPUT CH7	6
3	OUTPUT CH3	2	8	OUTPUT CH8	7
4	OUTPUT CH4	3	9	0V	—
5	OUTPUT CH5	4	10	24V	—

表 3-9 DSQC652 X2 端子

X2 端子编号	使用定义	地址分配	X2 端子编号	使用定义	地址分配
1	OUTPUT CH9	8	6	OUTPUT CH14	13
2	OUTPUT CH10	9	7	OUTPUT CH15	14
3	OUTPUT CH11	10	8	OUTPUT CH16	15
4	OUTPUT CH12	11	9	0V	—
5	OUTPUT CH13	12	10	24V	—

③ X3（数字输入接口）端子见表 3-10。

表 3-10 DSQC652 X3 端子

X3 端子编号	使用定义	地址分配	X3 端子编号	使用定义	地址分配
1	INPUT CH1	0	3	INPUT CH3	2
2	INPUT CH2	1	4	INPUT CH4	3

（续）

X3 端子编号	使用定义	分配地址	X3 端子编号	使用定义	分配地址
5	INPUT CH5	4	8	INPUT CH8	7
6	INPUT CH6	5	9	0V	—
7	INPUT CH7	6	10	未使用	—

④ X4（数字输入接口）端子见表 3-11。

表 3-11　X4 端子

X4 端子编号	使用定义	地址分配	X4 端子编号	使用定义	地址分配
1	INPUT CH9	8	6	INPUT CH14	13
2	INPUT CH10	9	7	INPUT CH15	14
3	INPUT CH11	10	8	INPUT CH16	15
4	INPUT CH12	11	9	0V	—
5	INPUT CH13	12	10	未使用	—

⑤ X5（DeviceNet 接口）端子与 DSQC651 板相同，在此不再赘述。

3. ABB 标准 I/O 板 DSQC653

DSQC653 板可提供 8 个数字输入信号和 8 个数字继电器输出信号的处理功能。模块接口如图 3-12 所示。

标号	说明
1	数字继电器输出信号指示灯
2	X1数字继电器输出信号接口
3	X5是DeviceNet接口
4	模块状态指示灯
5	X3数字输入信号接口
6	数字输入信号指示灯

图 3-12　DSQC653 模块接口说明

① X1（数字输出接口）端子见表 3-12。

② X3（数字输入接口）端子见表 3-13。

③ X5（DeviceNet 接口）端子与 DSQC651 板相同，在此不再赘述。

表 3-12 DSQC653 X1 端子

X1 端子编号	使用定义	地址分配	X1 端子编号	使用定义	地址分配
1	OUTPUT CH1A	0	9	OUTPUT CH5A	4
2	OUTPUT CH1B		10	OUTPUT CH5B	
3	OUTPUT CH2A	1	11	OUTPUT CH6A	5
4	OUTPUT CH2B		12	OUTPUT CH6B	
5	OUTPUT CH3A	2	13	OUTPUT CH7A	6
6	OUTPUT CH3B		14	OUTPUT CH7B	
7	OUTPUT CH4A	3	15	OUTPUT CH8A	7
8	OUTPUT CH4B		16	OUTPUT CH8B	

表 3-13 DSQC653 X3 端子

X3 端子编号	使用定义	地址分配
1	INPUT CH1	0
2	INPUT CH2	1
3	INPUT CH3	2
4	INPUT CH4	3
5	INPUT CH5	4
6	INPUT CH6	5
7	INPUT CH7	6
8	INPUT CH8	7
9	0V	
10~16	未使用	

4. ABB 标准 I/O 板 DSQC355A

DSQC355A 板可提供 4 个模拟量输入信号和 4 个模拟量输出信号的处理功能。模块接口如图 3-13 所示。

① X1（数字输出接口）端子见表 3-14。

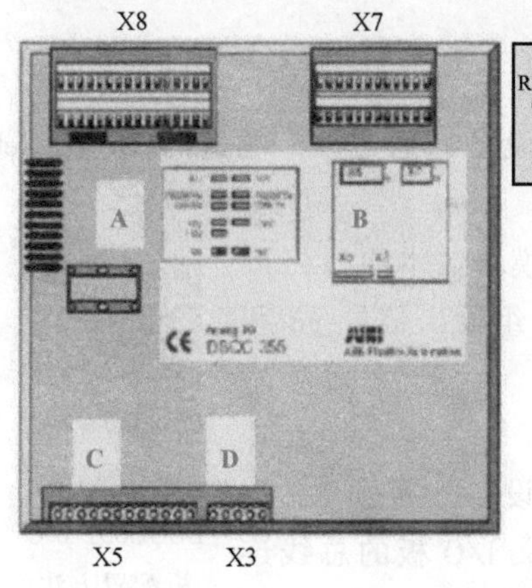

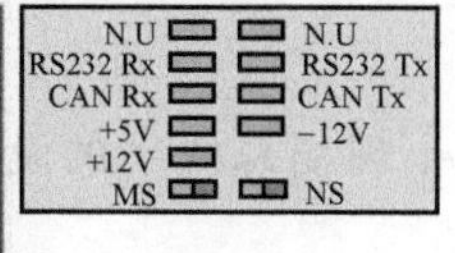

标号	说明
A	X8模拟输入端口
B	X7模拟输出端口
C	X5是DeviceNet接口
D	X3是供电电源

图 3-13 DSQC355A 模块接口说明

表 3-14　DSQC355A X1 端子

X1 端子编号	使用定义	X1 端子编号	使用定义
1	0V	4	未使用
2	未使用	5	+24V
3	接地		

② X5（DeviceNet 接口）端子与 DSQC651 板相同，在此不再赘述。

③ X7（模拟输出）端子见表 3-15。

表 3-15　DSQC355A X7 端子

X7 端子编号	使用定义	地址分配	X7 端子编号	使用定义	地址分配
1	模拟输出_1，-10V/+10V	0~15	19	模拟输出_1，0V	—
2	模拟输出_2，-10V/+10V	16~31	20	模拟输出_2，0V	—
3	模拟输出_3，-10V/+10V	32~47	21	模拟输出_3，0V	—
4	模拟输出_4，4~20mA	48~63	22	模拟输出_4，0V	—
5~18	未使用	—	23~24	未使用	—

④ X8（模拟输入）端子见表 3-16。

表 3-16　DSQC355A X8 端子

X8 端子编号	使用定义	地址分配	X8 端子编号	使用定义	地址分配
1	模拟输入_1，-10V/+10V	0~15	25	模拟输入_1，0V	—
2	模拟输入_2，-10V/+10V	16~31	26	模拟输入_2，0V	—
3	模拟输入_3，-10V/+10V	32~47	27	模拟输入_3，0V	—
4	模拟输入_4，-10V/+10V	48~63	28	模拟输入_4，0V	—
5~16	未使用	—	29~32	0V	—
17~24	+24V	—			

⑤ X5（DeviceNet 接口）端子与 DSQC651 板相同，在此不再赘述。

任务三　ABB 标准 I/O 板的配置及信号定义

ABB 标准 I/O 板都是下挂在 DeviceNet 现场总线下的设备，通过 X5 端口与 DeviceNet 现场总线进行通信。

ABB 标准 I/O 板 DSQC651 、DSQC652 是最为常用的模块。本项目将以创建数字输入信号 di、数字输出信号 do、组输入信号 gi、组输出信号 go 和模拟输出信号 ao 为例进行详细介绍。

DSQC651、DSQC652 I/O 板配置方法

一、DSQC651、DSQC652 I/O 板的配置方法

ABB 标准 I/O 板都是下挂在 DeviceNet 现场总线下的设备，通过 X5 端口与 DeviceNet 现场总线进行通信。以 DSQC651 为例，定义 I/O 板的总线连接的相关参数说明见表 3-17。

表 3-17 定义 I/O 板的总线连接的相关参数说明

参数名称	设定值	说 明
Use values from template	DSQC651Combi I/O Device	—
Name	board10	设定 I/O 板在系统中的名字
Address	10	设定 I/O 板在总线中的地址

其总线连接操作步骤如下：

1）选择“控制面板”，如图 3-14 所示。

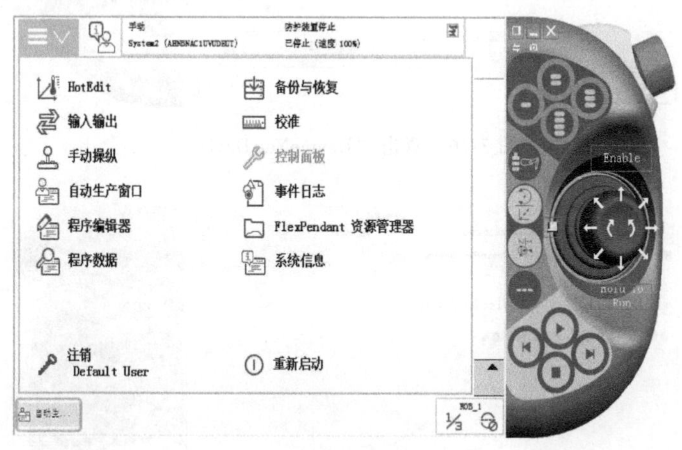

图 3-14 选择“控制面板”

2）选择“配置”，如图 3-15 所示。

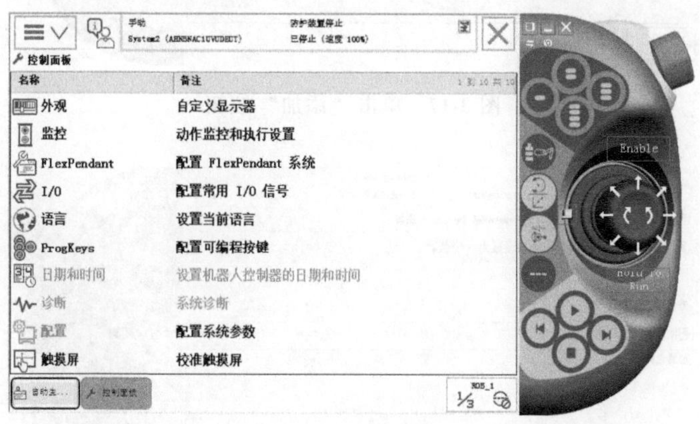

图 3-15 选择“配置”

3）双击“DeviceNet Device”，进行 DSQC651 模块的设定，如图 3-16 所示。

4）单击“添加”按钮，如图 3-17 所示。

5）选择 I/O 板型号为“DSQC 651Combi I/O Device”，如图 3-18 所示。如果是配置 DSQC652，则选择“DSQC 652 24 VDC I/O Device”。

6）双击“Name”，进行 DSQC651 板在系统中名字的设定。然后单击“确定”按钮，如图 3-19 所示。

图 3-16 双击“DeviceNet Device”

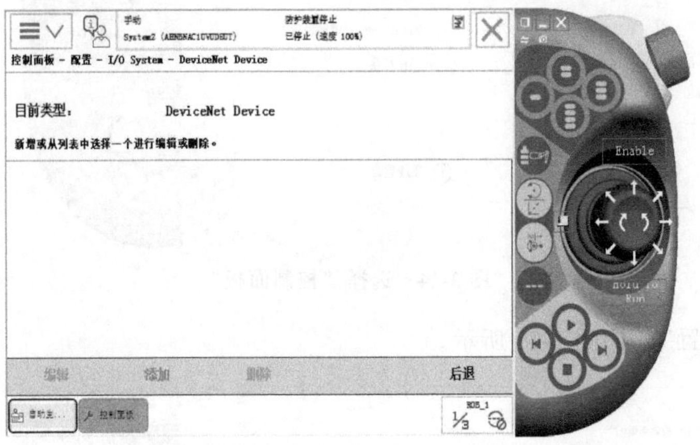

图 3-17 单击“添加”按钮

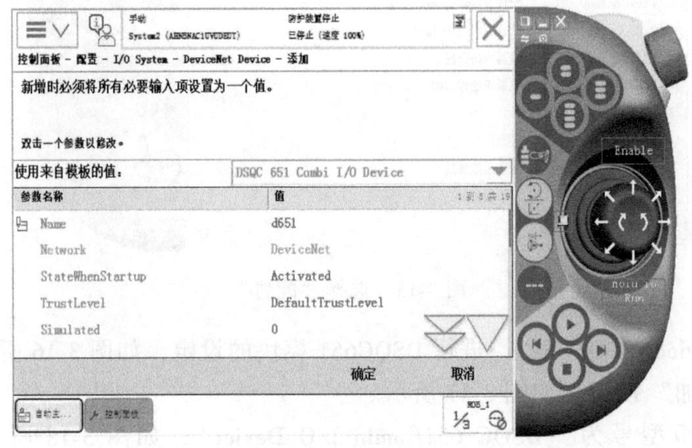

图 3-18 选择 I/O 板型号

7）在系统中将 DSQC651 板的名字设定为“board10”（10 代表此模块在 DeviceNet 总线中的地址，以方便识别），然后单击“确定”按钮，如图 3-20 所示。

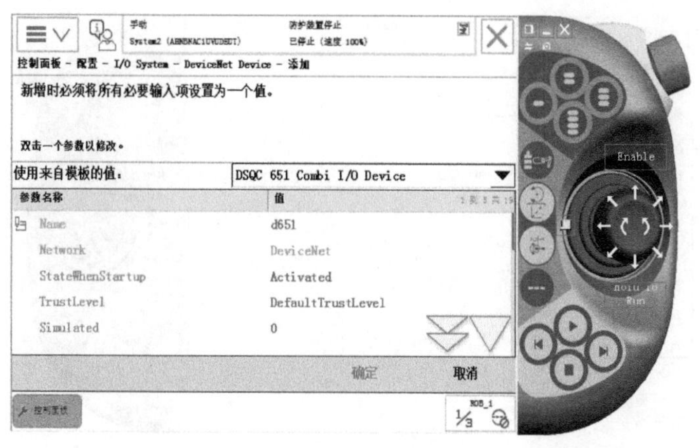

图 3-19　进行名字的设定

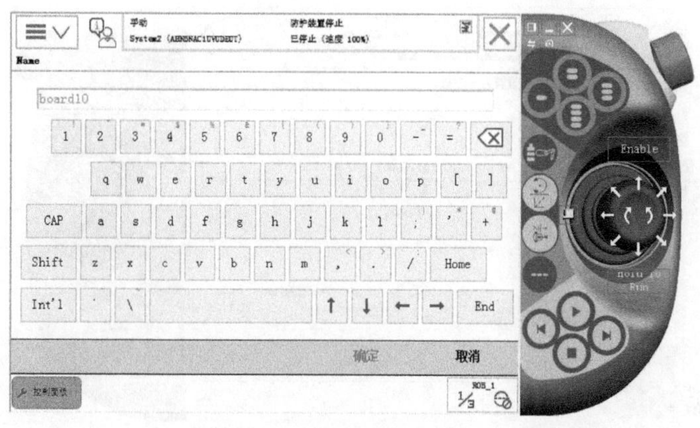

图 3-20　I/O 板名字设定为“board10”

8）在系统中将 DSQC651 板的地址设定为“10”，如图 3-21、图 3-22 所示。

9）参数设定完成后，分别单击“确定”“是”按钮。至此，定义 DSQC651 板的总线连接操作完成，如图 3-23 和图 3-24 所示。

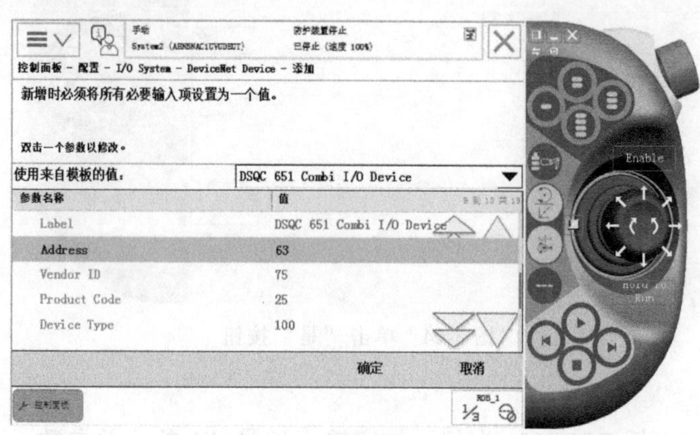

图 3-21　双击“Address”

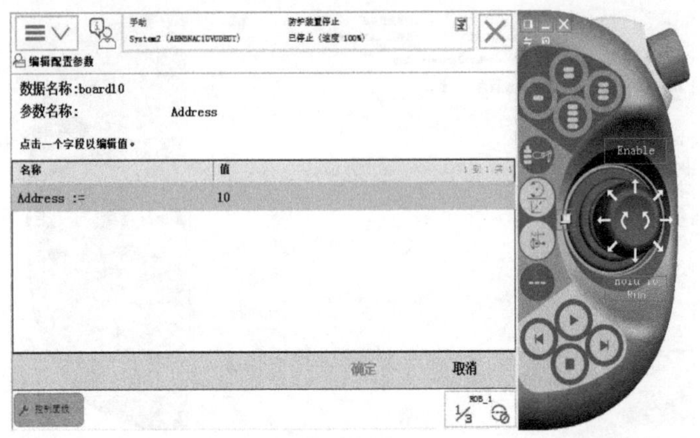

图 3-22　地址设定为“10”

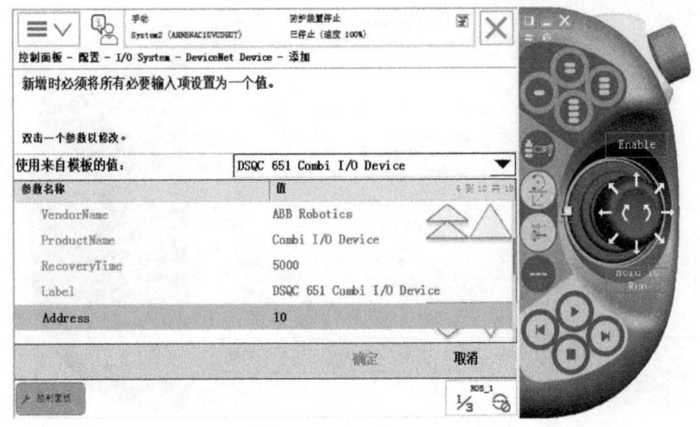

图 3-23　单击“确定”按钮

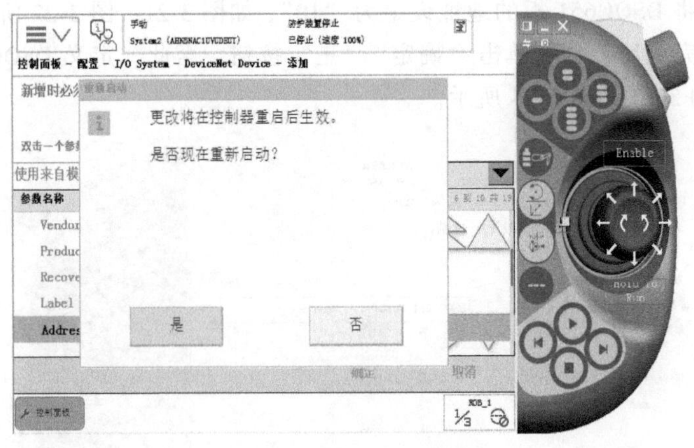

图 3-24　单击“是”按钮

二、定义数字输入信号 di1

定义数字输入信号

以 ABB 标准 I/O 板 DSQC651 为例，数字输入信号 di1 的相关参数见表 3-18。

表 3-18 数字输入信号 di1 的相关参数

参数名称	设定值	说　明
Name	di1	设定数字输入信号的名字
Type of Signal	Digital Input	设定信号的类型
Assigned to Device	board10	设定信号所在的 I/O 模块
Device Mapping	0	设定信号所占用的地址

具体操作步骤如下：

1）选择“控制面板”，如图 3-25 所示。

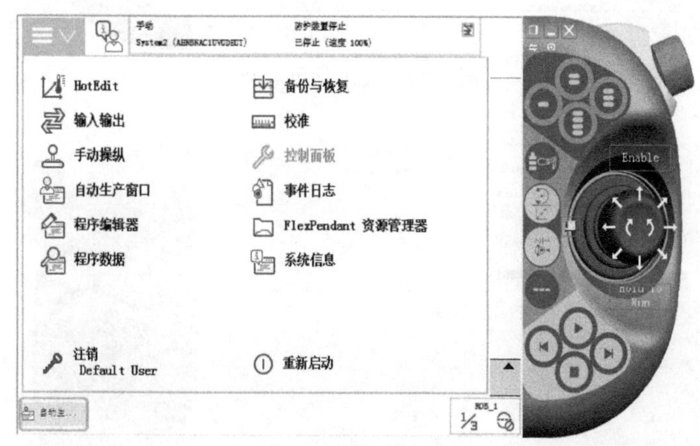

图 3-25 选择“控制面板”

2）选择“配置”，如图 3-26 所示。

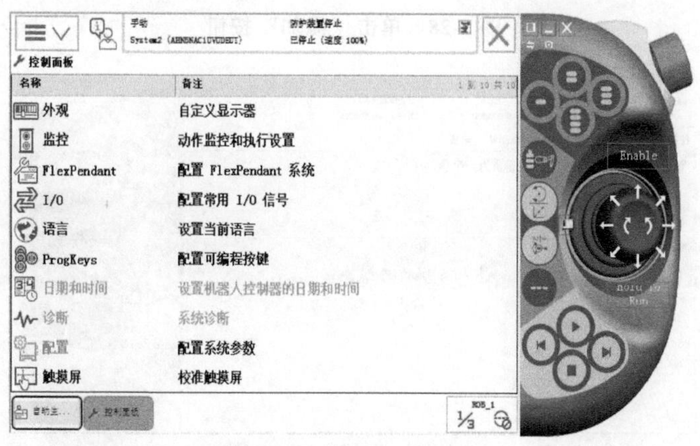

图 3-26 选择“配置”

3）双击“Signal”，如图 3-27 所示。

4）单击“添加”按钮，如图 3-28 所示。

5）双击“Name”，如图 3-29 所示。

6）输入“di1”，然后单击“确定”按钮，如图 3-30 所示。

7）双击“Type of Signal”，选择“Digital Input”，如图 3-31 所示。

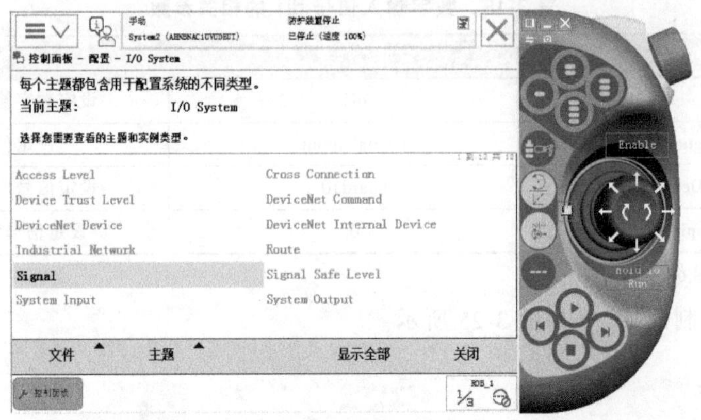

图 3-27 双击 “Signal”

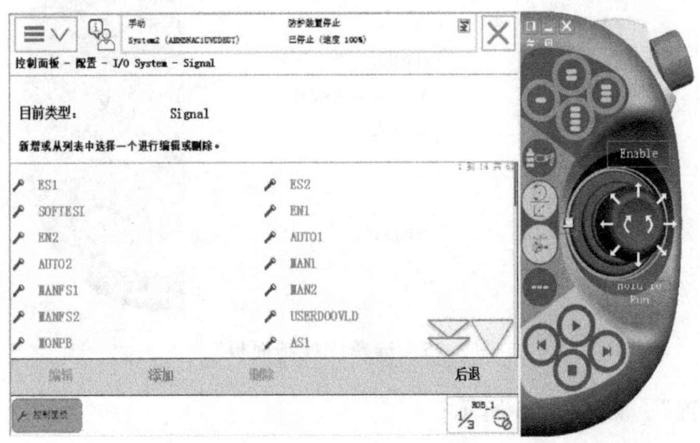

图 3-28 单击 “添加” 按钮

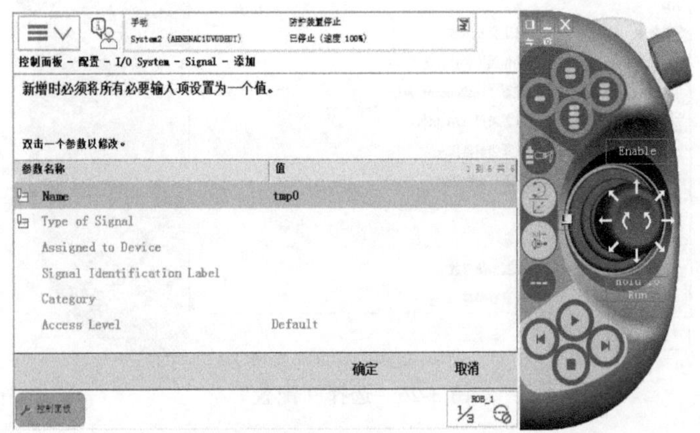

图 3-29 双击 “Name”

8）双击 “Assigned to Device”，选择 “board10”，如图 3-32 所示。

9）双击 “Device Mapping”，如图 3-33 所示。

10）输入 “0”，然后单击 “确定” 按钮，如图 3-34 所示。

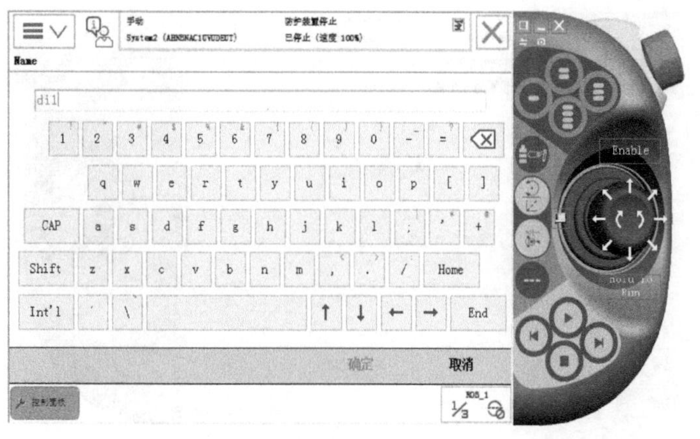

图 3-30 输入“di1”

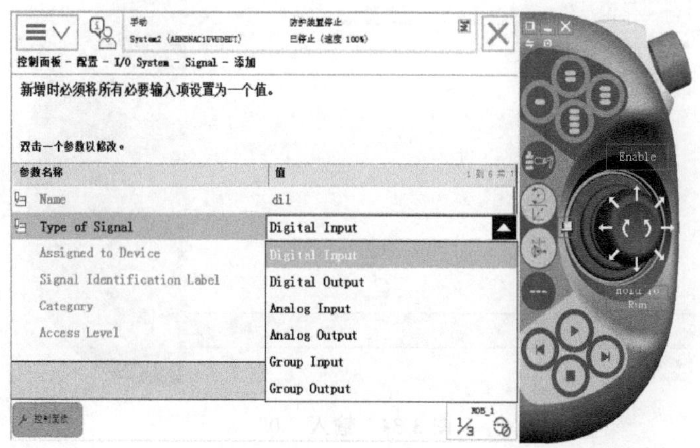

图 3-31 选择“Digital Input”

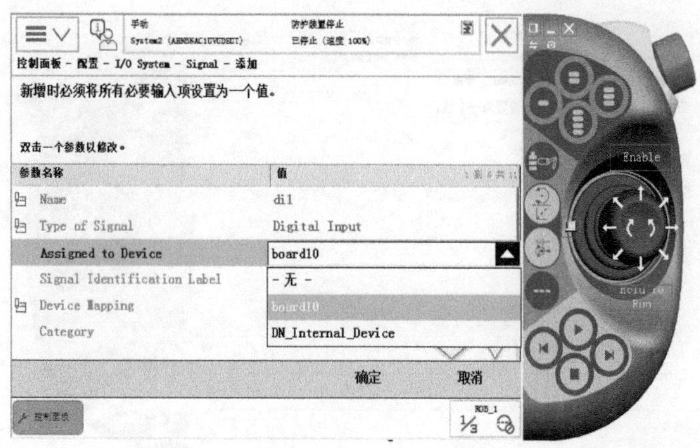

图 3-32 双击“Assigned to Device”

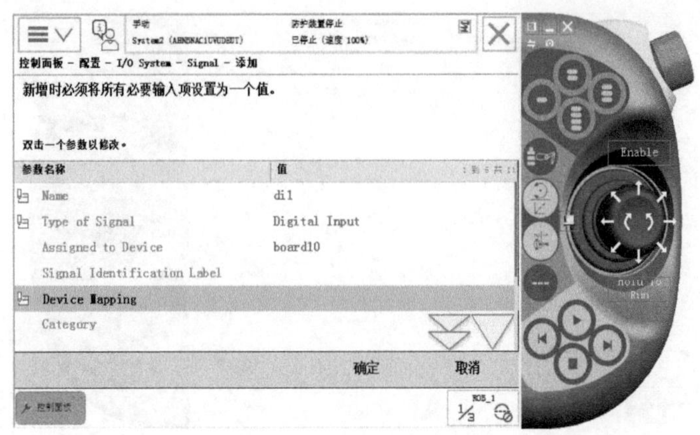

图 3-33　双击“Device Mapping”

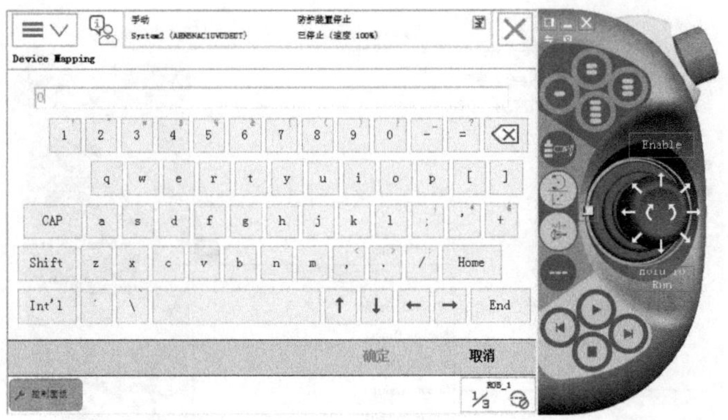

图 3-34　输入“0”

11）单击“确定”按钮，如图 3-35 所示。

12）单击“是”按钮，完成设定，如图 3-36 所示。

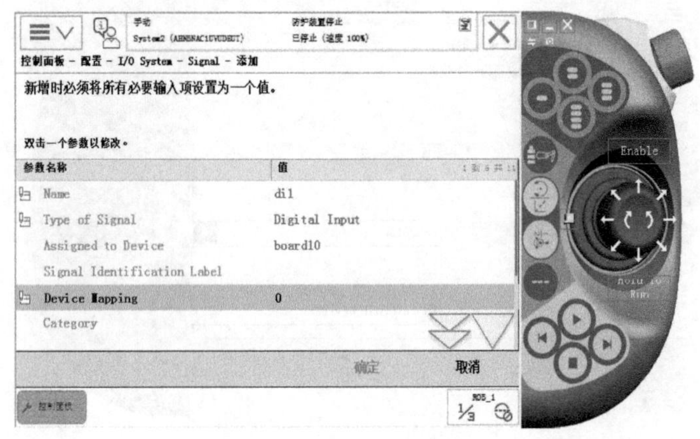

图 3-35　单击“确定”按钮

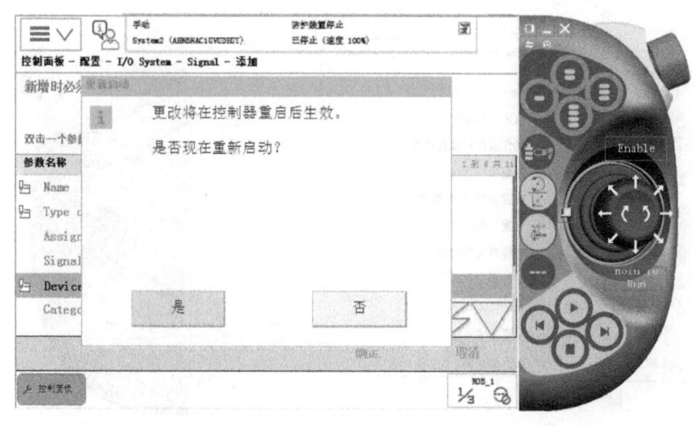

图 3-36 单击“是”按钮

三、定义数字输出信号 do1

定义数字输出信号

以 ABB 标准 I/O 板 DSQC651 为例，数字输出信号 do1 的相关参数见表 3-19。

表 3-19 数字输出信号 do1 的相关参数

参数名称	设定值	说明
Name	do1	设定数字输出信号的名字
Type of Signal	Digital Output	设定信号的类型
Assigned to Device	board10	设定信号所在的 I/O 模块
Device Mapping	32	设定信号所占用的地址

具体操作步骤如下：

1）选择“控制面板”，如图 3-37 所示。

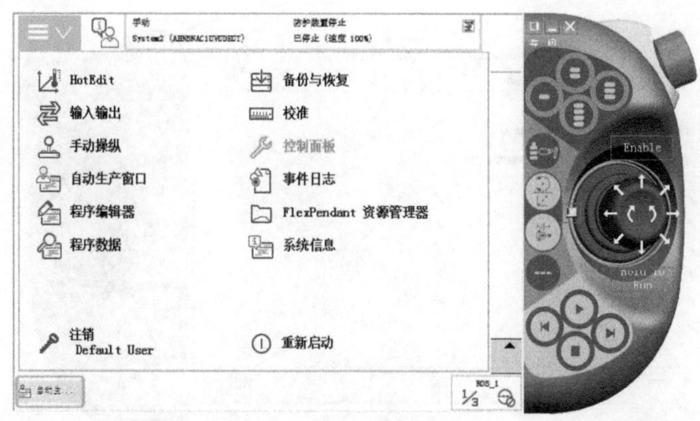

图 3-37 选择“控制面板”

2）选择“配置”，如图 3-38 所示。

3）双击“Signal”，如图 3-39 所示。

4）单击“添加”按钮，如图 3-40 所示。

5）双击“Name”，如图 3-41 所示。

图 3-38　选择“配置”

图 3-39　双击“Signal”

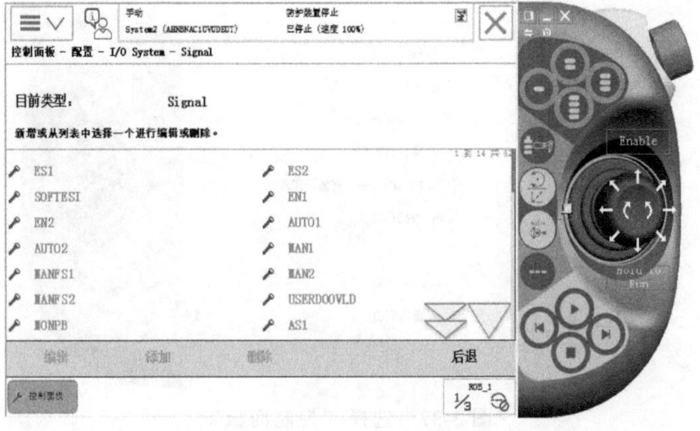

图 3-40　单击“添加”按钮

6）输入“do1”，然后单击“确定”按钮，如图 3-42 所示。

7）双击“Type of Signal”，选择“Digital Output”，如图 3-43 所示。

8）双击“Assigned to Device”，选择“board10”，如图 3-44 所示。

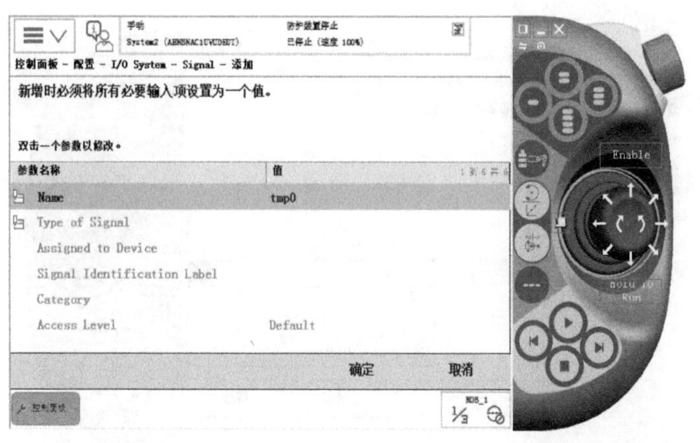

图 3-41　双击“Name”

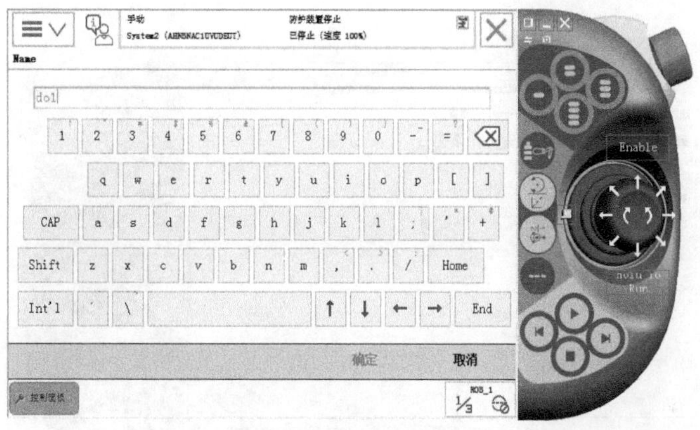

图 3-42　输入“do1”

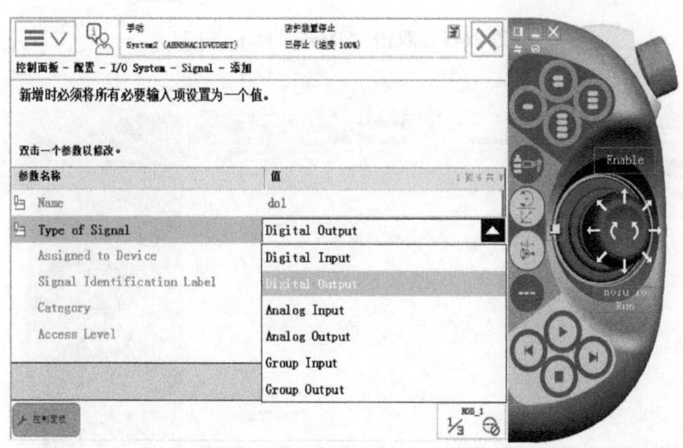

图 3-43　双击“Type of Signal”

9）双击“Device Mapping”，如图 3-45 所示。

10）输入“32”，然后单击“确定”按钮，如图 3-46 所示。

11）单击“确定”按钮，如图 3-47 所示。

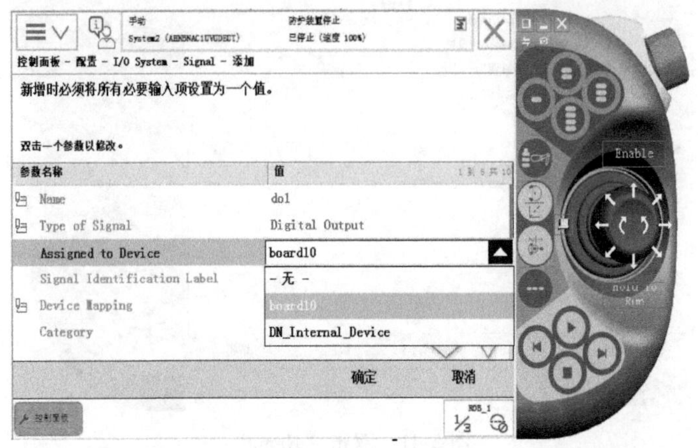

图 3-44　双击“Assigned to Device”

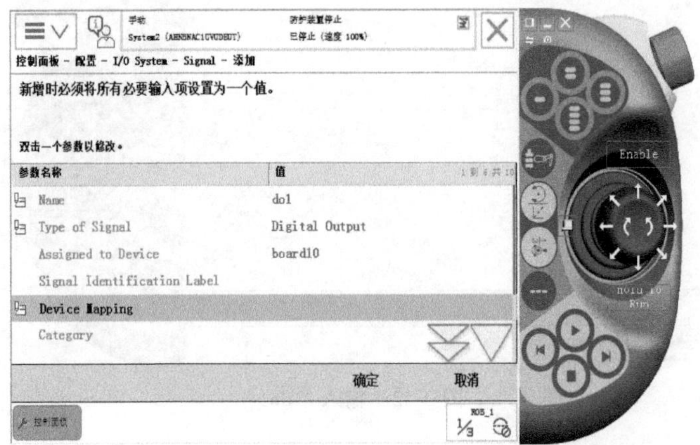

图 3-45　双击“Device Mapping”

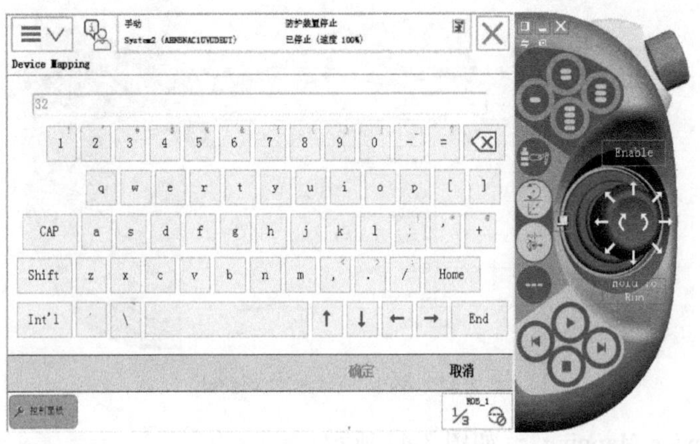

图 3-46　输入“32”

12）单击“是”按钮，完成设定，如图 3-48 所示。

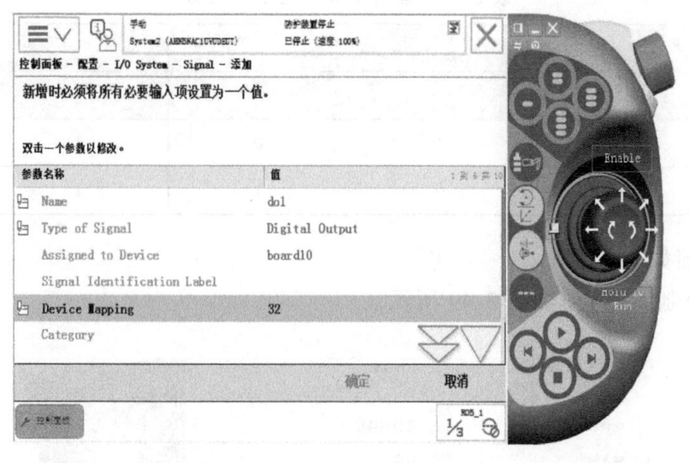

图 3-47 单击“确定”按钮

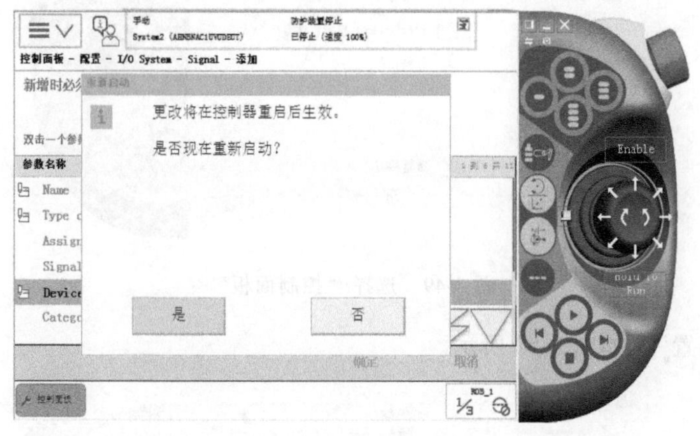

图 3-48 单击“是”按钮

四、定义组输入信号 gi1

组输入信号是几个数字输入信号的组合信号，用于接受外围设备输入的 BCD 编码的十进制数。

gi1 占用地址 1~4 共 4 位，可以代表十进制数 0~15。以此类推，如果 gi1 占用地址 5 位的话，可以代表十进制数 0~31。

定义组输入信号

以 ABB 标准 I/O 板 DSQC651 为例，组输入信号 gi1 的相关参数及状态见表 3-20、表 3-21。

表 3-20 组输入信号 gi1 的相关参数

参数名称	设定值	说明
Name	gi1	设定组输入信号的名字
Type of Signal	Group Input	设定信号的类型
Assigned to Device	board10	设定信号所在的 I/O 模块
Device Mapping	1~4	设定信号所占用的地址

表 3-21　组输入信号 gi1 的状态

状态	地址 1	地址 2	地址 3	地址 4	十进制
	1	2	4	8	
状态 1	0	1	0	1	2+8=10
状态 2	1	0	1	1	1+4+8=13

具体操作步骤如下：

1）选择“控制面板”，如图 3-49 所示。

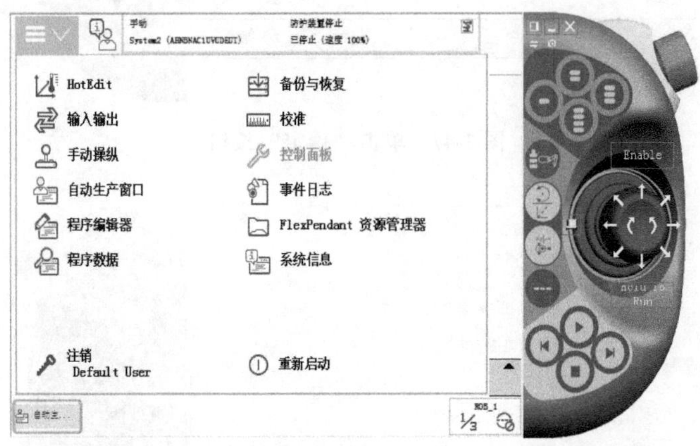

图 3-49　选择“控制面板”

2）选择“配置”，如图 3-50 所示。

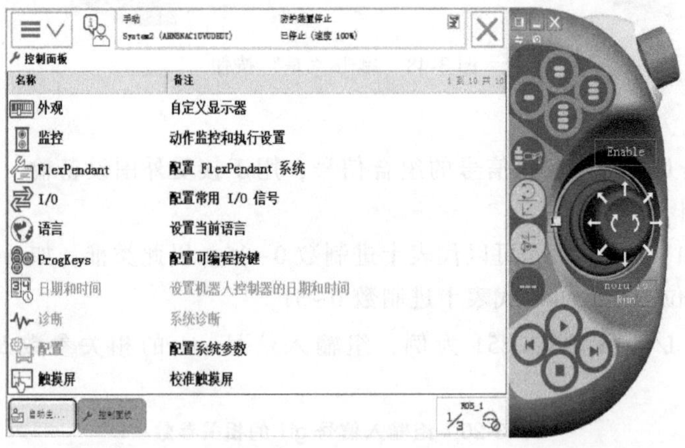

图 3-50　选择“配置”

3）双击“Signal”，如图 3-51 所示。

4）单击“添加”按钮，如图 3-52 所示。

5）双击“Name”，如图 3-53 所示。

6）输入“gi1”，然后单击“确定”按钮，如图 3-54 所示。

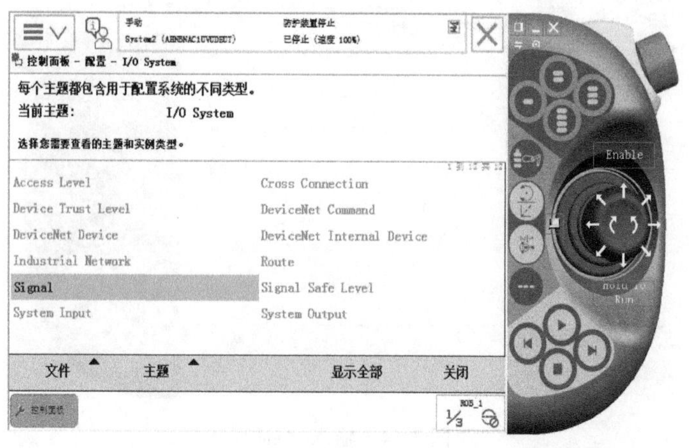

图 3-51 双击 “Signal”

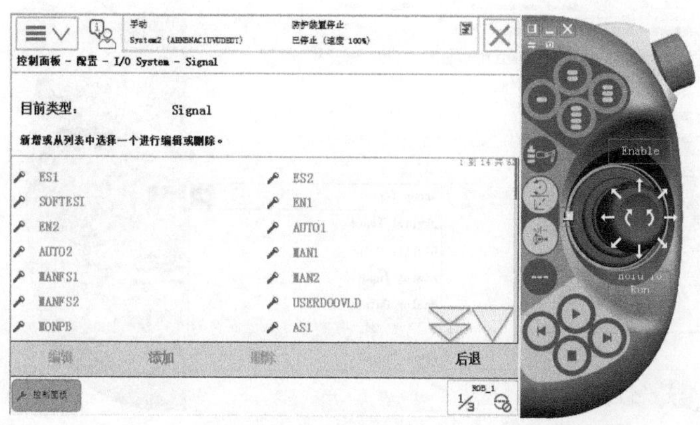

图 3-52 单击 “添加” 按钮

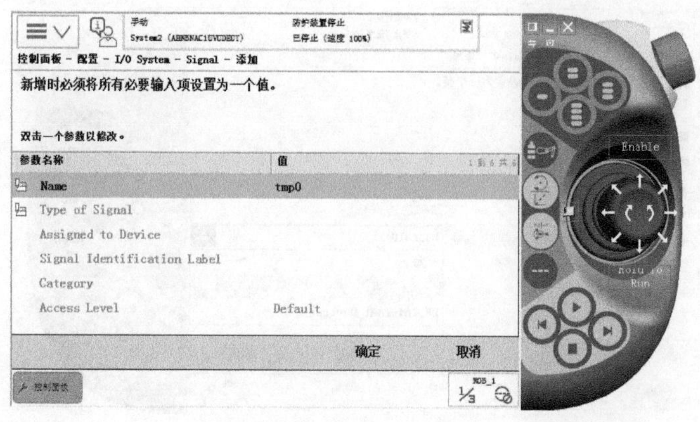

图 3-53 双击 “Name”

7）双击 “Type of Signal”，选择 “Group Input”，如图 3-55 所示。

8）双击 “Assigned to Device”，选择 “board10”，如图 3-56 所示。

9）双击 “Device Mapping”，如图 3-57 所示。

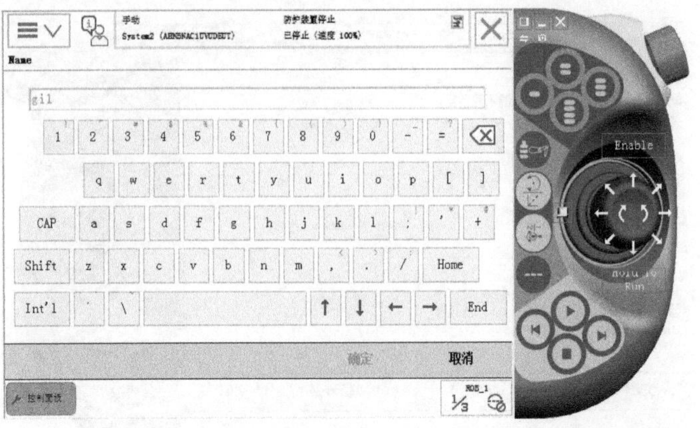

图 3-54 输入“gi1”

图 3-55 双击“Group Input”

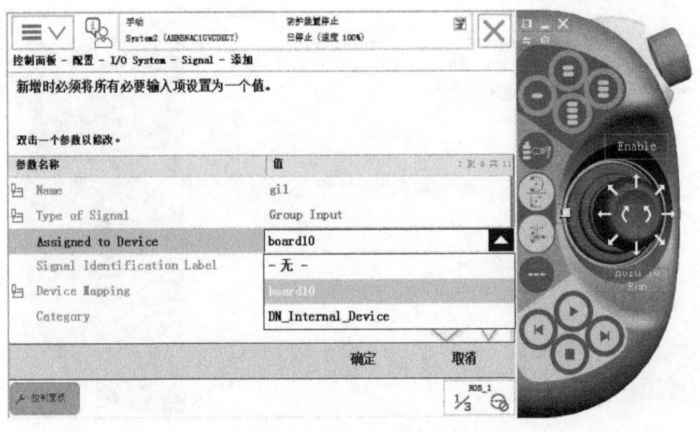

图 3-56 双击“Assigned to Device”

10）输入“1-4”，然后单击“确定”按钮，如图 3-58 所示。

11）单击“确定”按钮，如图 3-59 所示。

12）单击“是”按钮，完成设定，如图 3-60 所示。

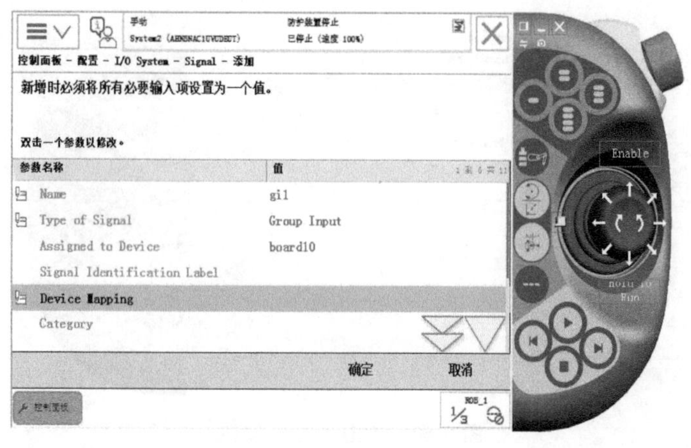

图 3-57　双击“Device Mapping”

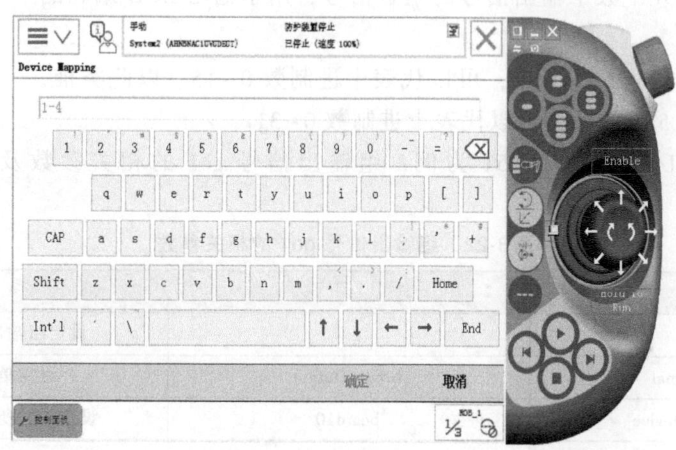

图 3-58　输入“1-4”

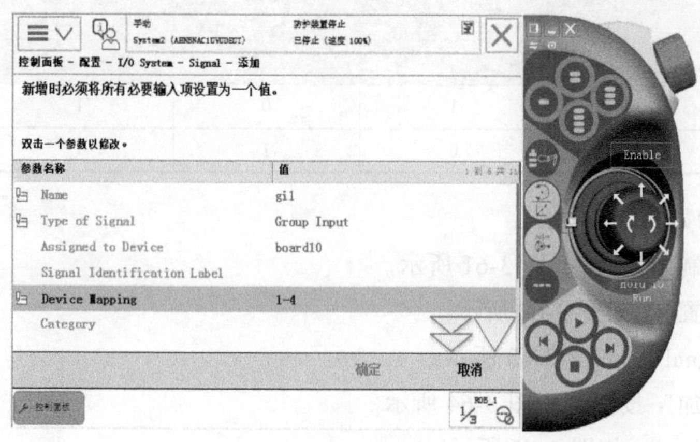

图 3-59　单击“确定”按钮

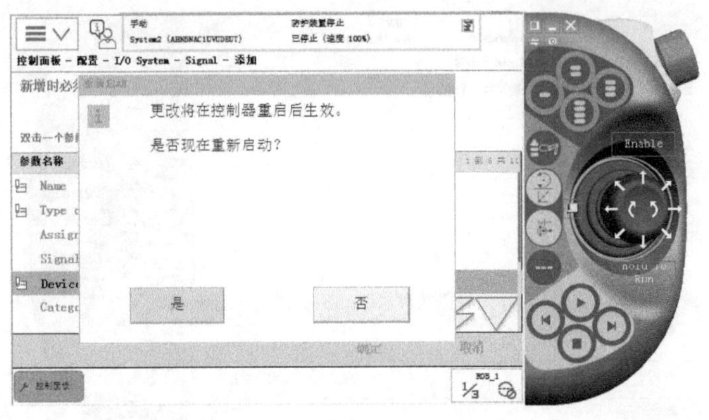

图 3-60 单击“是”按钮

五、定义组输出信号 go1

定义组输出信号

组输出信号是几个数字输出信号的组合信号，用于输出 BCD 编码的十进制数。

go1 占用地址 33~36 共 4 位，可以代表十进制数 0~15。以此类推，如果 go1 占用地址 5 位的话，可以代表十进制数 0~31。

以 ABB 标准 I/O 板 DSQC651 为例，组输出信号 go1 的相关参数及状态见表 3-22、表 3-23。

表 3-22 组输出信号 go1 的相关参数

参数名称	设定值	说明
Name	go1	设定组输出信号的名字
Type of Signal	Group Output	设定信号的类型
Assigned to Device	board10	设定信号所在的 I/O 模块
Device Mapping	33~36	设定信号所占用的地址

表 3-23 组输出信号 go1 的状态

状态	地址 33	地址 34	地址 35	地址 36	十进制
	1	2	4	8	
状态 1	0	1	0	1	2+8=10
状态 2	1	0	1	1	1+4+8=13

具体操作步骤如下：

1）选择“控制面板”，如图 3-61 所示。

2）选择“配置”，如图 3-62 所示。

3）双击“Signal”，如图 3-63 所示。

4）单击“添加”按钮，如图 3-64 所示。

5）双击“Name”，如图 3-65 所示。

6）输入“go1”，然后单击“确定”按钮，如图 3-66 所示。

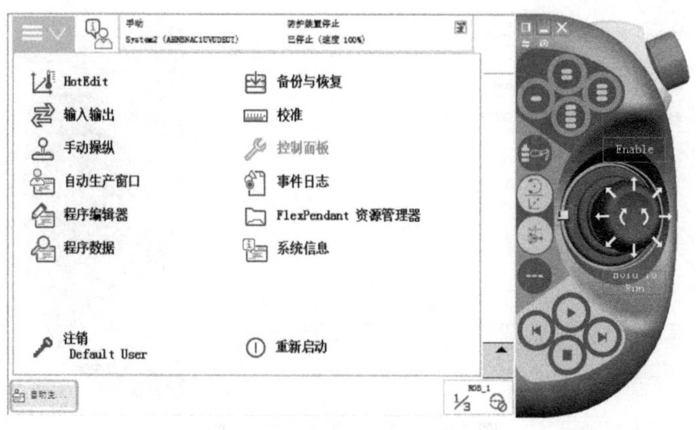

图 3-61 选择“控制面板”

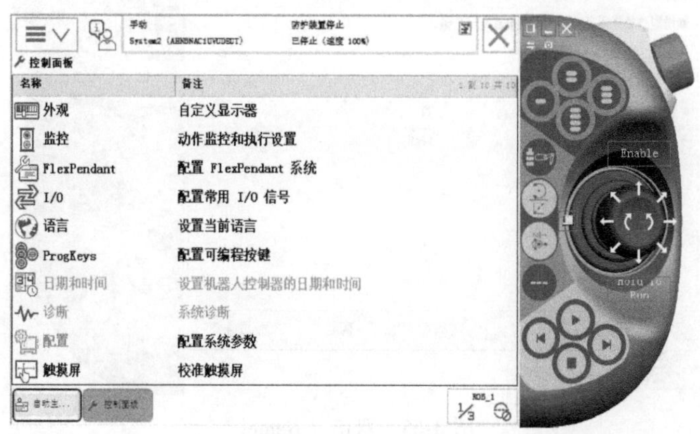

图 3-62 选择“配置”

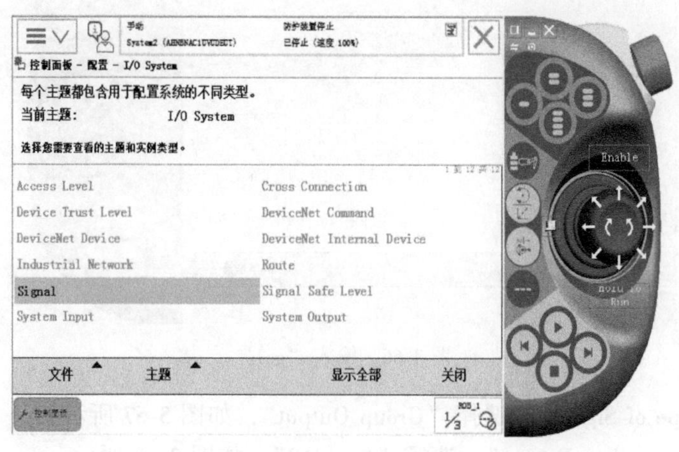

图 3-63 双击“Signal”

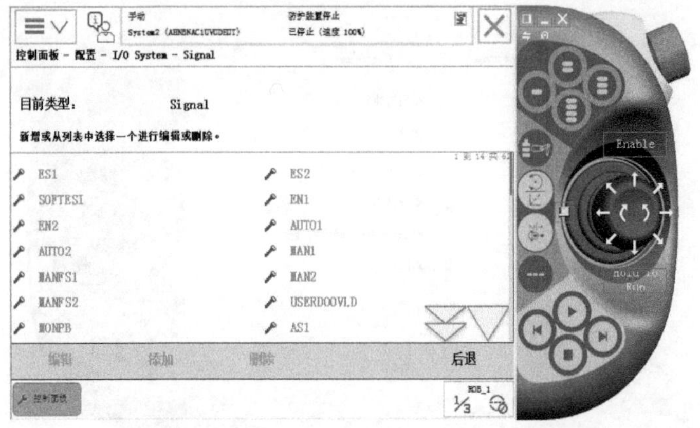

图 3-64 单击“添加”按钮

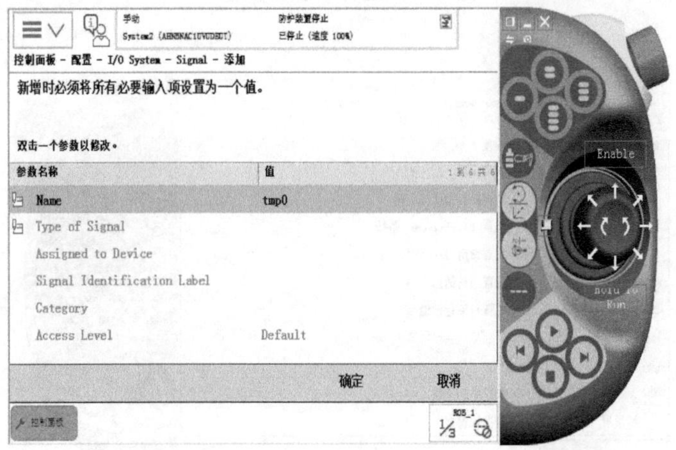

图 3-65 双击“Name”

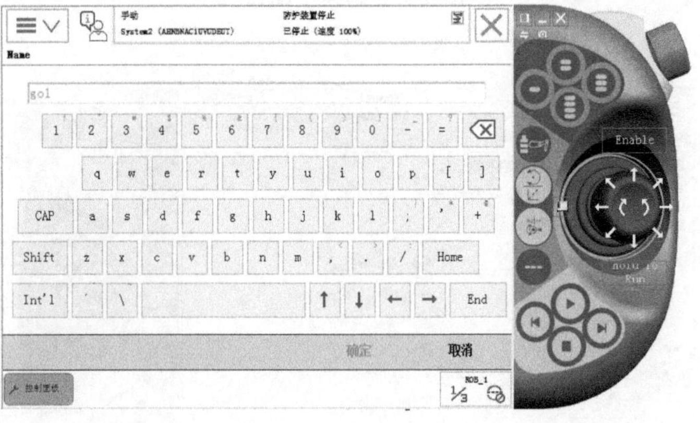

图 3-66 输入“go1”

7）双击“Type of Signal”，选择“Group Output”，如图 3-67 所示。

8）双击“Assigned to Device”，选择“board10”，如图 3-68 所示。

9）双击“Device Mapping”，如图 3-69 所示。

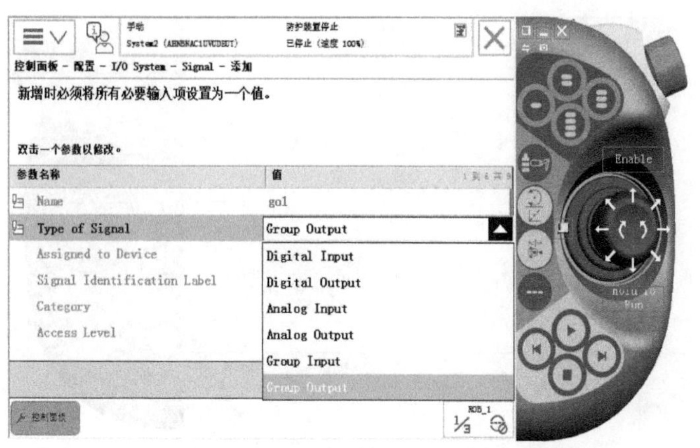

图 3-67 双击“Type of Signal”

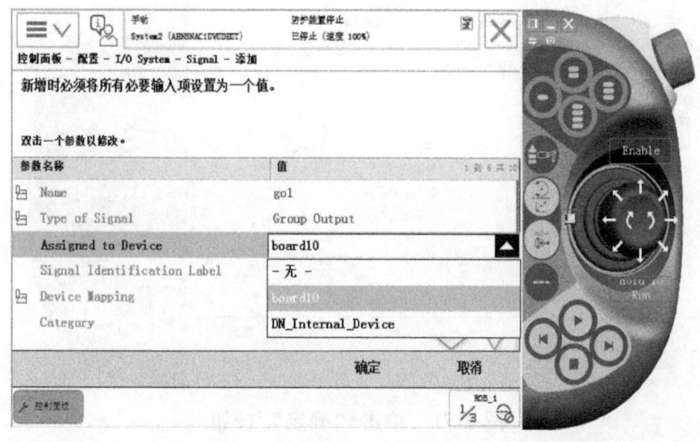

图 3-68 双击“Assigned to Device”

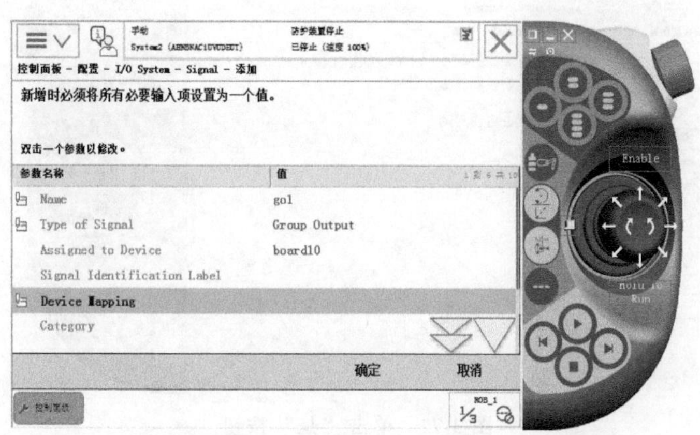

图 3-69 双击“Device Mapping”

10）输入“33-36”，然后单击“确定”按钮，如图 3-70 所示。

11）单击“确定”按钮，如图 3-71 所示。

12）单击“是”按钮，完成设定，如图 3-72 所示。

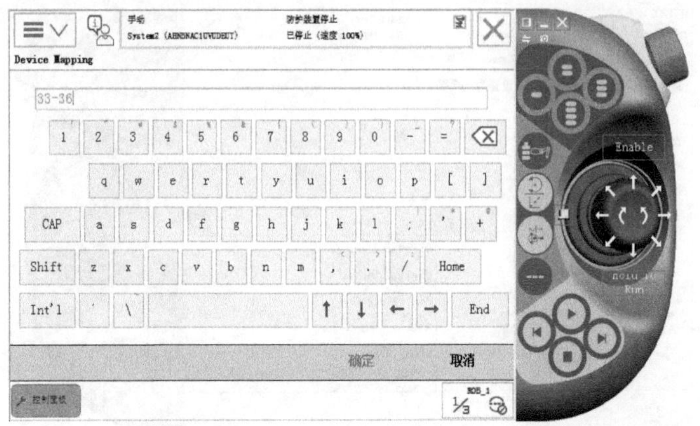

图 3-70　输入“33-36”

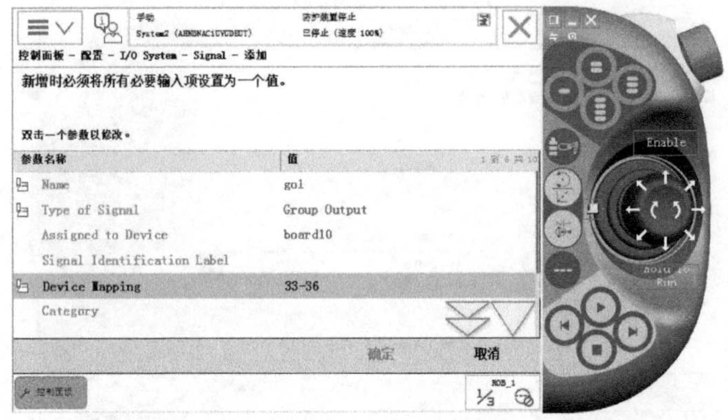

图 3-71　单击“确定”按钮

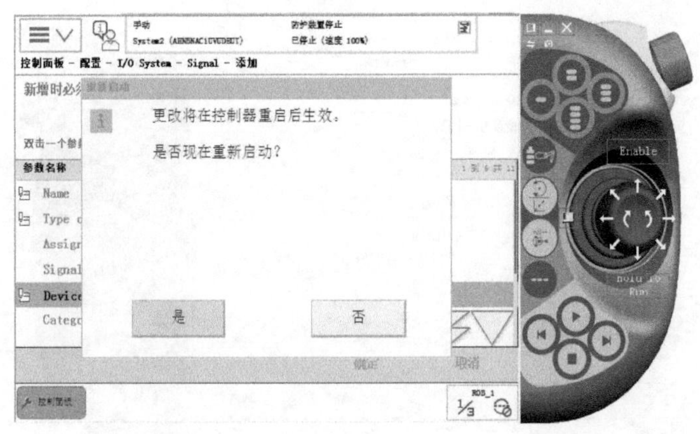

图 3-72　单击“是”按钮

六、定义模拟输出信号 ao1

以 ABB 标准 I/O 板 DSQC651 为例，模拟输出信号 ao1 的相关参数见表 3-24。

具体操作步骤如下：

定义模拟输出信号

表 3-24 模拟输出信号 ao1 的相关参数

参数名称	设定值	说 明
Name	ao1	设定模拟输出信号的名字
Type of Signal	Analog Output	设定信号的类型
Assigned to Device	board10	设定信号所在的 I/O 模块
Device Mapping	0~15	设定信号所占用的地址
Analog Encoding Type	Unsigned	设定模拟信号属性
Maximum Logical Value	10	设定最大逻辑值
Maximum Physical Value	10	设定最大物理值
Maximum Bit Value	65535	设定最大位值

1）选择“控制面板”，如图 3-73 所示。

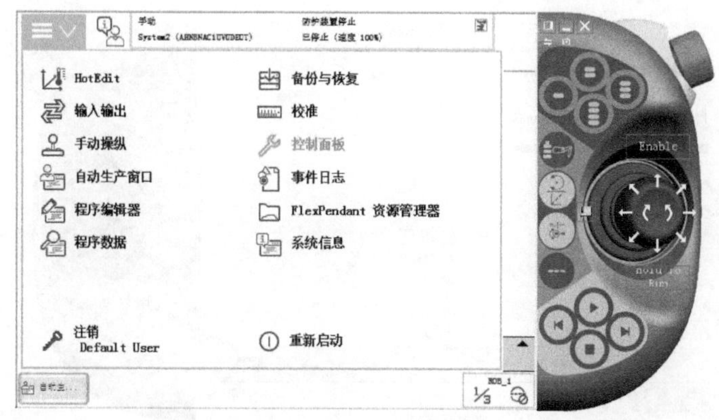

图 3-73 选择“控制面板”

2）选择“配置”，如图 3-74 所示。

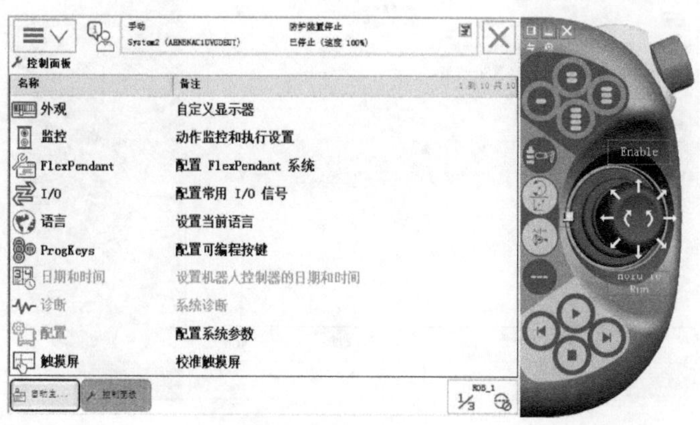

图 3-74 选择“配置”

3）双击“Signal”，如图 3-75 所示。

4）单击“添加”按钮，如图 3-76 所示。

5）双击“Name”，如图 3-77 所示。

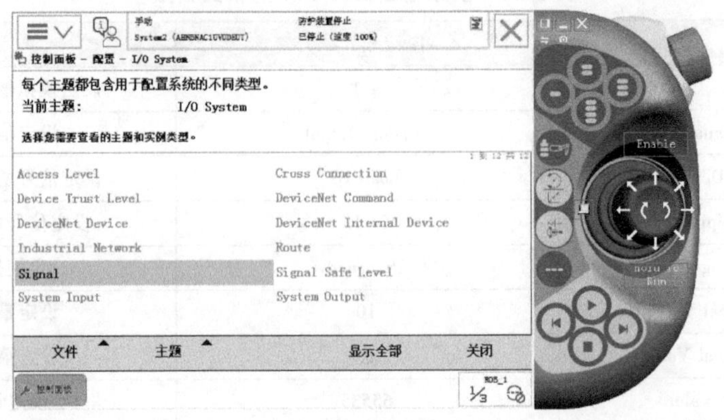

图 3-75　双击“Signal”

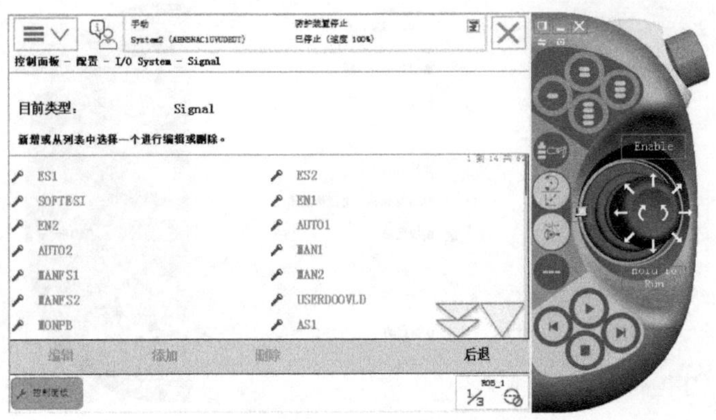

图 3-76　单击“添加”按钮

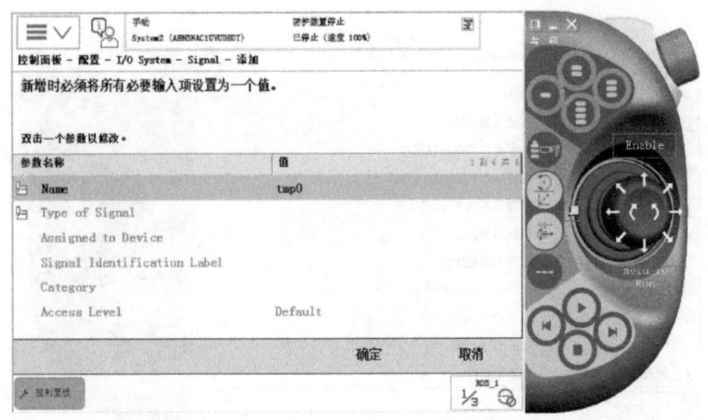

图 3-77　双击“Name”

6）输入“ao1”，然后单击“确定”按钮，如图 3-78 所示。

7）双击“Type of Signal”，选择“Analog Output”，如图 3-79 所示。

8）双击“Assigned to Device”，选择“board10”，如图 3-80 所示。

图 3-78 输入“ao1”

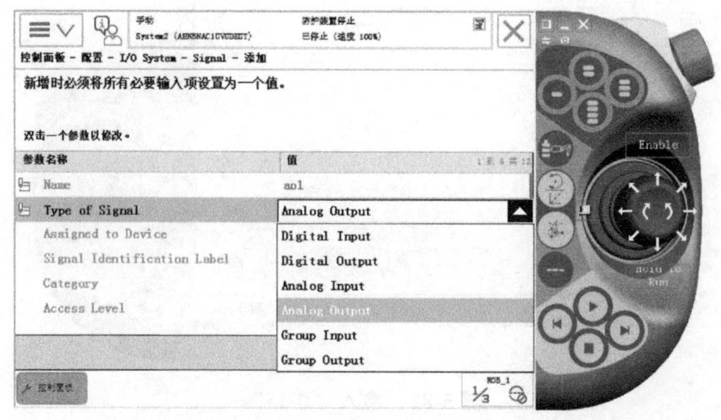

图 3-79 双击“Type of Signal”

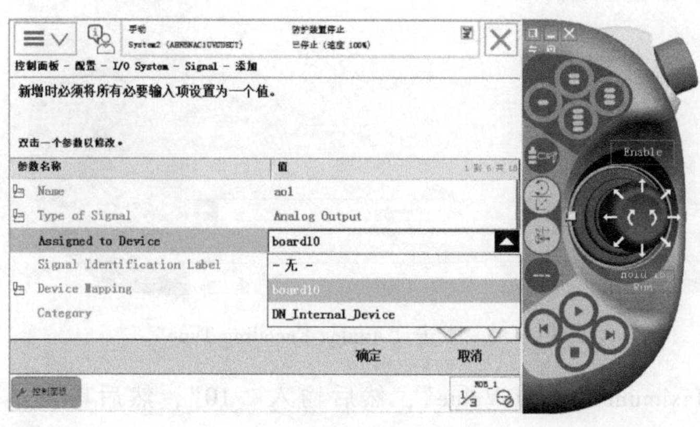

图 3-80 双击“Assigned to Device”

9）双击“Device Mapping”，如图 3-81 所示。

10）输入“0-15”，然后单击“确定”按钮，如图 3-82 所示。

11）双击“Analog Encoding Type”，然后选择“Unsigned”，如图 3-83 所示。

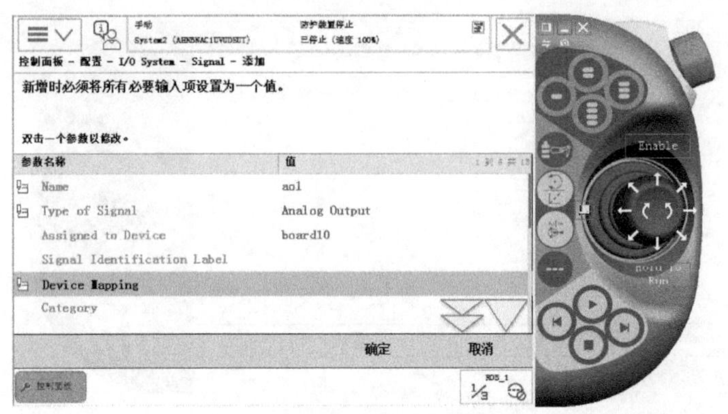

图 3-81　双击“Device Mapping”

图 3-82　输入“0-15”

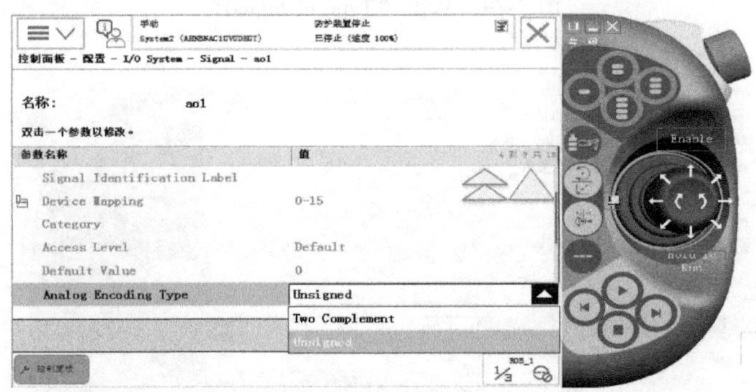

图 3-83　双击“Analog Encoding Type”

12）双击“Maximum Logical Value”，然后输入“10”，然后单击“确定”按钮，如图 3-84 所示。

13）双击“Maximum Physical Value”，然后输入“10”，然后单击“确定”按钮，如图 3-85 所示。

14）双击“Maximum Bit Value”，然后输入“65535”。

15）单击“确定”按钮，如图 3-86 所示。

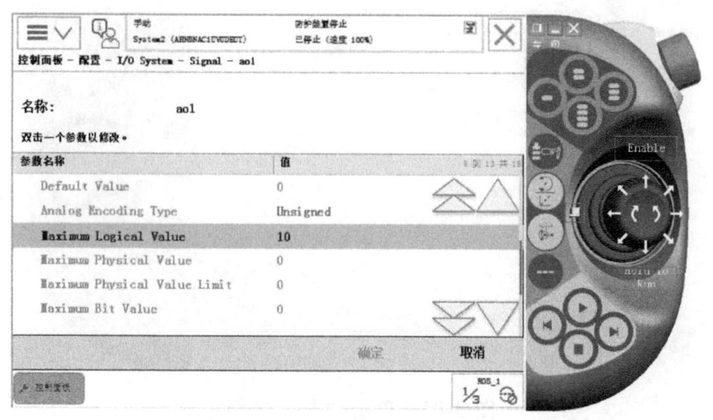

图 3-84　双击“Maximum Logical Value”

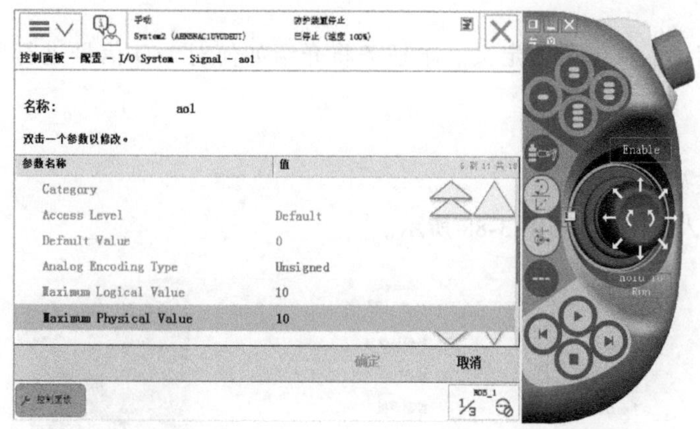

图 3-85　双击“Maximum Physical Value”

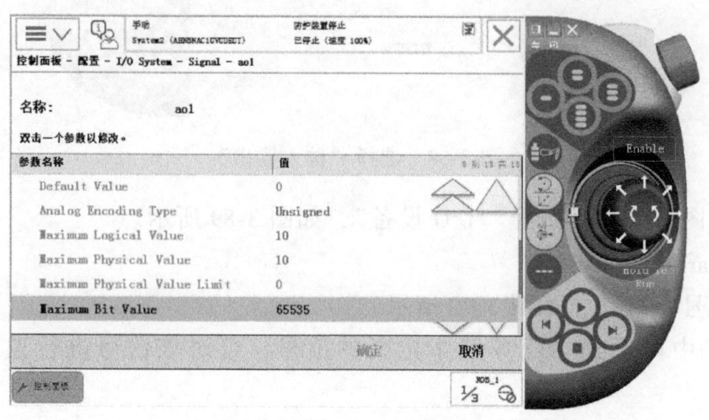

图 3-86　双击“Maximum Bit Value”

16）单击“是”按钮，完成设定，如图 3-87 所示。

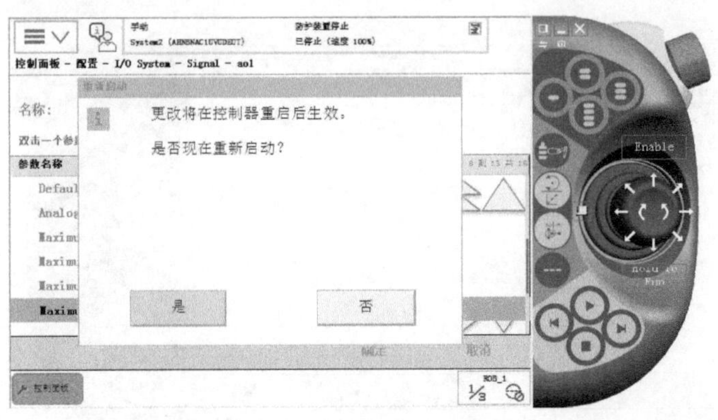

图 3-87　单击“是”按钮

任务四　I/O 信号监控与操作

I/O 信号监控与操作

任务三中介绍了 I/O 信号的定义。本任务将介绍如何对 I/O 信号进行监控和强制操作。

一、打开“输入输出”界面

具体操作步骤如下：

1）选择“输入输出”，如图 3-88 所示。

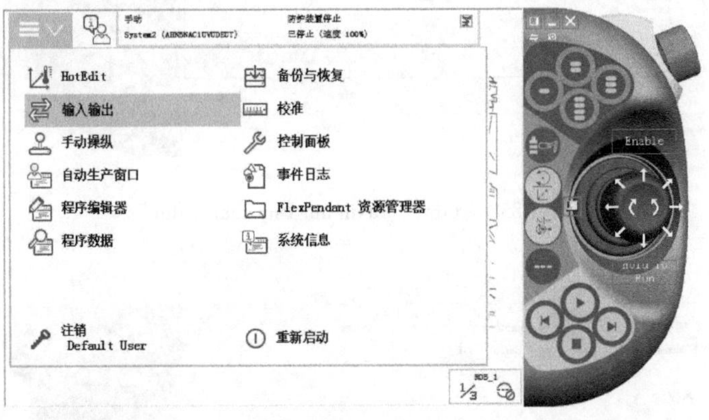

图 3-88　选择“输入输出”

2）打开“视图”菜单，选择“I/O 设备”，如图 3-89 所示。

3）选择“board10”。

4）单击“信号”按钮，如图 3-90 所示。

5）在图 3-91 中可看到在任务三中定义的信号，可对该信号进行监控、仿真和强制操作。

二、对 I/O 信号进行仿真和强制操作

一般要对 I/O 信号的状态或数值进行仿真和强制操作，以便在机器人调试和检修时使用。下面介绍数字信号和组信号的仿真和强制操作方法。

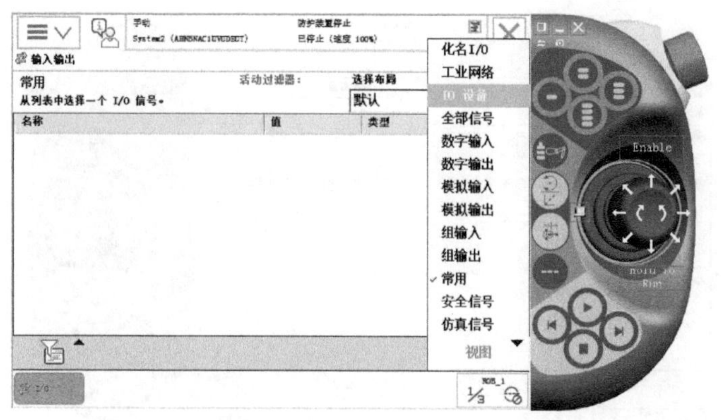

图 3-89 选择“I/O 设备”

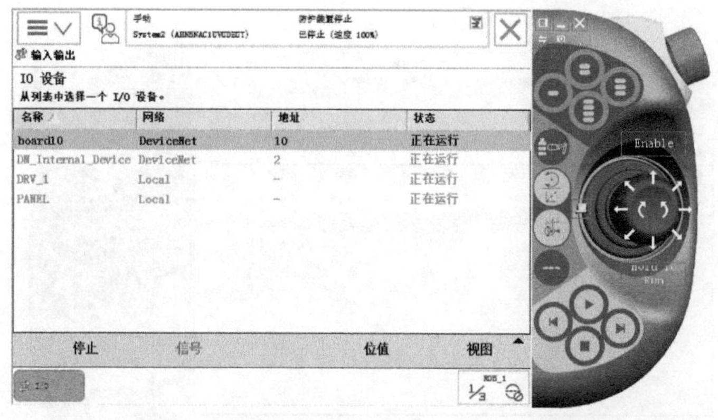

图 3-90 单击“信号”按钮

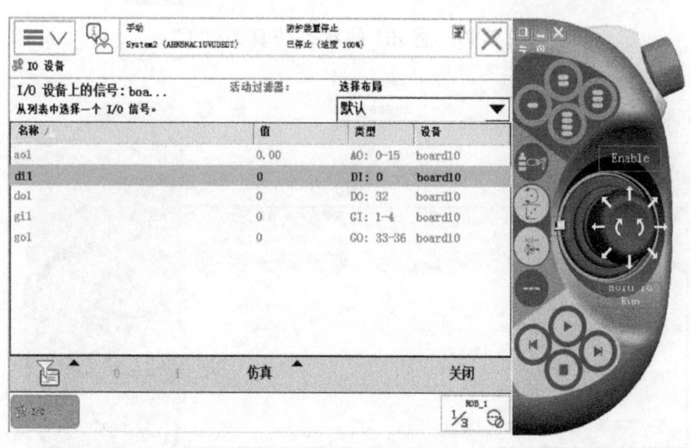

图 3-91 查看、编辑信号

1. 对信号 di1 进行仿真操作

1）选择“di1”，然后单击“仿真”按钮，如图 3-92 所示。

2）单击“1”按钮，将 di1 的状态仿真为“1”，如图 3-93 所示。

3）di1 已被仿真为“1”。仿真结束后，单击“消除仿真”按钮，如图 3-94 所示。

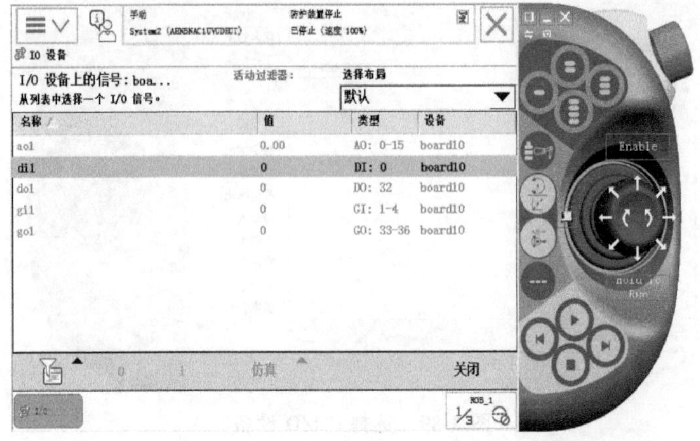

图 3-92 仿真信号 di1

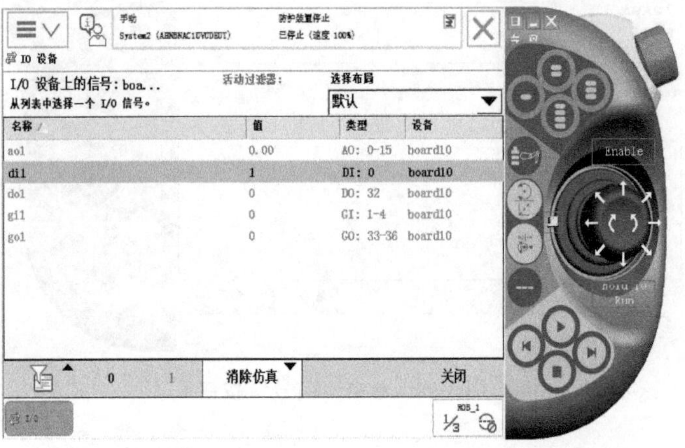

图 3-93 将 di1 的状态仿真为“1”

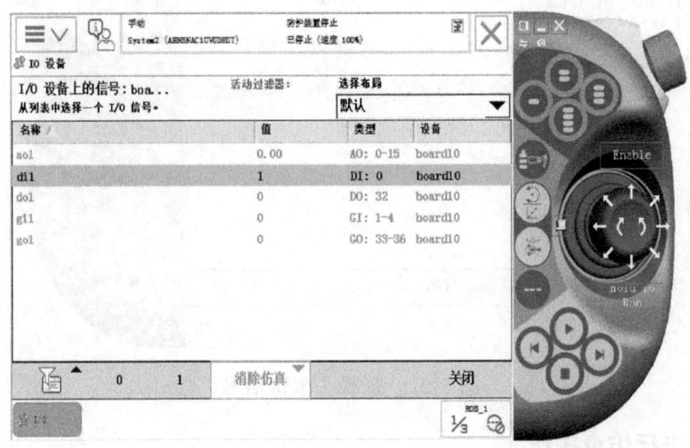

图 3-94 单击“消除仿真”按钮

2. 对信号 do1 进行强制操作

1）选择“do1”。

2）通过单击“0”和“1”按钮，对信号 do1 的状态进行强制操作，如图 3-95 所示。

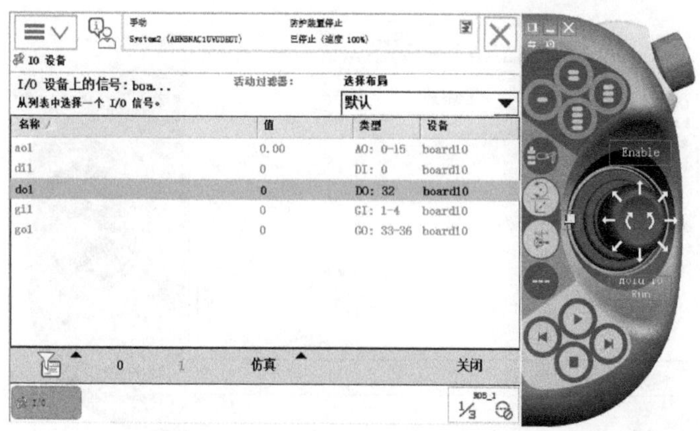

图 3-95 对信号 do1 的状态进行强制操作

3. 对信号 gi1 进行仿真操作

1）选择“gi1”，然后单击“仿真”按钮，如图 3-96 所示。

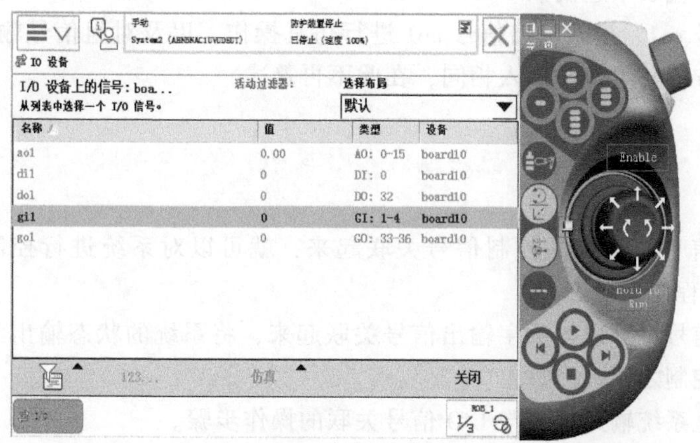

图 3-96 仿真信号 gi1

2）单击“123...”按钮，如图 3-97 所示。

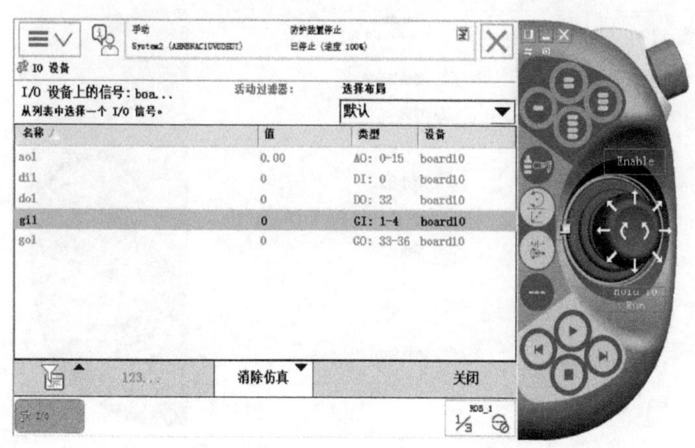

图 3-97 单击“123...”按钮

3）输入需要的数值，然后单击“确定”按钮，如图 3-98 所示。

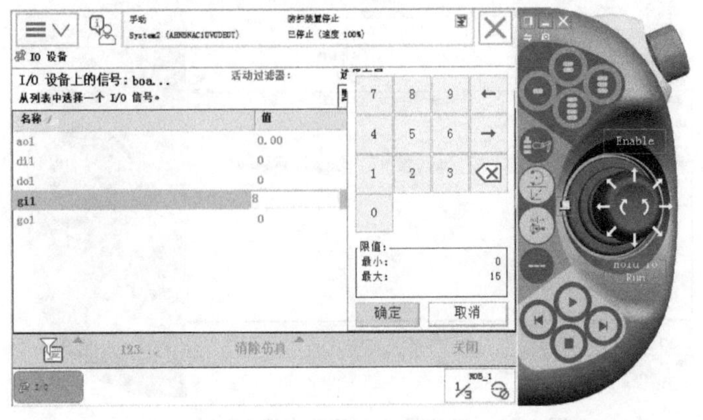

图 3-98　输入需要的数值

说明：gi1 占用的地址 1~4 共 4 位，可以代表十进制数 0~15。以此类推，如果占用地址 5 位的话，可以代表十进制数 0~31。

对组输出信号 go1、模拟输出信号 ao1 进行仿真操作，以及对组信号输出、模拟量输出信号的强制操作方法与组信号输入相同，在此不再赘述。

任务五　系统输入输出与 I/O 信号的关联

将数字输入信号与系统的控制信号关联起来，就可以对系统进行控制（如电动机上电和程序启动等）。

系统输入输出与 I/O 信号的关联

系统的状态信号也可以与数字输出信号关联起来，将系统的状态输出给外围设备，以作控制之用。

下面介绍建立系统输入输出与 I/O 信号关联的操作步骤。

1. 建立系统输入“电动机上电”与数字输入信号 di1 的关联

1）选择“控制面板”，如图 3-99 所示。

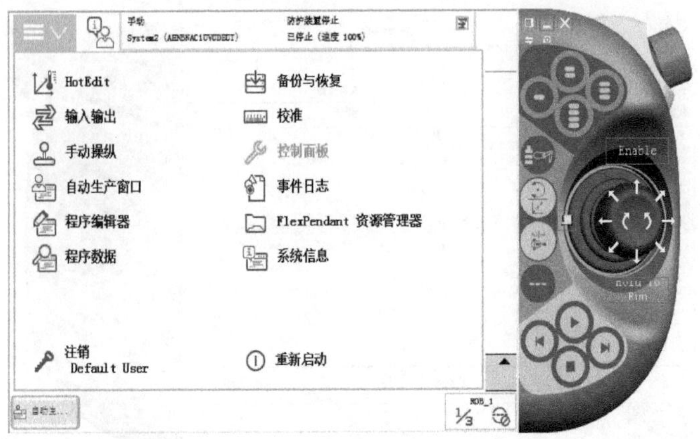

图 3-99　选择“控制面板”

2）选择“配置”，如图 3-100 所示。

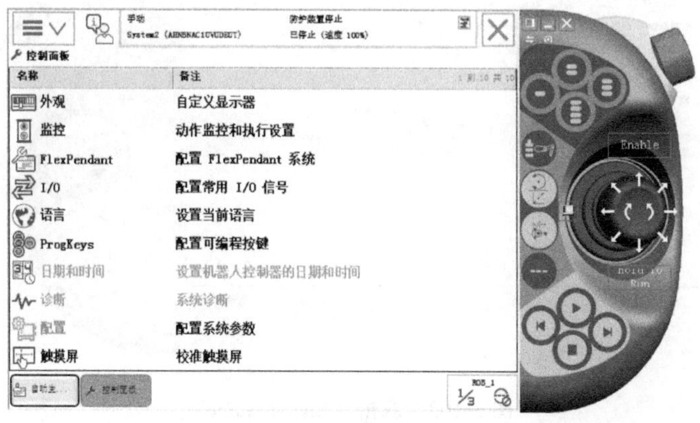

图 3-100 选择“配置”

3）双击“System Input”，如图 3-101 所示。

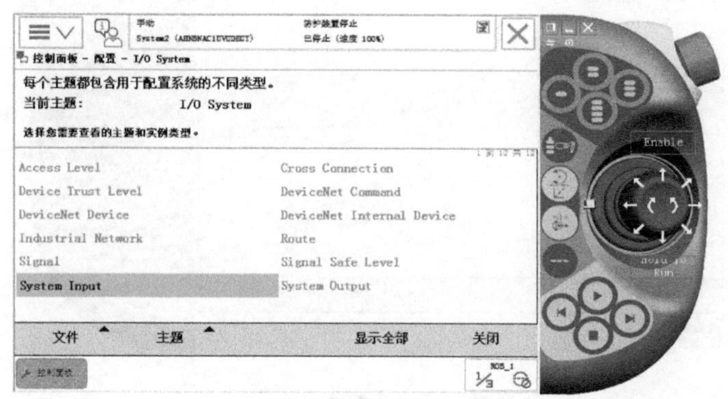

图 3-101 双击“System Input”

4）单击“添加”按钮，如图 3-102 所示。

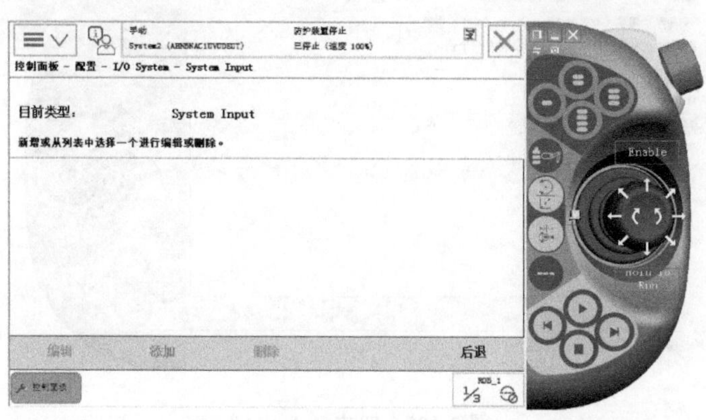

图 3-102 单击“添加”按钮

5）双击“Signal Name”，选择“di1”，然后单击“确定”按钮，如图 3-103、图 3-104 所示。

6）双击“Action”，如图 3-105 所示。

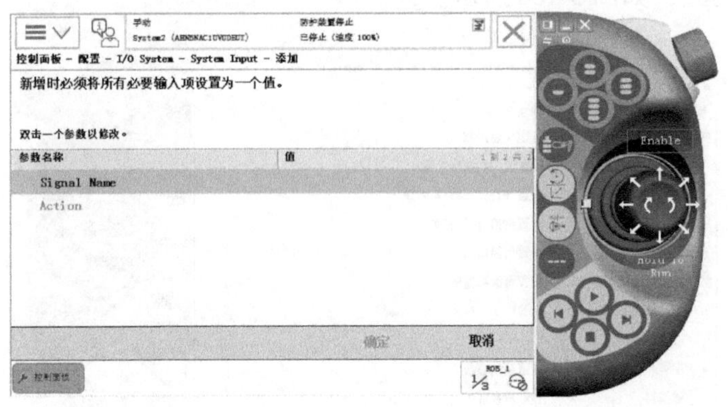

图 3-103　双击“Signal Name”

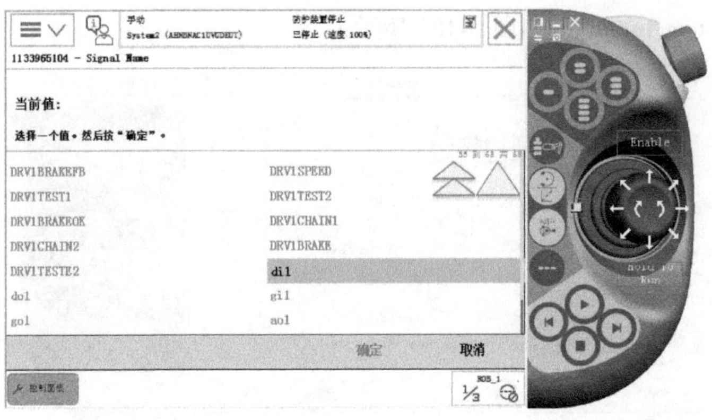

图 3-104　选择“di1”

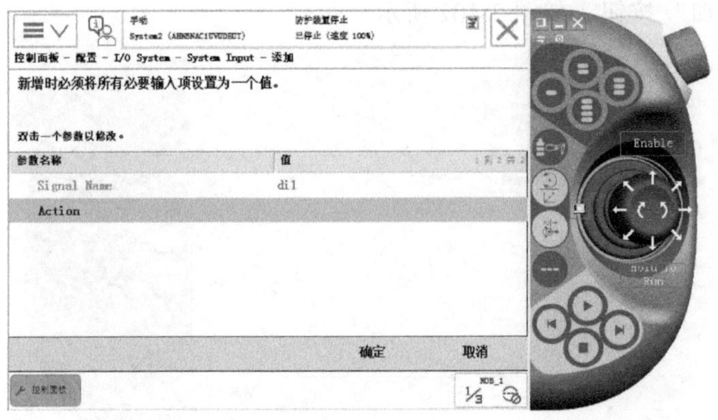

图 3-105　双击“Action”

7）选择“Motors On”，然后单击“确定”按钮，如图 3-106 所示。

8）单击“确定”按钮，如图 3-107 所示。

9）单击“是”按钮，完成设定，如图 3-108 所示。

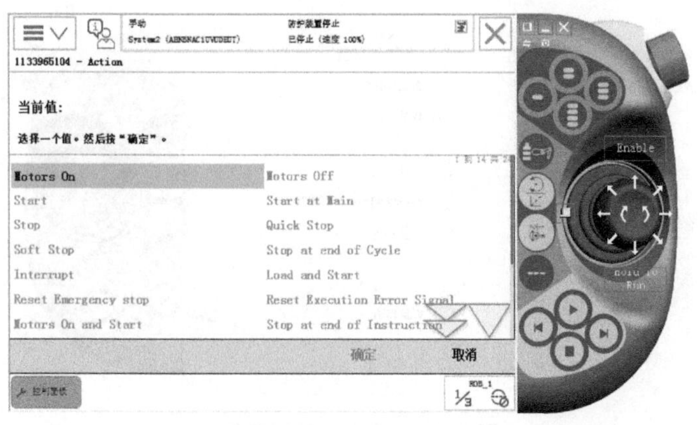

图 3-106 选择“Motors On”

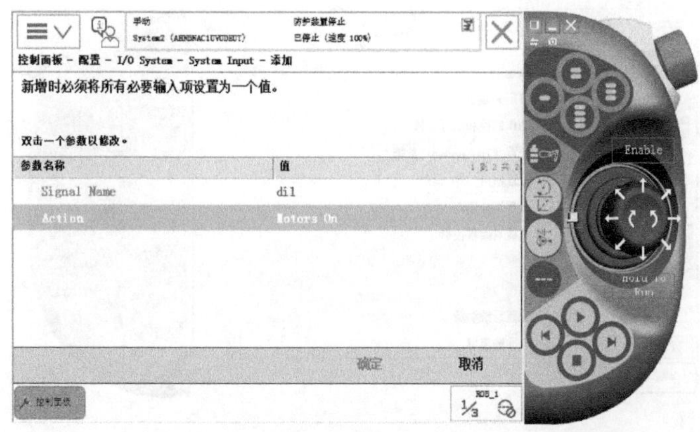

图 3-107 单击“确定”按钮

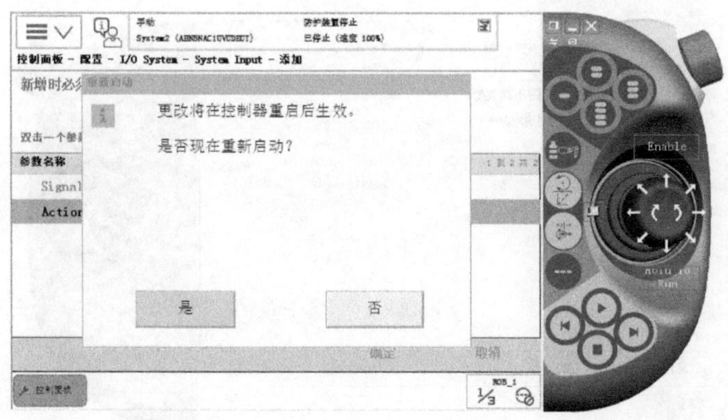

图 3-108 单击“是”按钮

2. 建立系统输出“电动机起动”与数字输出信号 do1 的关联

1）选择“控制面板”，如图 3-109 所示。

2）选择“配置”，如图 3-110 所示。

3）双击“System Output”，如图 3-111 所示。

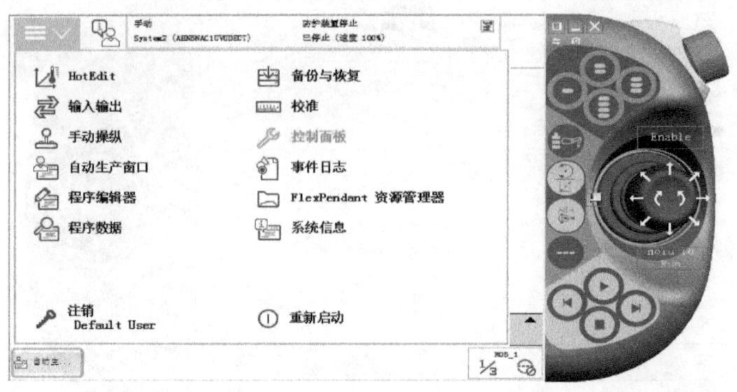

图 3-109 选择“控制面板”

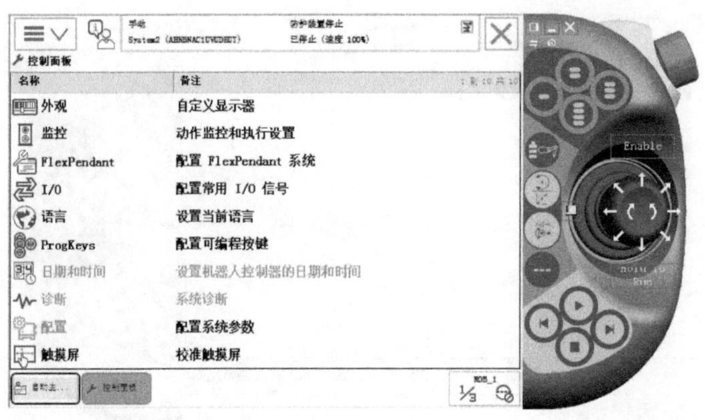

图 3-110 选择“配置”

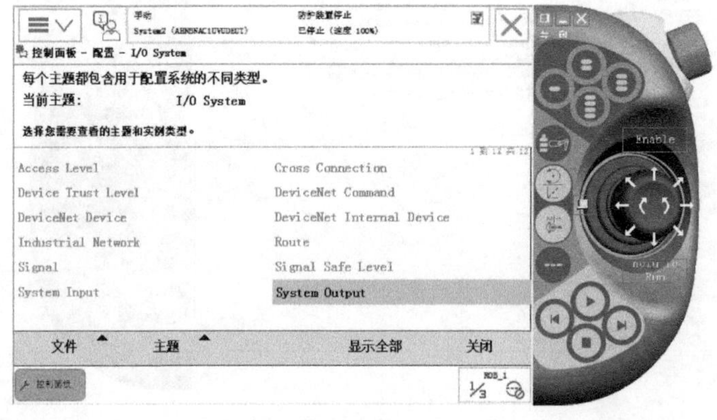

图 3-111 双击“System Output”

4）单击“添加”按钮，如图 3-112 所示。

5）双击“Signal Name”，选择“do1”，然后单击“确定”按钮，如图 3-113、图 3-114 所示。

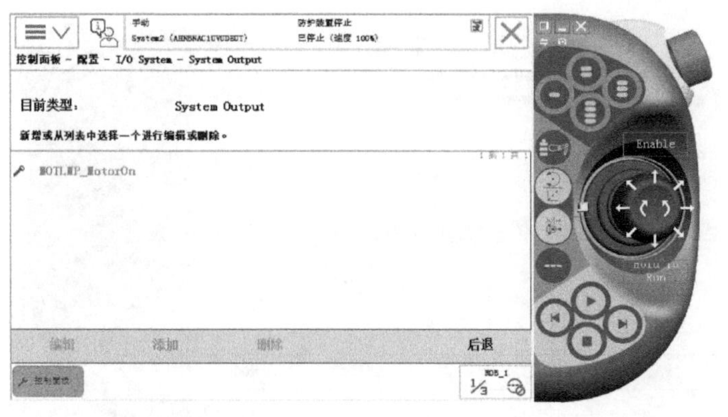

图 3-112 单击“添加”按钮

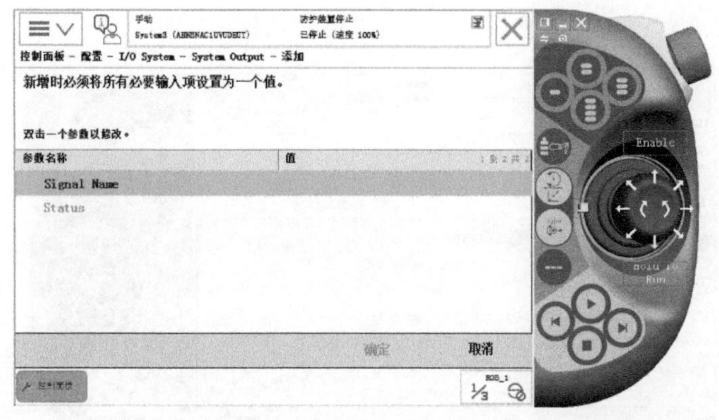

图 3-113 双击“Signal Name”

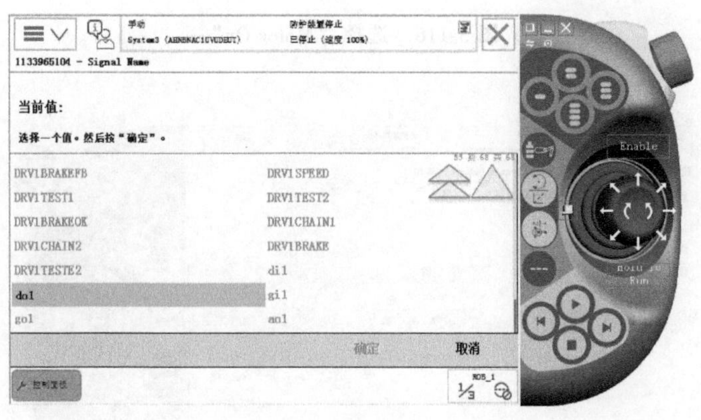

图 3-114 选择“do1”

6）双击“Status”，如图 3-115 所示。

7）选择“Motor On”，然后单击“确定”按钮，如图 3-116 所示。

8）单击“确定”按钮，如图 3-117 所示。

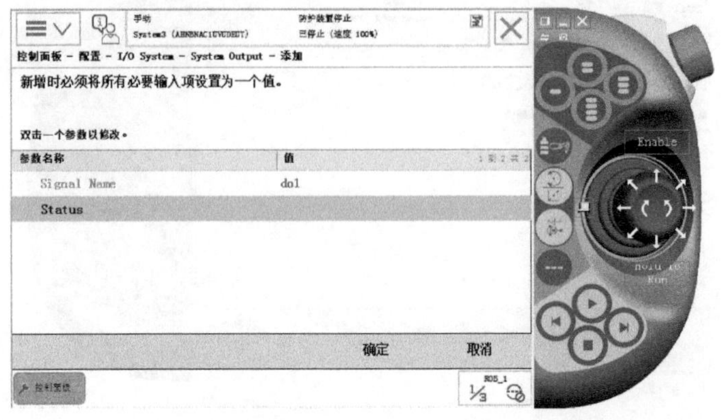

图 3-115　双击 “Status”

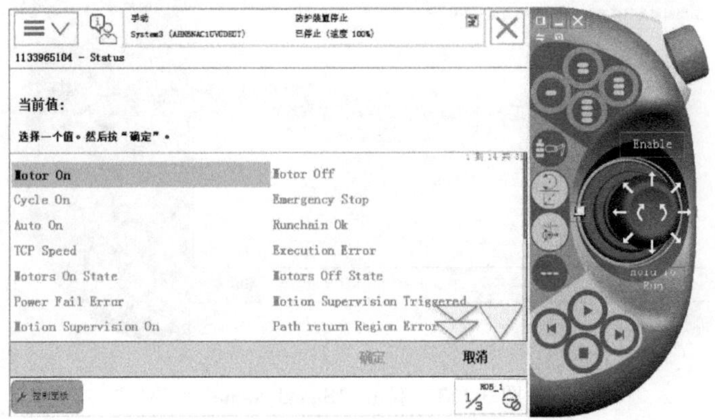

图 3-116　选择 “Motor On”

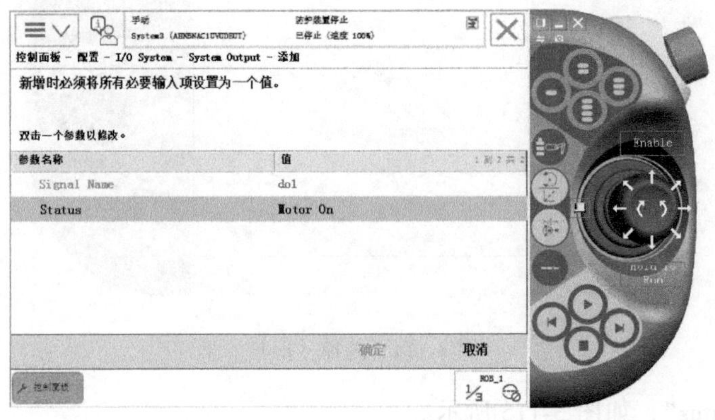

图 3-117　单击 “确定” 按钮

9）单击“是”按钮，完成设定，如图3-118所示。

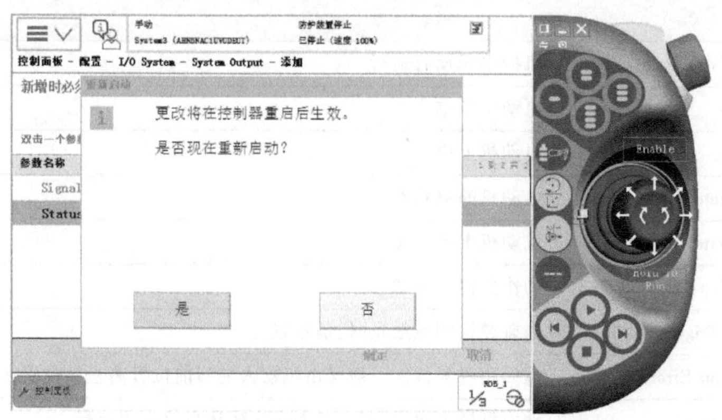

图3-118 单击“是”按钮

3. ABB机器人系统输入输出的解释

1）系统输入：将数字输入信号与机器人系统的控制信号关联起来，就可以通过输入信号对系统进行控制（如电动机上电、程序启动和停止等），见表3-25。

表3-25 系统输入

系统输入	说　明	系统输入	说　明
Motor On	电动机上电	Soft Stop	软停止
Motor On and Start	电动机上电并起动运行	Stop at And of cycle	在循环结束后停止
Motor Off	电动机断电	Stop at And of Instruction	在指令运行结束后停止
Load and Start	加载程序并启动运行	Reset Execution Error Signal	报警复位
Interrupt	中断触发	Reset Emergency Signal	急停复位
Start	启动运行	System Restart	重启系统
Start at Main	从程序启动运行	Load	加载程序文件，加载后系统原理文件丢失
Stop	停止		
Quick Stop	快速停止	Backup	系统备份

2）系统输出：机器人系统的状态信号也可以与数字输出信号关联起来，将系统的状态输出给外围设备作控制用（如系统运行模式、程序执行错误和急停等），见表3-26。

表3-26 系统输出

系统输出	说　明
Auto On	自动运行状态
Backup Error	备份错误报警
Backup in Progress	系统备份进行中。当备份结束或者出现错误时，信号复位
Cycle On	程序运行状态
Emergency Stop	紧急停止
Execution Error	运行错误报警
Mechanical Unit Active	激活机械单元

（续）

系统输出	说　　明
Mechanical Unit Not Moving	机械单元没有运行
Motor Off	电动机断电
Motor On	电动机上电
Motor Off State	电动机断电状态
Motor On State	电动机上电状态
Motor Supervision On	动作监控打开状态
Motor Supervision Triggered	当碰撞检测被触发时，信号置位
Path Return Region Error	返回路径失败。一般是由机器人的当前位置离程序位置太远导致的
Power Fail Error	动力供应失效，机器人断电后无法从当前位置运行
Production Execution Error	程序执行错误报警
Run Chain OK	运行链处于正常状态
Simulated I/O	虚拟 I/O 状态，有 I/O 信号处于虚拟状态
Task Executing	任务运行状态
TCP Speed	TCP 速度，用模拟输出信号反映机器人当前实际速度
TCP Speed Reference	TCP 速度参考状态，用模拟输出信号反映机器人当前指令中的速度

任务六　示教器可编程按键的使用

示教器可编程按键的使用

可编程控制键位于示教器的右上角，如图 3-119 所示。可根据需要，为可编程按键分配快捷控制的 I/O 信号，以方便对 I/O 信号进行强制与仿真操作。

为可编程按键 1 配置数字输出信号 do1 的操作步骤如下：

1）选择“控制面板”，如图 3-120 所示。

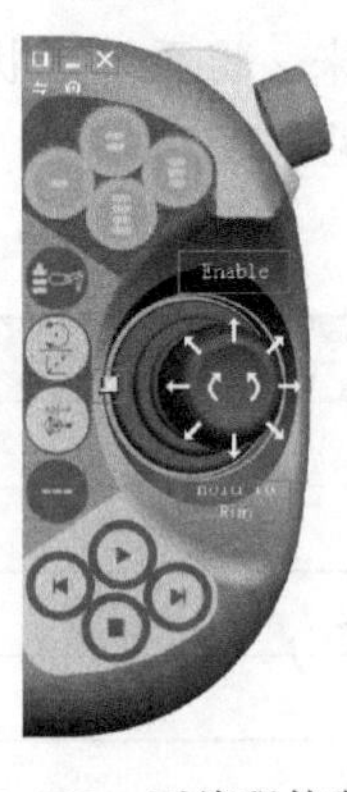

图 3-119　可编程控制键

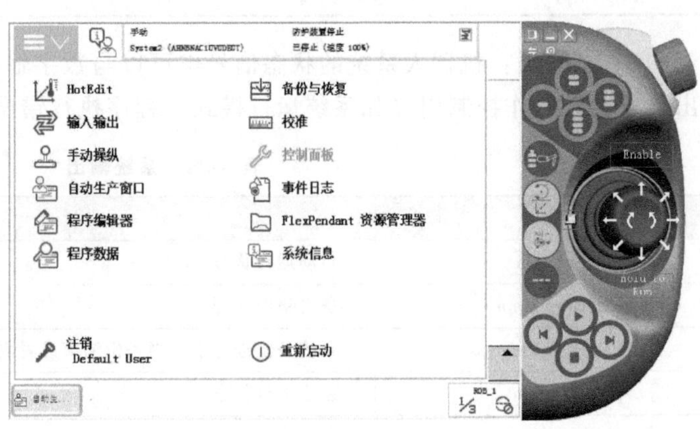

图 3-120　选择“控制面板”

2）选择“配置可编程按键”，如图 3-121 所示。

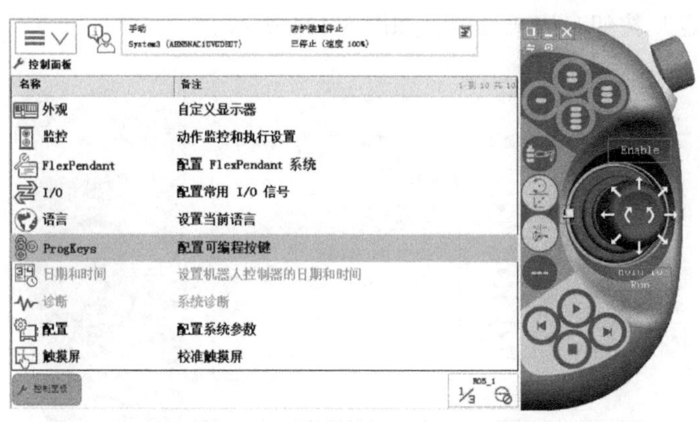

图 3-121 选择“配置可编程按键”

3）选择所要配置的按键序号，然后在“类型”中选择“输出”，再选择“do1”，如图 3-122 所示。

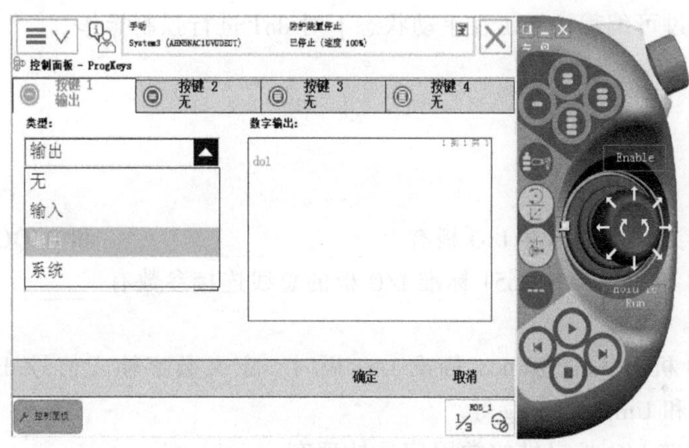

图 3-122 选择“do1”

4）在“按下按键”中选择“按下/松开”。也可以根据实际需要选择按键的动作特性，如图 3-123 所示。

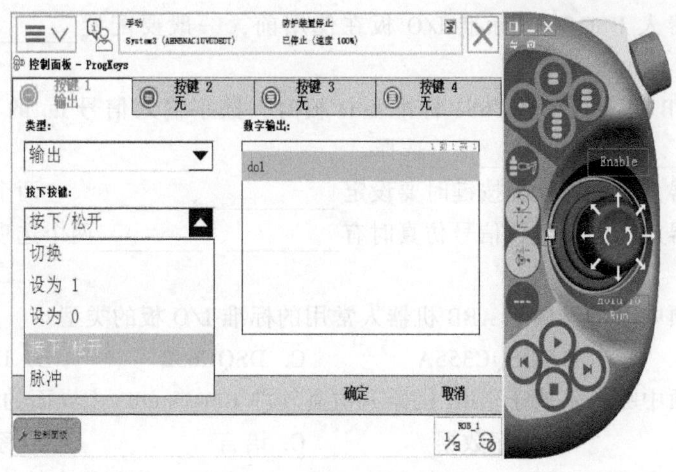

图 3-123 选择“按下/松开”

5）单击“确定”按钮，完成设定，如图 3-124 所示。

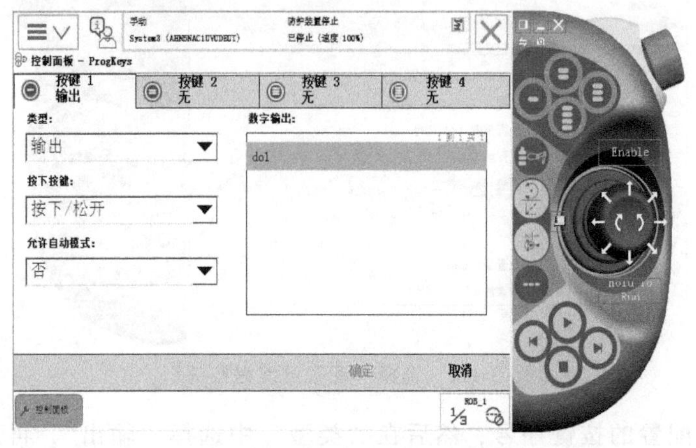

图 3-124 单击“确定”按钮

至此，可以通过可编程按键 1 在手动状态下对 do1 进行强制操作。

练 习 题

1. 填空题

（1）ABB 机器人常用的标准 I/O 板有______、______、______和 DSQC327A 几种类型。

（2）定义 ABB 机器人 DSQC651 标准 I/O 板的总线连接参数有______、______、______和 Connected to Bus 等。

（3）定义 ABB 机器人 DSQC651 标准 I/O 板时，定义数字输入信号 di1 的相关参数有____、____、____和 Unit Mapping 等。

（4）ABB 的标准 I/O 板提供的常用信号处理有______、______、______、模拟输出以及组输入与组输出。

（5）ABB 的标准 I/O 板 DSQC652 中，XS12 板提供______，XS14 板提供______，XS16 板提供______。

（6）ABB 机器人 DSQC651 标准 I/O 板在使用前，一般要配置________、________、________等。

（7）定义 ABB 机器人 DSQC651 标准 I/O 板时，数字输入信号 do 的 Type of signal 有__________、__________和__________选择。

（8）ABB 机器人设定可编程按键时要设定__________、__________两个选项。

（9）ABB 机器人在进行 I/O 信号仿真时有________、________两个选项。

2. 选择题

（1）下面选项中哪个不属于 ABB 机器人常用的标准 I/O 板的类型？（　　）

A. DSQC651　　B. DSQC355A　　C. DSQC652　　D. DSQC340A

（2）下面选项中哪个不属于 ABB 机器人仿真软件 Robotstudio 主界面的选项？（　　）

A. 输入输出　　B. 程序数据　　C. 语言　　D. 系统信息

（3）下面选项中哪个不属于 ABB 机器人 DSQC651 标准 I/O 板设定输入信号相关参数的

中文说明选项？（ ）

A. 设定信号的标准　　B. 设定信号的类型

C. 设定信号所在的 I/O 模块　　D. 设定输入信号的名字

（4）下面选项中哪个不属于 ABB 机器人 I/O 仿真的选项？（ ）

A. 仿真　　B. 消除仿真　　C. 1　　D. 都正确

（5）下面选项中哪个不属于 ABB 机器人示教器可编程按键是使用配置类型的选项？（ ）

A. 五　　B. 输出　　C. 输入　　D. 都不正确

3. 简答题

（1）列举出至少五个 ABB 机器人常用的标准 I/O 板的类型。

（2）简述 ABB 机器人常用的标准 I/O 板定位数字输出信号 do 在仿真软件中的详细步骤。

（3）简述 ABB 机器人常用的标准 I/O 板定位数字输入信号 di 在仿真软件中的详细步骤。

（4）简述 ABB 机器人 I/O 信号监控与操作在仿真软件中的详细步骤。

（5）简述 ABB 机器人示教器可编程按键应用在仿真软件中的详细步骤。

ROBOT

项目四　机器人RAPID程序认知

任务一　认识程序数据

程序数据是在程序模块或系统模块中设定的值和定义的一些环境数据。已创建的程序数据可由同一个模块或其他模块中的指令进行引用。图 4-1 所示为选中一条常用的机器人关节运动的指令（MoveJ），其调用了四个程序数据，相关程序数据的说明见表 4-1。

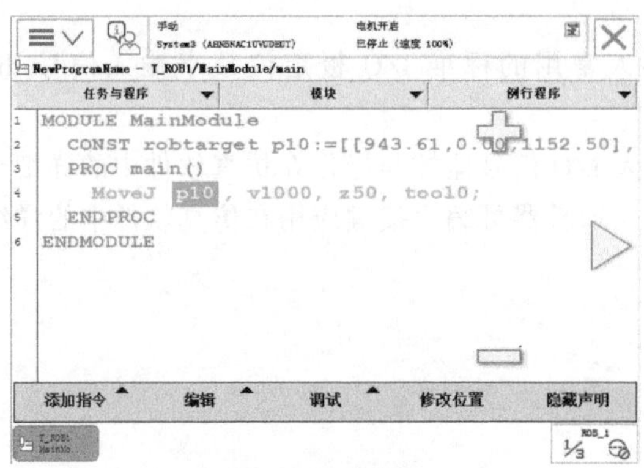

图 4-1　选中指令

表 4-1　程序数据的说明

程序数据	数据类型	说　明	程序数据	数据类型	说　明
p10	robtarget	机器人运动目标位置数据	z50	zonedata	机器人运动转弯数据
v1000	speeddata	机器人运动速度数据	tool0	tooldata	机器人工具数据

一、建立程序数据

建立程序数据的操作

程序数据的建立一般可以分为两种形式：一种是直接在示教器中的程序数据画面中建立程序数据；另一种是在建立程序指令时，同时自动生成对应的程序数据。

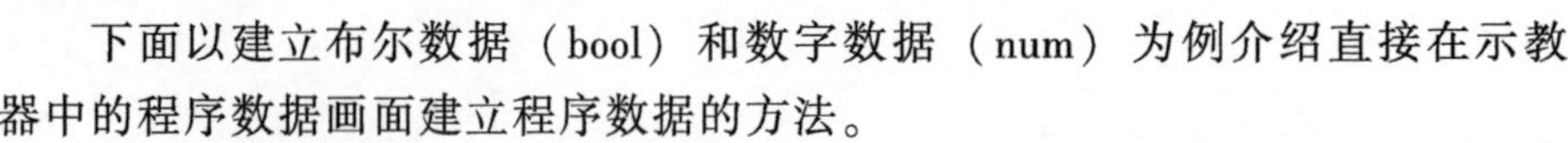

下面以建立布尔数据（bool）和数字数据（num）为例介绍直接在示教器中的程序数据画面建立程序数据的方法。

1. 建立布尔数据（bool）

1）选择“程序数据”，如图 4-2 所示。

2）单击“视图”菜单，选择“全部数据类型”，如图 4-3 所示。

3）双击数据类型“bool”，如图 4-4 所示。

4）单击“新建...”按钮，如图 4-5 所示。

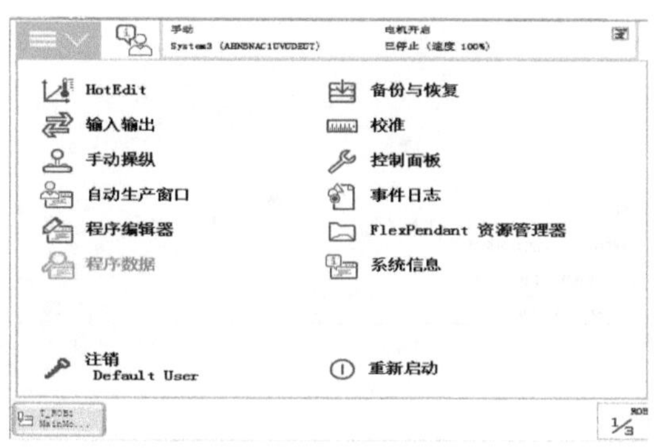

图 4-2 选择“程序数据”

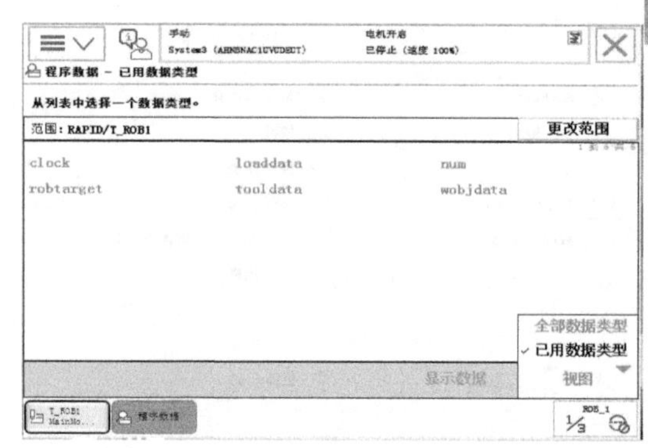

图 4-3 单击“视图”

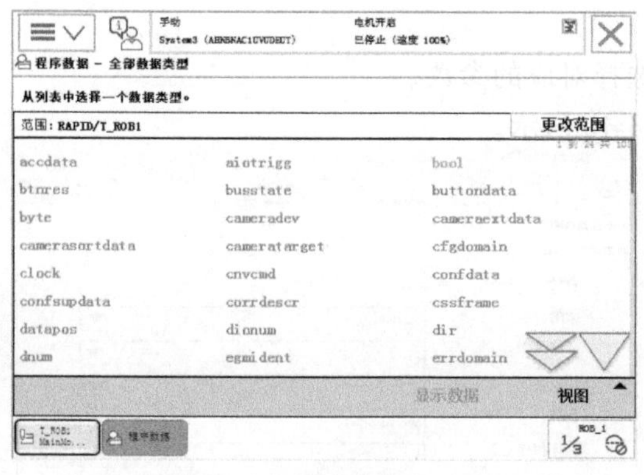

图 4-4 双击数据类型“bool”

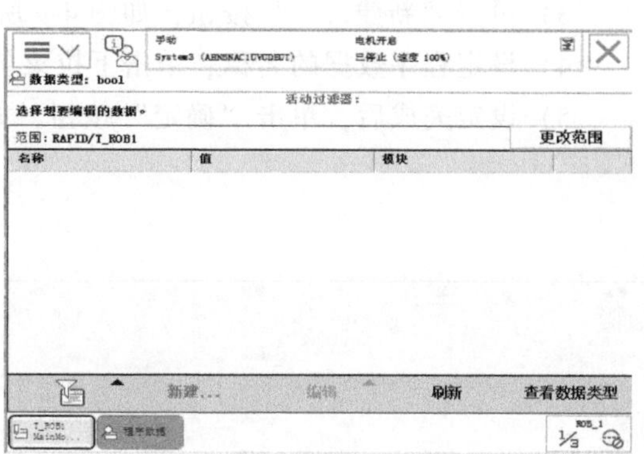

图 4-5 单击“新建...”按钮

5）设定程序数据的名称；单击下拉菜单，选择对应的参数。

6）设定完成后，单击“确定”按钮，如图 4-6 所示。

相关参数及说明见表 4-2。

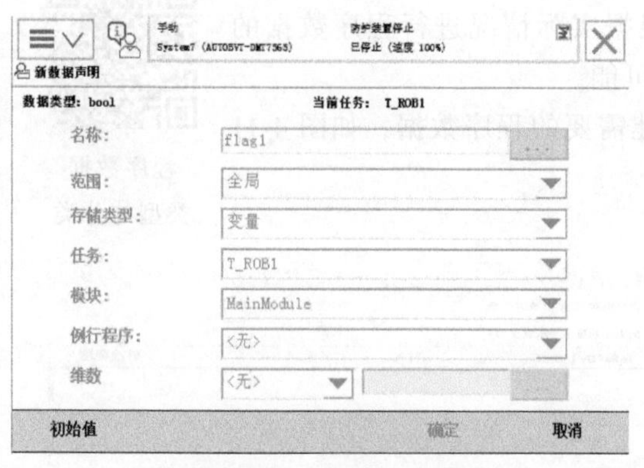

图 4-6 单击“确定”按钮

表 4-2 相关参数及说明

数据设定参数	说　明
名称	设定数据的名称
范围	设定数据可使用的范围
存储类型	设定数据的可存储类型
任务	设定数据所在的任务
模块	设定数据所在的模块
例行程序	设定数据所在的例行程序
维数	设定数据的维数
初始值	设定数据的初始值

2. 建立数字数据（num）

1）选择“程序数据”，如图 4-7 所示。

2）双击数据类型“num”，如图 4-8 所示。

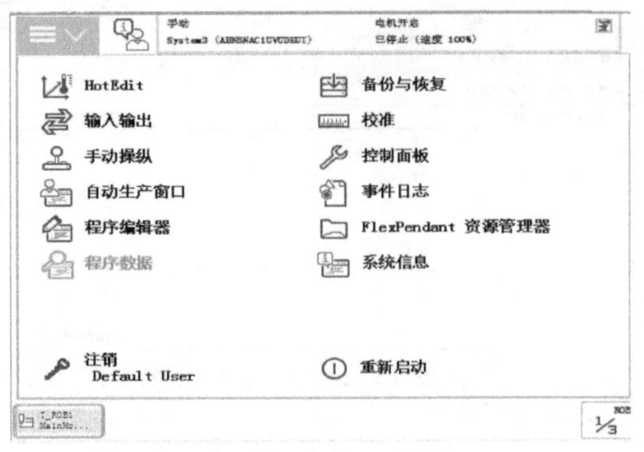

图 4-7 选择“程序数据”

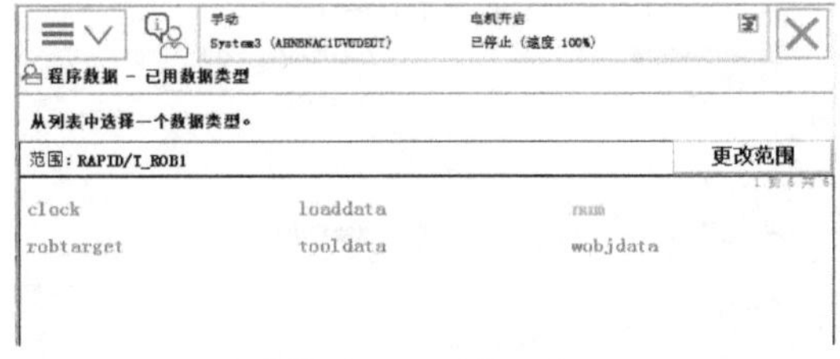

图 4-8 双击数据类型“num”

3）单击“新建...”按钮，如图 4-9 所示。

4）设定程序数据的名称；单击下拉菜单，选择对应的参数。

5）设定完成后，单击“确定”按钮，如图 4-10 所示。

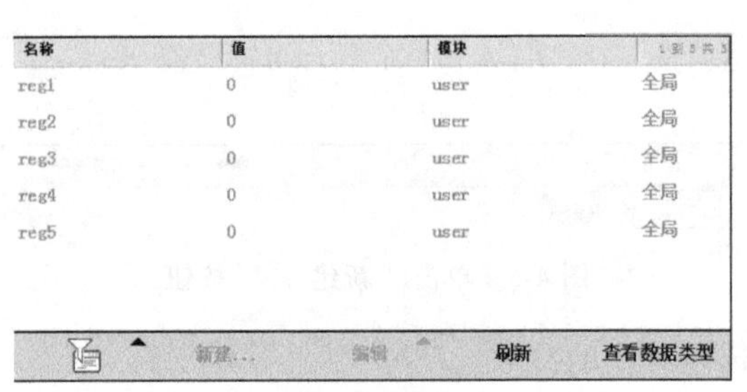

名称	值	模块	
reg1	0	user	全局
reg2	0	user	全局
reg3	0	user	全局
reg4	0	user	全局
reg5	0	user	全局

图 4-9 单击“新建...”按钮

图 4-10 设定各参数并单击“确定”按钮

二、程序数据的类型与分类

程序数据类型与分类

ABB 机器人的程序数据共有 76 个，可以根据实际情况进行程序数据的创建，为 ABB 机器人的程序设计带来了无限的可能。

在示教器的“程序数据”画面可查看和创建需要的程序数据，如图 4-11 所示。

在画面中，可单击选择需要的程序数据进行查看或创建等相关操作。

下面就一些常用的程序数据进行详细说明，为后续程序编辑做好准备。

1. 程序数据的存储类型

（1）变量 VAR　变量在程序执行的过程中和停止时会保持当前的值。但如果程序指针被移到主程序后或者指针丢失后，其数值也会丢失，并恢复为初始值。

举例说明：

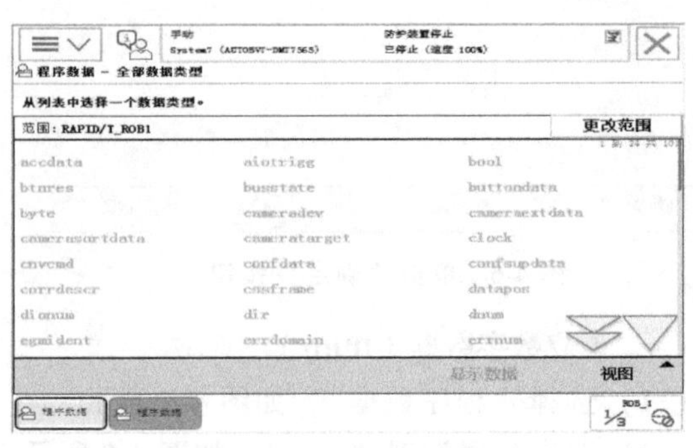

图 4-11 “程序数据”画面

VAR string name：=“”；名称为 name 的变量型字符串数据

VAR num regA：=0；名称为 regA 的变量型数值数据

VAR bool finished：=FALSE；名称为 finished 的变量型布尔量数据

命令行在程序编辑窗口中的显示如图 4-12 所示。

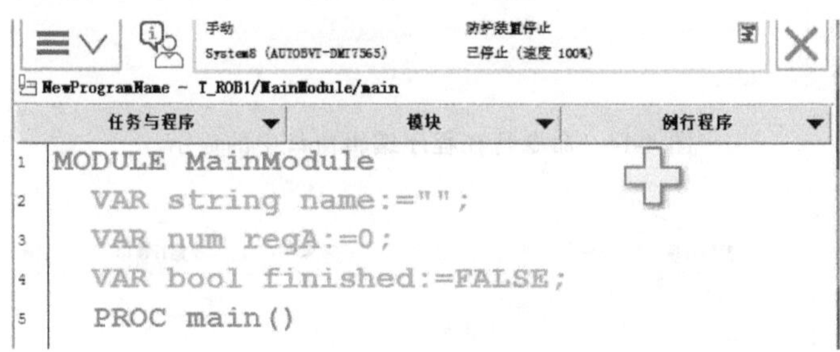

图 4-12 命令行在程序编辑窗口中的显示

说明：

1）VAR 表示存储类型为变量。

2）num 为程序数据类型。

3）在定义数据时，可以定义变量数据的初始值。如 regA 的初始值为 0，name 的初始值为 John，finished 的初始值为 FALSE。

执行 RAPID 程序时，也可以对变量进行赋值操作，如图 4-13 所示。

任务与程序 | 模块 | 例行程序

```
  CONST robtarget p10:=[[522.01,0.00,848
  VAR bool finished:=FALSE;
  VAR num length:=0;
  VAR string name:="";
  PROC main()
    finished := FALSE;
    length := 0;
  ENDPROC
ENDMODULE
```

图 4-13 进行变量赋值操作

说明：如果在程序中执行变量赋值操作，那么当指针复位后将恢复为初始值。

（2）可变量 PERS 可变量最大的特点是：无论程序的指针如何变化，它都会保持最后被赋予的值。

举例说明：

PERS string text：=“Hello”；名称为 text 的可变量型字符串数据

PERS num nbr：=0；名称为 nbr 的可变量型数值数据

说明：PERS 表示数据的存储类型为可变量。

命令行在程序编辑窗口中的显示如图 4-14 所示。

执行 RAPID 程序时，也可以对可变量进行赋值操作，如图 4-15 所示。

在程序执行完成以后，赋值的结果会一直保持，直到对其进行重新赋值。

自动
System4 (AEHBNAC1UVUDEUT)
电机关闭
已停止 (速度 100%)
NewProgramName - T_ROB1/MainModule
任务与程序
模块
例行程序
MODULE MainModule
VAR bool finished:=FALSE;
PERS string text:="Hello";
PERS num nbr:=0;

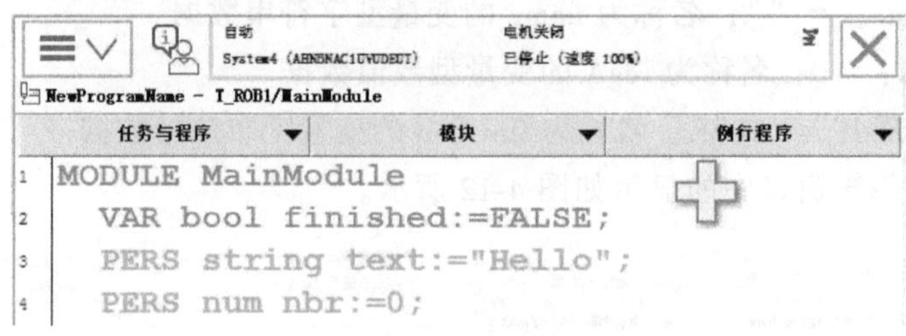

图 4-14　命令行在程序编辑窗口中的显示

任务与程序
模块
例行程序
MODULE MainModule
VAR bool finished:=FALSE;
PERS string text:="Hello";
PERS num nbr:=1;
PROC main()
text := "hi";
nbr := 0;
ENDPROC

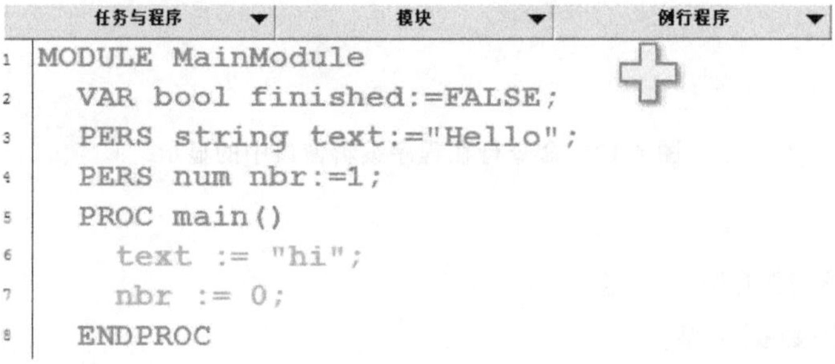

图 4-15　进行可变量赋值操作

（3）常量 CONST　常量的特点是：在定义时已赋予了数值，不能在程序中进行修改，除非手动在程序数据中修改。

举例说明：

CONST string text：＝“Hello”；名称为 text 的常量型字符数据

CONST num ABC：＝10；名称为 ABC 的常量型数值数据

命令行在程序编辑窗口中的显示如图 4-16 所示。

自动
System4 (AEHBNAC1UVUDEUT)
电机关闭
已停止 (速度 100%)
NewProgramName - T_ROB1/MainModule
任务与程序
模块
例行程序
MODULE MainModule
VAR bool finished:=FALSE;
CONST string text:="Hello";
CONST num ABC:=10;

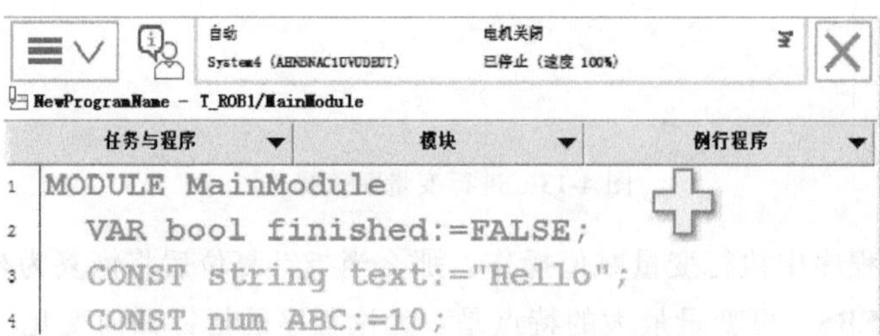

图 4-16　命令行在程序编辑窗口中的显示

说明：对于存储类型为常量的程序数据，不允许在程序中对其进行赋值操作。

2. 常用的程序数据

根据不同的用途，系统定义了不同的程序数据。表 4-3 所示为机器人系统常用的程序数据。

系统中还有针对一些特殊功能的程序数据，在对应的功能说明书中会有详细介绍，具体请参阅 ABB 机器人随机光盘中的电子版说明书。也可以根据需要新建程序数据类型。

表 4-3 机器人系统常用的程序数据

程序数据名称	说明
bool	布尔量
byte	整数型数据 0~255
clock	计时数据
dionum	数字输入/输出信号
extjoint	外部轴位置数据
intnum	中断标志符
jointtarget	关节位置数据
loaddata	负荷数据
mecunit	机械装置数据
num	数值数据
orient	姿态数据
pos	位置数据(只有 X、Y 和 Z)
pose	坐标转换
robjoint	机器人轴角度数据
robtarget	机器人与外部轴的位置数据
speeddata	机器人与外部轴的速度数据
string	字符串
tooldata	工具数据
trapdata	中断数据
wobjdata	工件数据
zonedata	TCP 转弯半径数据

三、三个关键程序数据的设定

在进行正式的编程之前，需要构建必要的编程环境，有三个必需的程序数据（工具数据 tooldata、工件坐标数据 wobjdata 和负荷数据 loaddata）要在编程前进行定义。下面介绍这三个程序数据的设定方法。

1. 工具数据的设定

工具数据 tooldata 用于描述安装在机器人第 6 轴上的工具的 TCP（图 4-17）、质量和重心等参数。一般不同用途的机器人会配置不同的工具：弧焊机器人使用弧焊枪作为工具，用于搬运板材的机器人使用吸盘式的夹具作为工具。

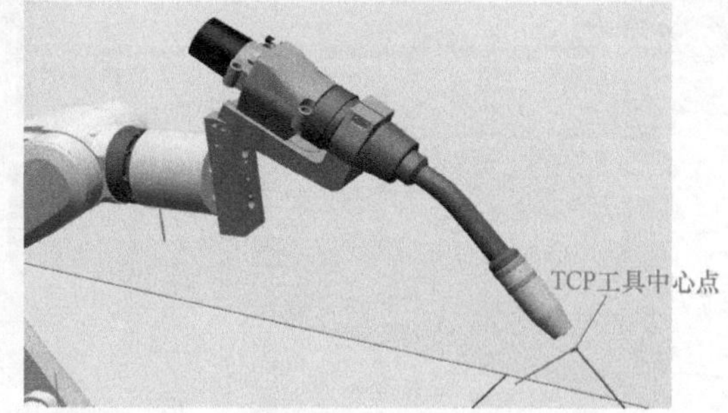

图 4-17 工具的 TCP

默认工具（tool0）的工具中心点（Tool Center Point，TCP）位于机器人安装法兰的中心，如图 4-18 所示，法兰中心点就是原始的 TCP。

执行程序时，机器人将 TCP 移至编程目标位置。即如果更改了工具，机器人移动的实际位置将随之更改。这时必须重新标定工具坐标系，以便使新的 TCP 到达目标位置。TCP 的标定原理如下：

图 4-18　工具中心点

1）在机器人工作范围内找一个非常精确的固定点作为参考点。

2）在工具上确定一个参考点（最好是工具的中心点）。

3）用手动操纵机器人的方法移动工具上的参考点，以四种以上不同的机器人姿态尽可能与固定点刚好碰上。为了获得更准确的 TCP，这四个点的姿态相差尽量大一些。

4）机器人通过这四个位置点的位置数据即可计算求得 TCP 数据，然后将其保存在 tooldata 中，可被其他程序调用。

TCP 取点数量的区别为：4 点法，不改变 tool0 的坐标方向；5 点法，改变 tool0 的 Z 方向；6 点法，改变 tool0 的 X 和 Z 方向（在焊接应用最为常用）。使用 6 点法进行操作时，第四点是用工具的参考点垂直于固定点，第五点是工具参考点从固定点向将要设定为 TCP 的 X 方向移动，第六点是工具参考点从固定点向将要设定为 TCP 的 Z 方向移动。

设定 TCP 的目的如下：

1）在一些不规则的轨迹型应用案例中，为避免示教过程中示教点过多、工作量过大等问题，通常会在仿真软件中以夹具的尖点作为 TCP 创建工具，通过该工具坐标使用仿真软件的自动路径生成功能直接生成该路径和程序。在实际环境中，只需要建立工具坐标系就可以直接使用仿真软件生成的程序，以大大降低机器人操作员的工作量。

2）更换受损工具，重新定义工具坐标系后，仍然可以使用旧程序，减少设备维护人员的工作量。如图 4-19a、b 所示，未使用创建的工具坐标系，更换工具前后轨迹不一致，如图 4-19c、d 所示，使用创建的工具坐标系，更换工具前后轨迹一致。

3）如果工具坐标系已知，则机器人的运动始终可预测。

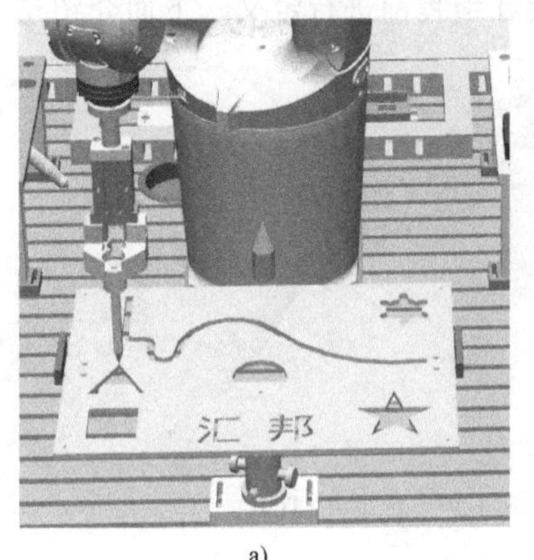
a)

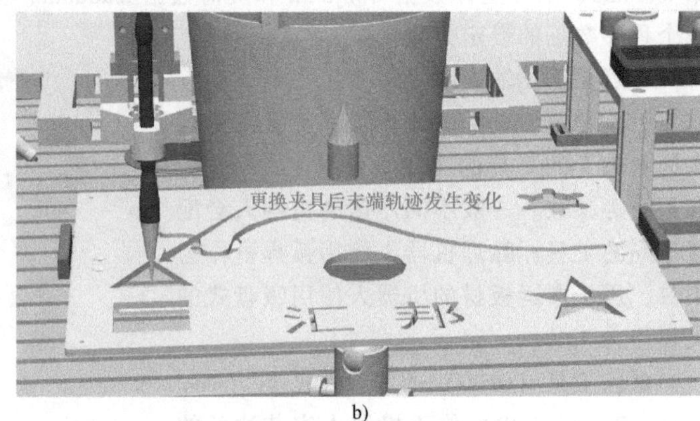

b)

图 4-19　创建工具坐标的目的

a）更换工具前点位（未使用创建的工具坐标）　b）更换工具后点位（未使用创建的工具坐标）

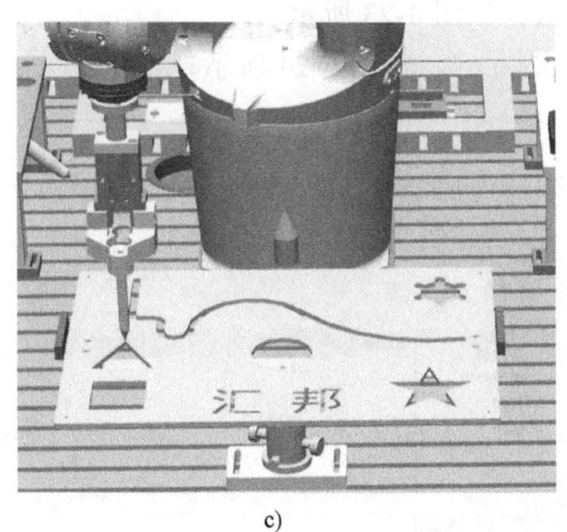

c)

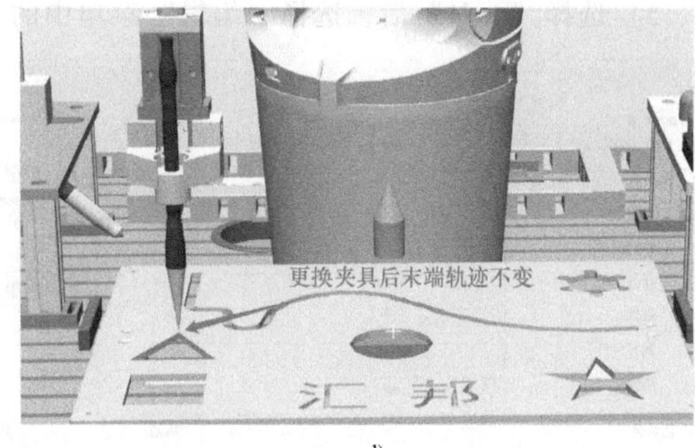

d)

图 4-19 创建工具坐标的目的（续）

c）更换工具前点位（使用创建的工具坐标） d）更换工具后点位（使用创建的工具坐标）

2. 建立一个新的工具数据 tool1 的操作步骤

1）选择“手动操纵”，如图 4-20 所示。

2）选择“工具坐标”，如图 4-21 所示。

图 4-20 选择“手动操纵”

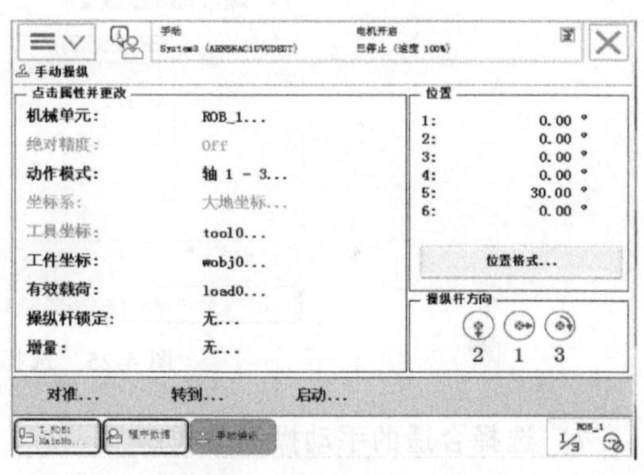

图 4-21 选择“工具坐标”

3）单击“新建...”按钮，如图 4-22 所示。

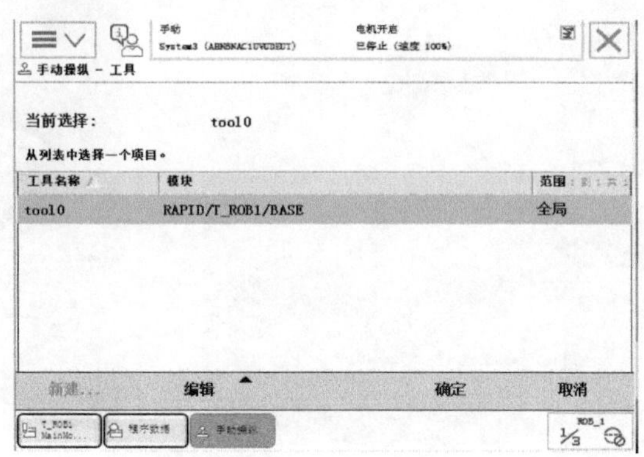

图 4-22 单击“新建...”按钮

4）对工具数据属性进行设定后，单击“确定”按钮，如图 4-23 所示。

5）选择“tool1”后，选择“编辑”菜单中的“定义...”，如图 4-24 所示。

图 4-23　设定工具数据属性并单击“确定”按钮

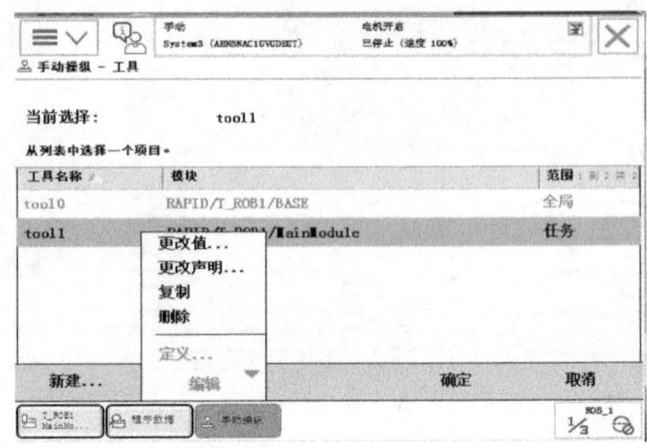

图 4-24　选择“定义...”

6）选择“TCP 和 Z，X”，使用六点法设定 TCP，如图 4-25 所示。

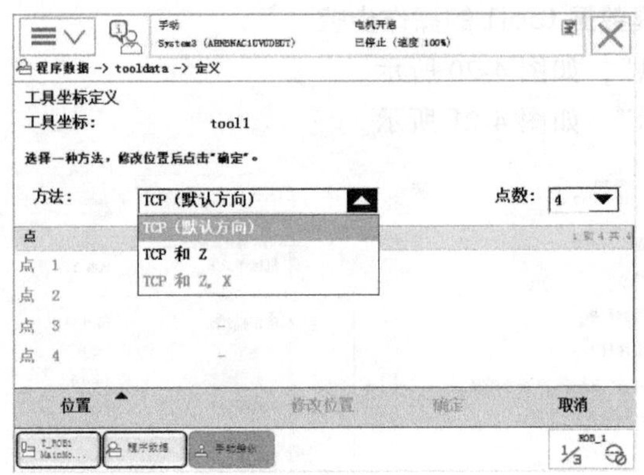

图 4-25　选择“TCP 和 Z，X”

7）选择合适的手动操纵模式。

8）按下使能键，通过摇杆使工具参考点靠上固定点，作为第 1 个点，如图 4-26 所示。

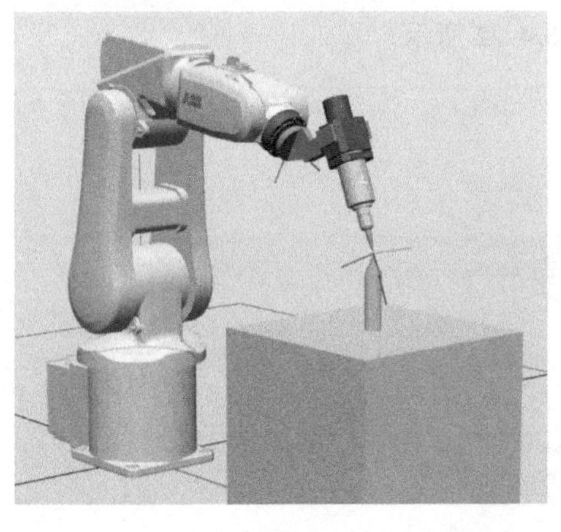

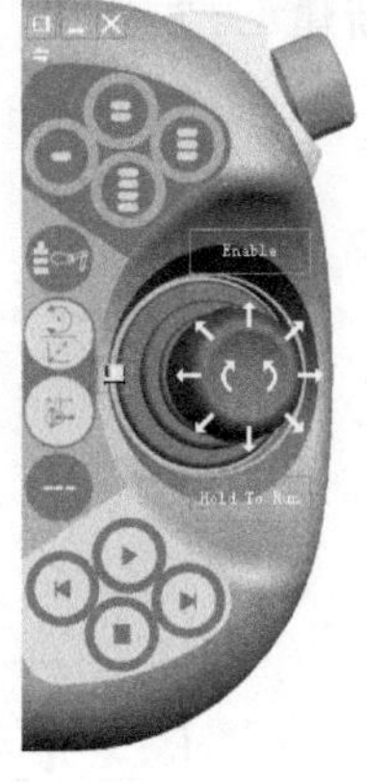

图 4-26　确定第 1 个点

9）单击“修改位置”按钮，将点 1 位置记录下来，如图 4-27 所示。

10）使工具参考点以图 4-28 所示的姿态靠上固定点。

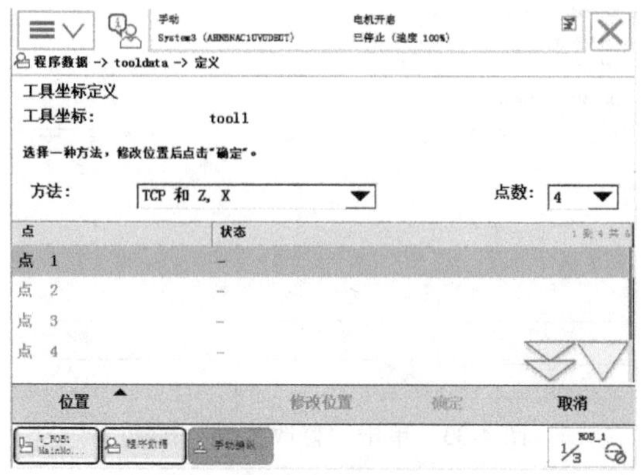

图 4-27 单击“修改位置”按钮

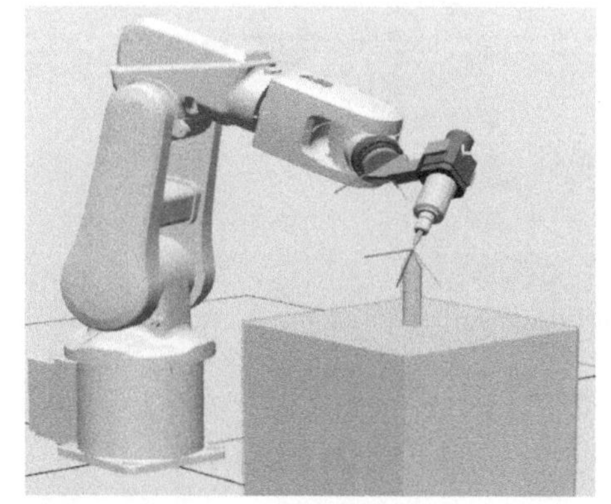

图 4-28 确定第 2 个点

11）单击“修改位置”按钮，将点 2 位置记录下来，如图 4-29 所示。

12）使工具参考点以图 4-30 所示的姿态靠上固定点。

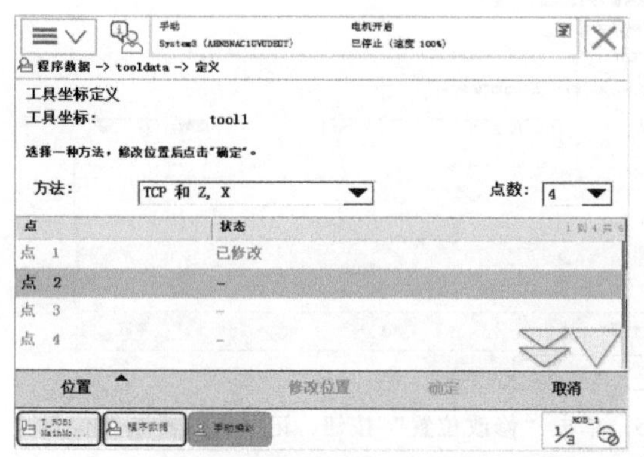

图 4-29 单击“修改位置”按钮

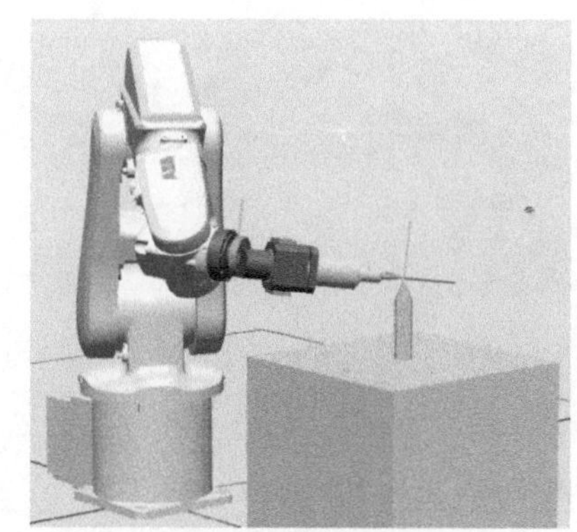

图 4-30 确定第 3 个点

13）单击“修改位置”按钮，将点 3 位置记录下来，如图 4-31 所示。

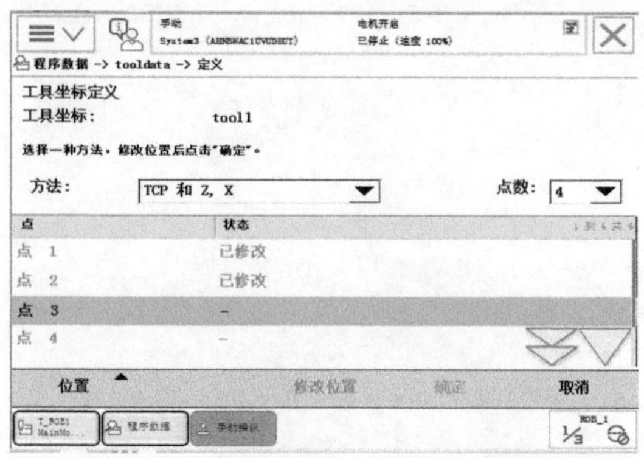

图 4-31 单击“修改位置”按钮

14）使工具参考点以图 4-32 所示的姿态靠上固定点。这是第 4 个点，该点垂直于固定点。

15）单击“修改位置”按钮，将点 4 位置记录下来，如图 4-33 所示。

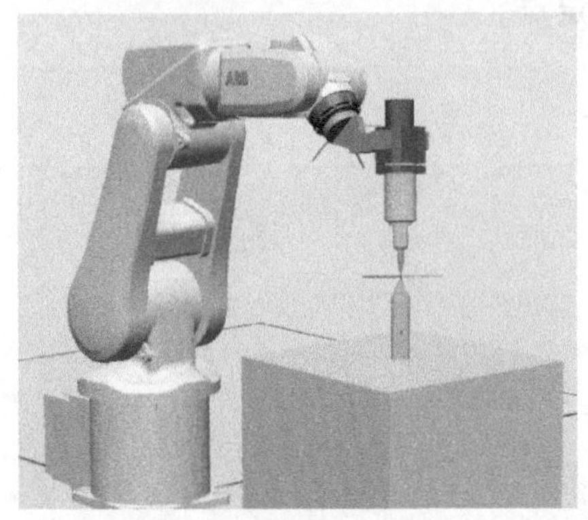

图 4-32　确定第 4 个点

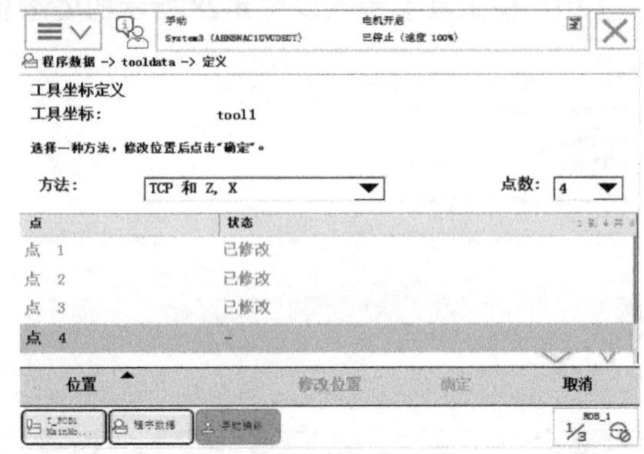

图 4-33　单击“修改位置”按钮

16）使工具参考点以点 4 的姿态从固定点移动到工具 TCP 的+X 方向，如图 4-34 所示。

17）单击“修改位置”按钮，将延伸器点 X 位置记录下来，如图 4-35 所示。

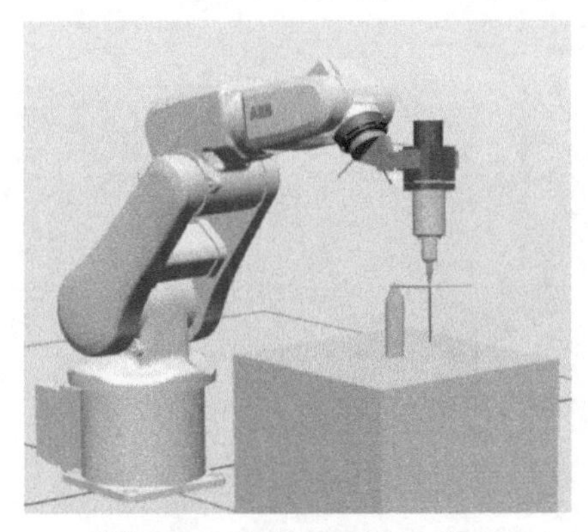

图 4-34　工具 TCP 的+X 方向

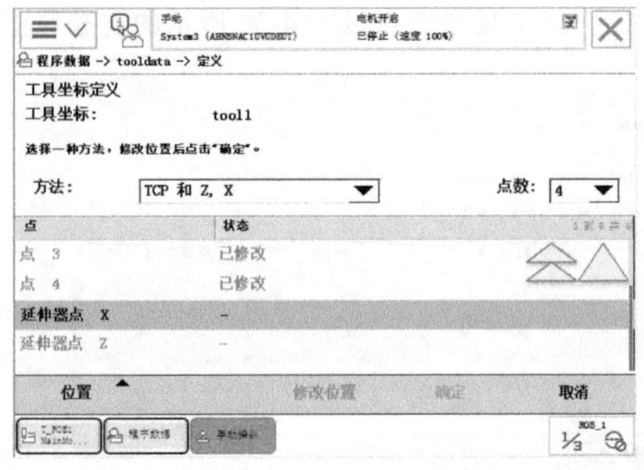

图 4-35　单击“修改位置”按钮，记录延伸器点 X 位置

18）使工具参考点以点 4 的姿态从固定点移动到工具 TCP 的+Z 方向，如图 4-36 所示。

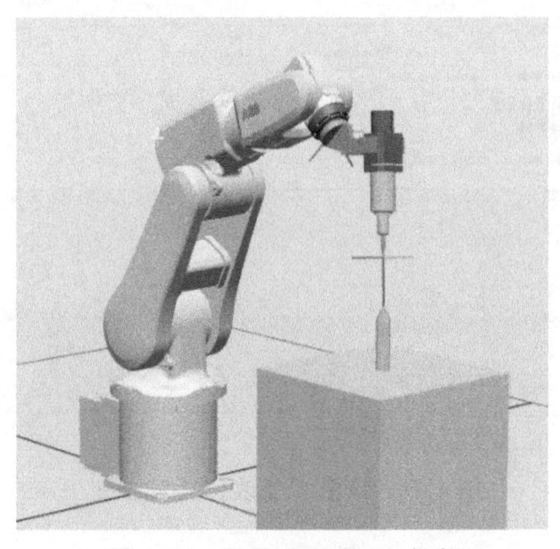

图 4-36　工具 TCP 的+Z 方向

19）单击“修改位置”按钮，将延伸器点 Z 位置记录下来。

20）单击“确定”按钮，完成设定，如图 4-37 所示。

21）对误差进行确认，误差越小越好，但也要以实际验证效果为准，如图 4-38 所示。

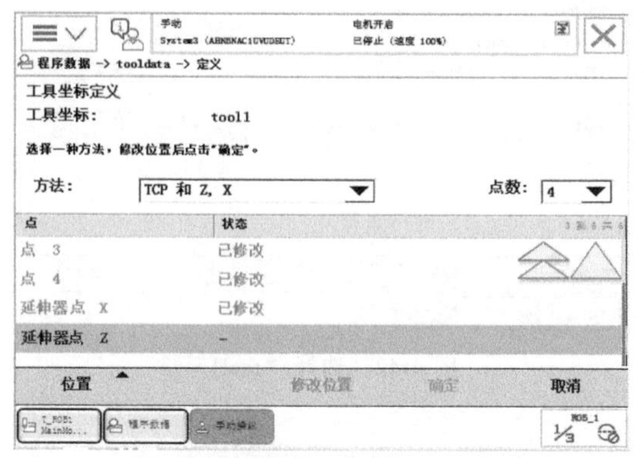

图 4-37 单击“修改位置”按钮，记录延伸器点 Z 位置

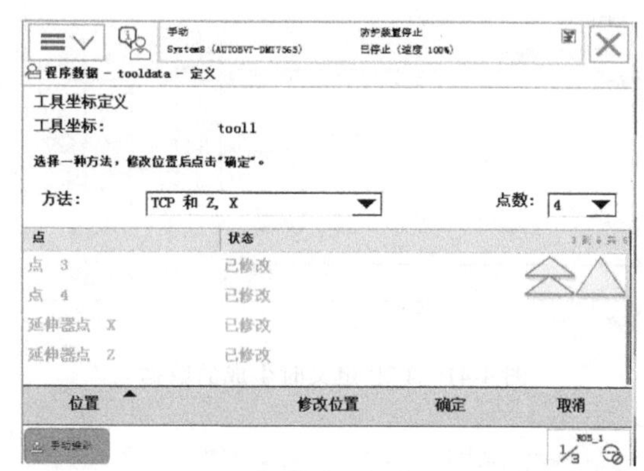

图 4-38 确认误差

22）选择“tool1”，然后打开“编辑”菜单，选择“更改值…”，如图 4-39 所示。

23）单击向下箭头进行翻页，如图 4-40 所示。

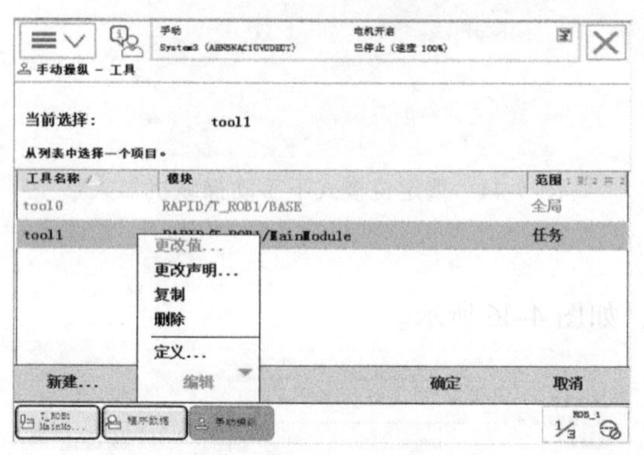

图 4-39 选择“tool1”

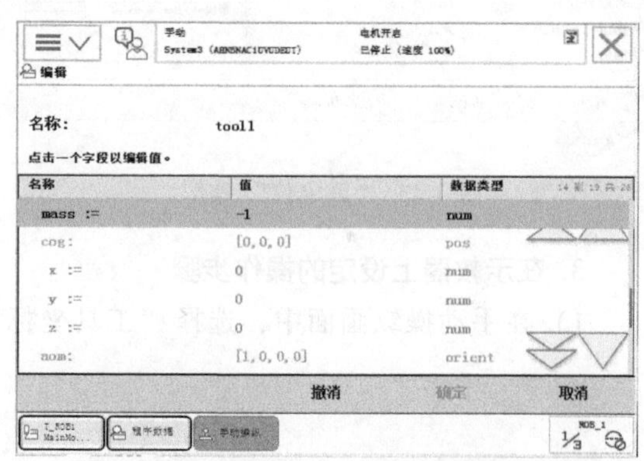

图 4-40 单击向下箭头进行翻页

24）图 4-40 所示的画面显示的内容为定义 TCP 时生成的数据。在此画面中，可根据实际情况设定工具的质量 mass（单位为 kg）和重心位置数据（此重心是基于 tool0 的偏移值，单位为 mm），然后单击“确定”按钮，如图 4-41 所示。

25）选择“tool1”，单击“确定”按钮，如图 4-42 所示。

26）“动作模式”选定为“重定位”，“坐标系”选定为“工具”，“工具坐标”选定为“tool1”，如图 4-43 所示。

27）使用摇杆将工具参考点靠上固定点，然后在重定位模式下手动操纵机器人，如果 TCP 设定精确，可以看到工具参考点与固定点始终保持接触，而机器人会根据重定位操作改变姿态，如图 4-44 所示。

如果使用搬运夹具，一般工具数据的设定方法如下：以搬运薄板的夹具为例，质量是 2kg，重心在默认 tool0 的+Z 方向偏移 180mm，TCP 设定在夹具的中心上，从默认 tool0 上的

+Z 方向偏移了 200mm，如图 4-45 所示。

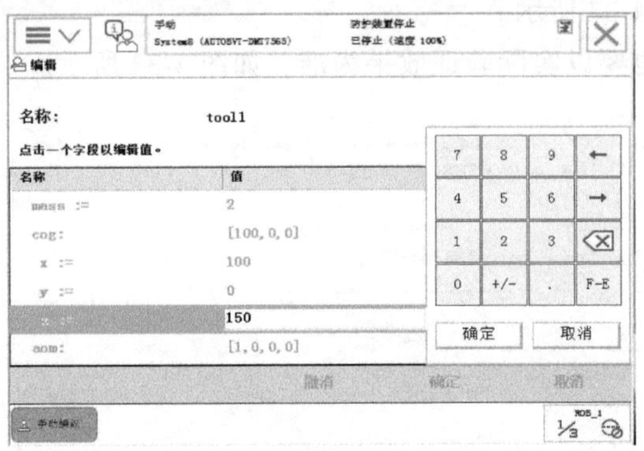

图 4-41　TCP 定义时生成的数据

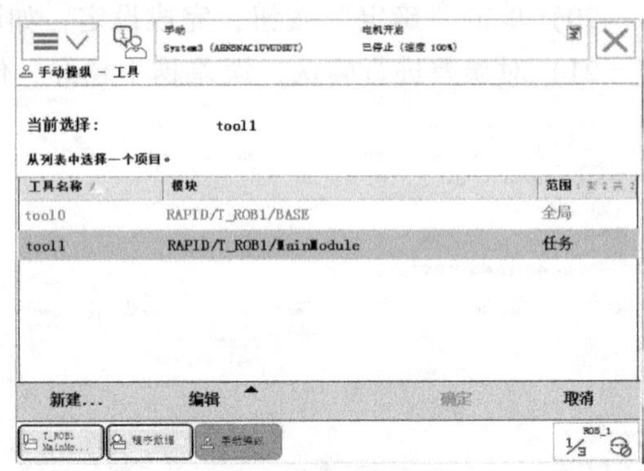

图 4-42　选择“tool1”

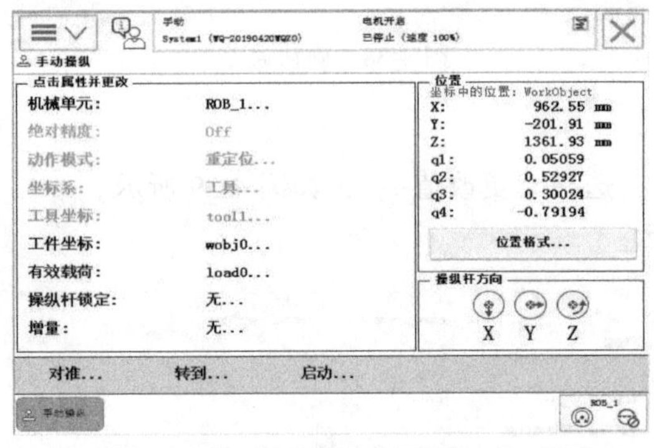

图 4-43　“重定位”操作

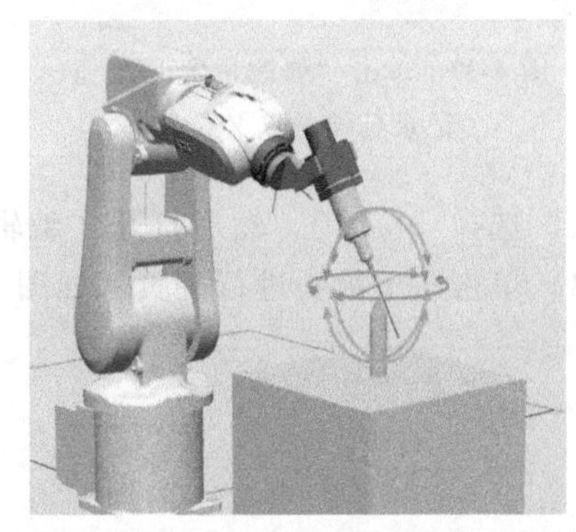

图 4-44　重定位模式下手动操纵机器人

3. 在示教器上设定的操作步骤

1）在手动操纵画面中，选择“工具坐标”，如图 4-46 所示。

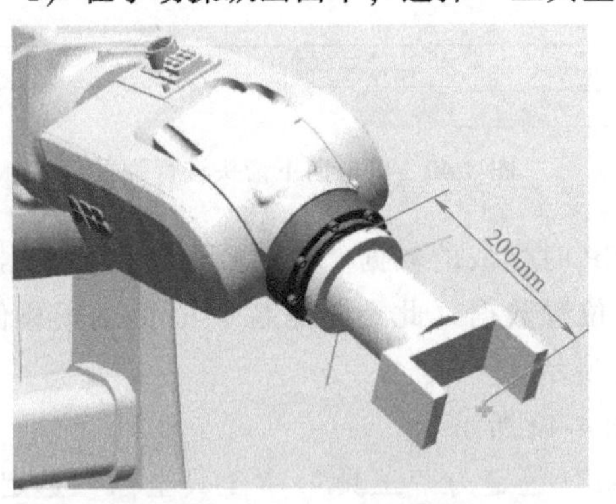

图 4-45　搬运夹具的工具数据设定方法

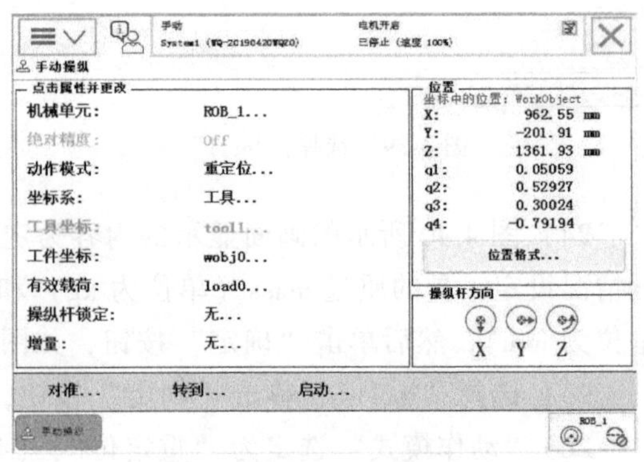

图 4-46　选择“工具坐标”

2）单击“新建...”按钮，如图 4-47 所示。

3）根据需要设定数据的属性，一般不用修改，如图 4-48 所示。

4）单击“初始值”按钮，如图 4-49 所示。然后单击向下箭头进行翻页。

5）TCP 设定在铣盘的接触面上，从默认 tool0 的 Z 方向偏移了 200mm，在图 4-50 所示的画面中设定对应的数值。

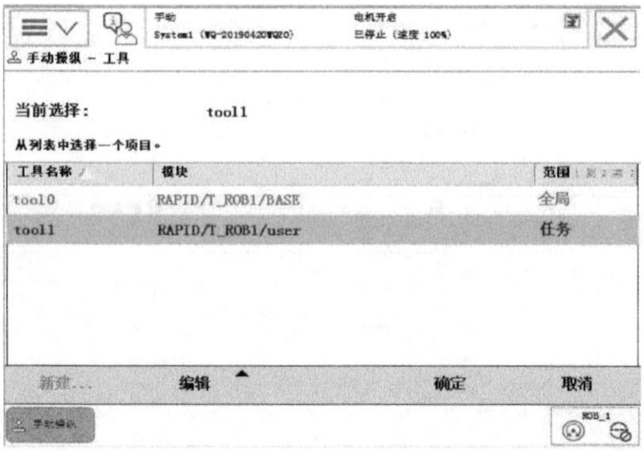

图 4-47 单击“新建...”按钮

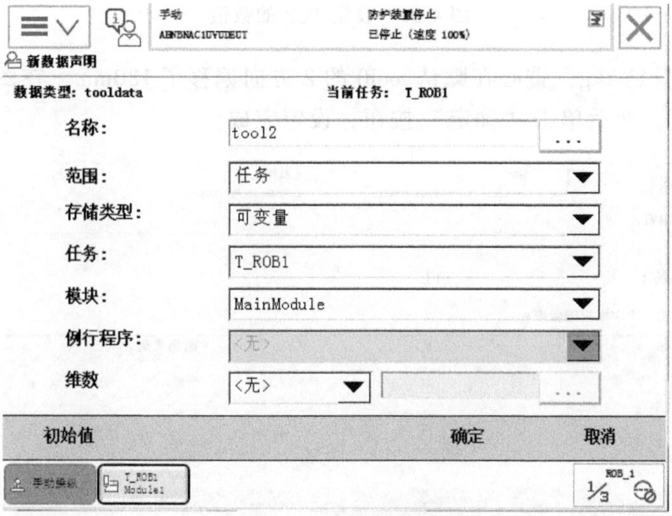

图 4-48 设定数据的属性

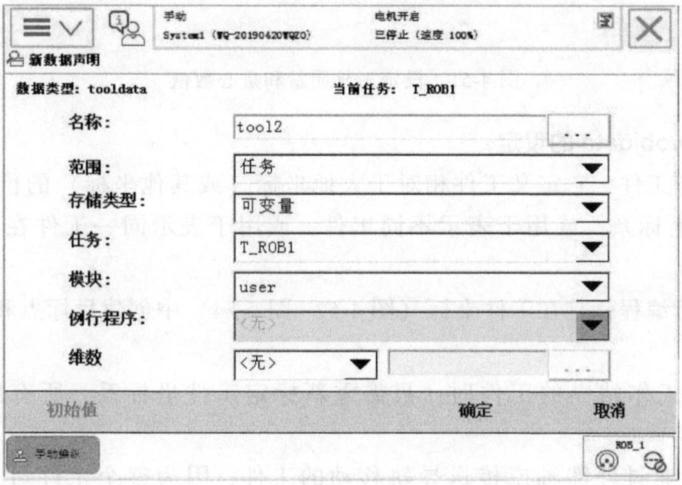

图 4-49 单击“初始值”按钮

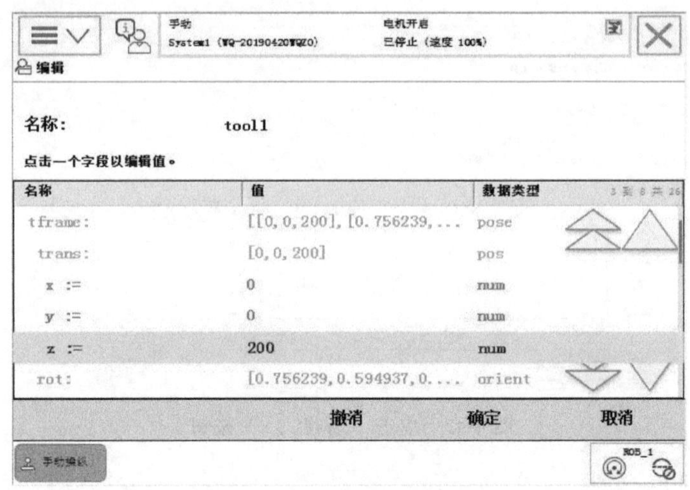

图 4-50　设定 TCP 的数值

6）此工具质量是 2kg，重心在默认 tool0 的 Z 方向偏移了 180mm，在图 4-51 所示的画面中设定对应的数值，然后单击“确定”按钮，设定完成。

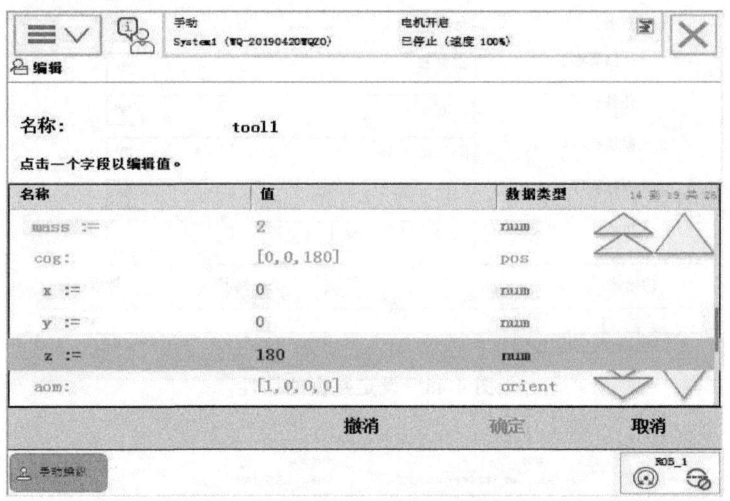

图 4-51　设定工具质量和重心数值

4. 工件坐标 wobjdata 的设定

工件坐标对应工件，它定义工件相对于大地坐标（或其他坐标）的位置。机器人可以拥有若干个工件坐标系，或用于表示不同工件，或用于表示同一工件在不同位置的若干副本。

对机器人进行编程就是在工件坐标（图 4-52～图 4-54）中创建目标点和路径。这带来很多优点：

1）重新定位工作站中的工件时，只需重新标定工件坐标系，所有路径将即刻随之更新。

2）允许操作通过外部轴或传送导轨移动的工件，因为整个工件可连同其路径一起移动。

如图 4-52 所示，A 是机器人的大地坐标。为了方便编程，为第一个工件建立了一个工件坐标 B，并在工件坐标 B 中进行轨迹编程。

如果台子上还有一个相同的工件需要走相同的轨迹，只需建立一个工件坐标 C，将工件坐标 B 中的轨迹复制一份，然后将工件坐标从 B 更新为 C，则无需对相同的工件进行重复轨迹编程。

如图 4-53 所示，如果在工件坐标 B 中对 A 对象进行了轨迹编程，当工件坐标的位置变化成工件坐标 D 后，只需在机器人系统重新定义工件坐标 D，则机器人的轨迹就自动更新到 C 了，不需要再次进行轨迹编程。A 相对于 B、C 相对于 D 的关系是相同的，并没有因为整体偏移而发生变化。

在对象的平面上，只需要定义三个点就可以建立一个工件坐标，如图 4-54 所示。X1 点确定工件坐标的原点，X1、X2 点确定工件坐标 X 正方向，Y1 点确定工件坐标 Y 正方向。由于工件坐标系的方向符合右手定则，所以 Z 轴正方向可由右手定则确定。

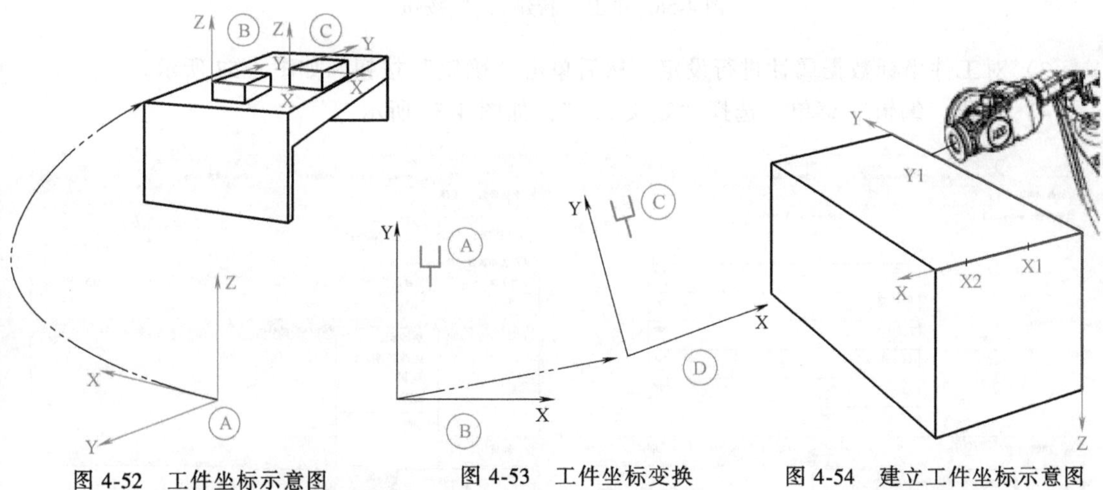

图 4-52 工件坐标示意图　　图 4-53 工件坐标变换　　图 4-54 建立工件坐标示意图

5. 建立工件坐标的操作步骤

1）在手动操纵画面中，选择“工件坐标”，如图 4-55 所示。

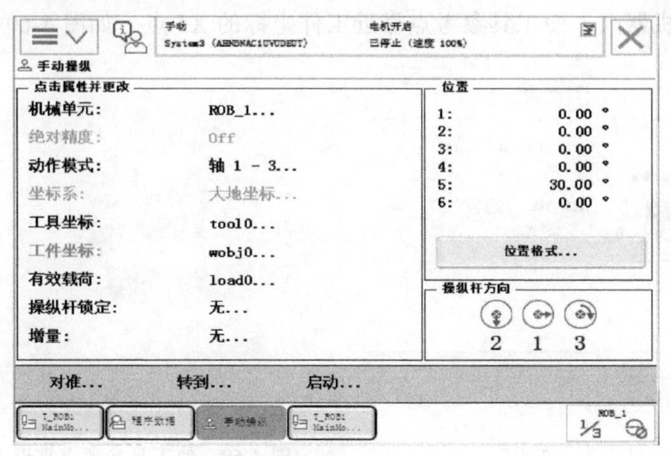

图 4-55 选择“工件坐标”

2）单击“新建...”按钮，如图 4-56 所示。

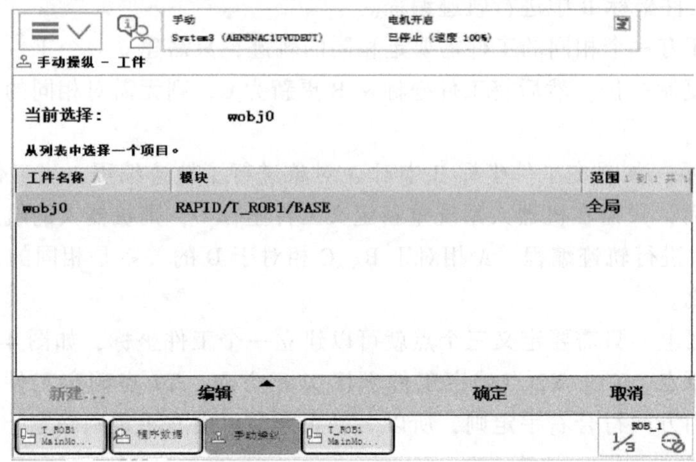

图 4-56　单击“新建...”按钮

3）对工件坐标数据属性进行设定，然后单击“确定”按钮，如图 4-57 所示。

4）打开“编辑”菜单，选择“定义...”，如图 4-58 所示。

图 4-57　对工件坐标数据属性进行设定

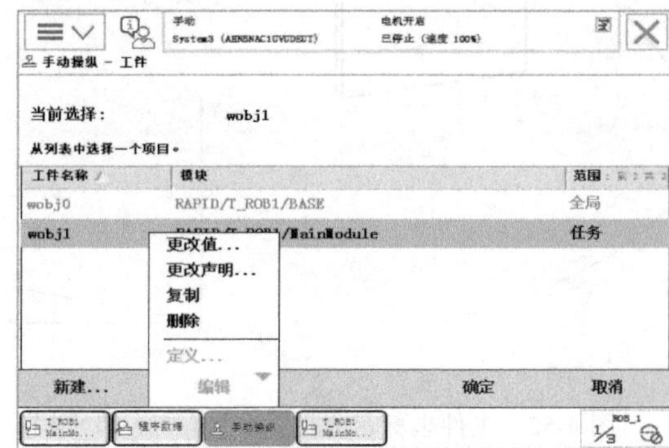

图 4-58　选择“定义...”

5）将“用户方法”设定为“3 点”，如图 4-59 所示。

6）手动操纵机器人，使工具参考点靠近工件坐标的 X1 点，如图 4-60 所示。

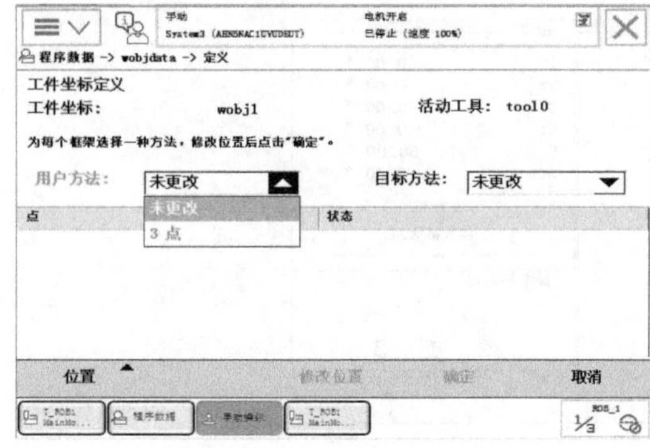

图 4-59　设定为“3 点”

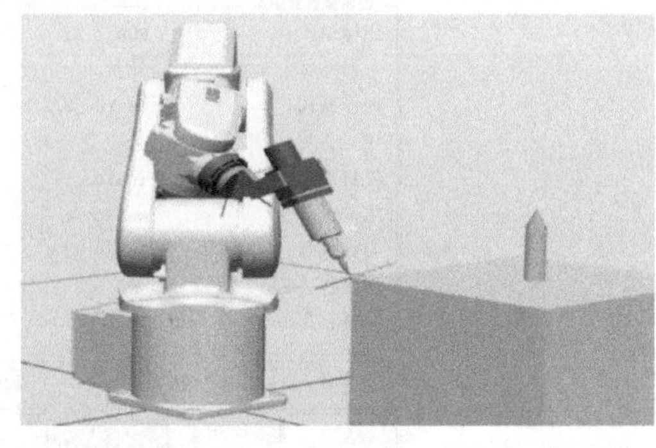

图 4-60　使工具参考点靠近工件坐标的 X1 点

7）单击“修改位置”按钮，将 X1 点记录下来，如图 4-61 所示。

8）手动操纵机器人，使工具参考点靠近工件坐标的 X2 点，如图 4-62 所示。

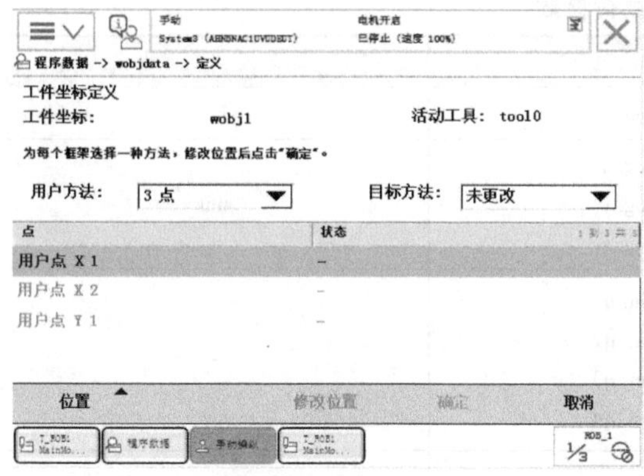

图 4-61　记录 X1 点

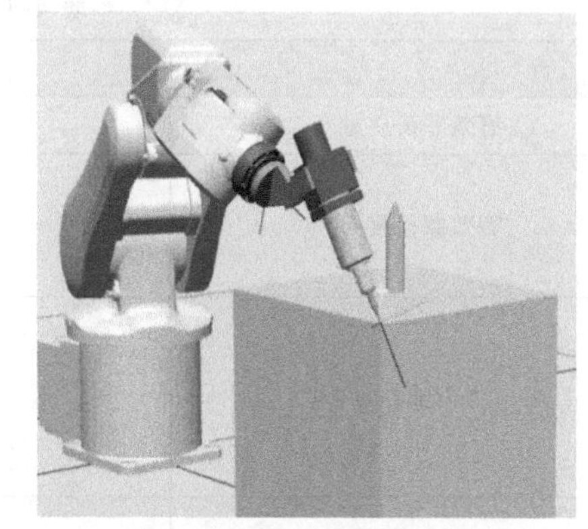

图 4-62　使工具参考点靠近工件坐标的 X2 点

9）单击“修改位置”按钮，将 X2 点记录下来，如图 4-63 所示。

10）手动操纵机器人，使工具参考点靠近工件坐标的 Y1 点，如图 4-64 所示。

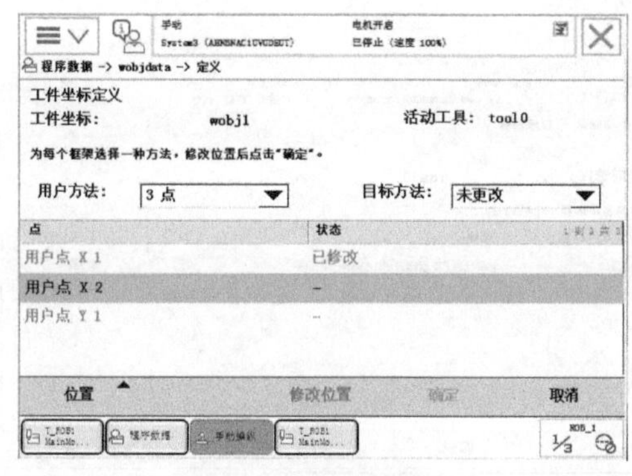

图 4-63　记录 X2 点

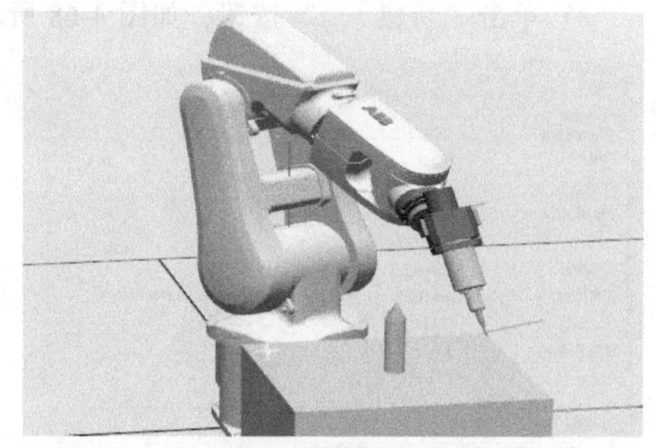

图 4-64　使工具参考点靠近工件坐标的 Y1 点

11）单击“修改位置”按钮，将 Y1 点记录下来，如图 4-65 所示。

12）单击“确定”按钮。

6. 有效载荷 loaddata 的设定

对于搬运机器人（图 4-66），应该正确设定夹具的质量和重心数据 tooldata 以及搬运对

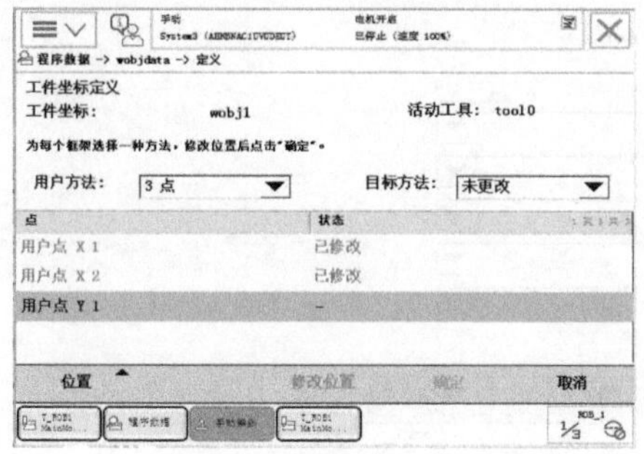

图 4-65　记录 Y1 点

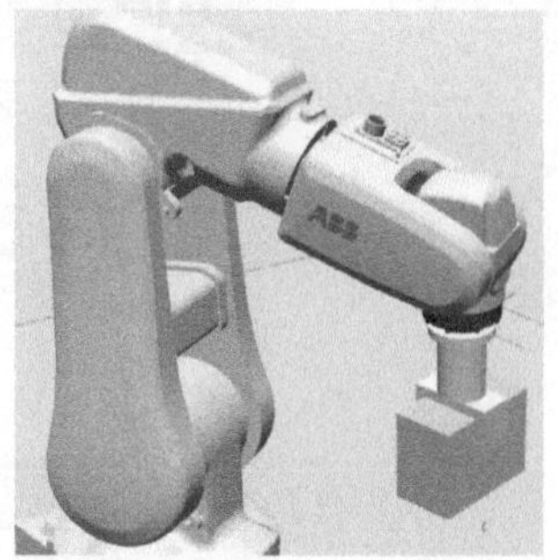

图 4-66　机器人搬运工件

象的质量和重心数据 loaddata。

有效载荷参数见表 4-4。

表 4-4　有效载荷参数

名称	参数	单位
有效载荷质量	load. mass	kg
有效载荷重心	load. cog. x load. cog. y load. cog. z	mm
力矩轴方向	load. aom. q1 load. aom. q2 load. aom. q3 load. aom. q4	—
有效载荷的转动惯量	ix iy iz	kg · m²

1）选择“有效载荷”，如图 4-67 所示。

2）单击“新建...”按钮，如图 4-68 所示。

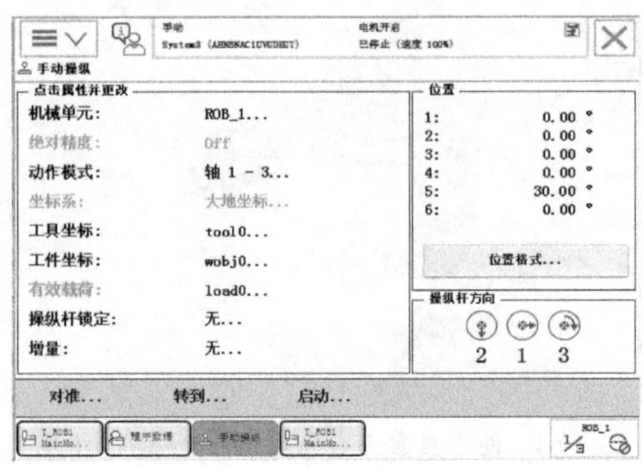

图 4-67　选择“有效载荷”

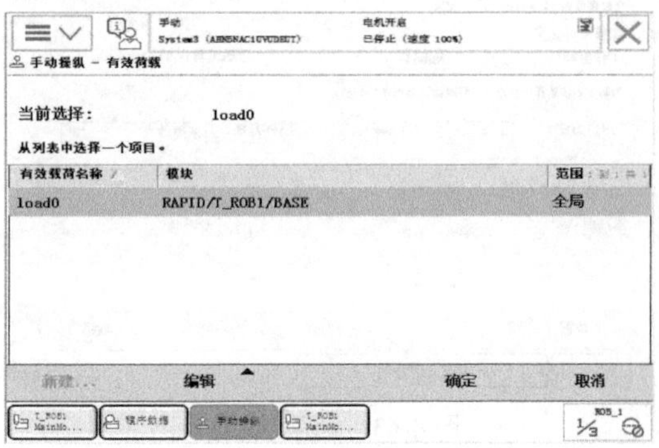

图 4-68　单击“新建...”按钮

3）对有效载荷数据属性进行设定。

4）单击“初始值”按钮，如图 4-69 所示。

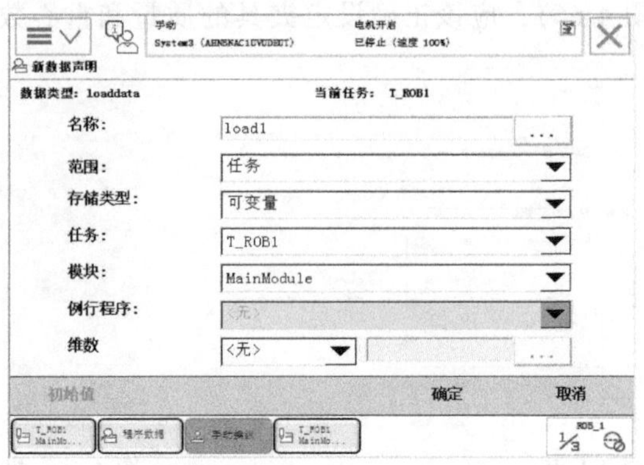

图 4-69　单击“初始值”按钮

5）对有效载荷数据根据实际情况进行设定，各参数代表的含义请参考表 4-4 的有效载荷参数。

6）单击“确定”按钮，如图 4-70 所示。

在 RAPID 编程中，需要对有效载荷情况进行实时调整，如图 4-71 所示。

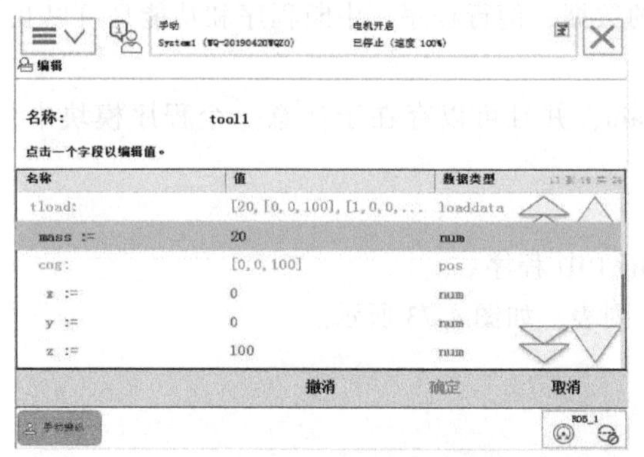

图 4-70 单击“确定”按钮

图 4-71 实时调整参数

夹具夹紧：指定当前搬运对象的质量和重心 load1。

夹具松开：将搬运对象清除 load0。

任务二 认识 RAPID 程序及指令

RAPID 程序包含了一连串控制机器人的指令，执行这些指令可以实现对机器人的控制操作。

RAPID 程序架构与编辑

一、RAPID 程序架构及编辑器的简单操作

例行程序是使用 RAPID 编程语言的特定词汇和语法编写而成的。RAPID 是一种英文编程语言，其包含的指令可以移动机器人、设置输出、读取输入，还能实现决策、重复其他指令、构造程序以及与系统操作员交互等功能。RAPID 程序的基本架构见表 4-5。

表 4-5 RAPID 程序的基本架构

RAPID 程序			
程序模块 1	程序模块 2	程序模块 3	系统模块
程序数据	程序数据	…	程序数据
主程序 main	例行程序	…	例行程序
例行程序	中断程序	…	中断程序
中断程序	功能	…	功能
功能	—	…	—

1. RAPID 程序的架构说明

1）RAPID 程序由程序模块与系统模块组成。一般只通过新建程序模块来构建机器人的程序，而系统模块多用于系统方面的控制。

2）可以根据不同的用途创建多个程序模块，如专门用于主控制的程序模块、用于位置计算的程序模块和用于存放数据的程序模块，这样便于归类管理不同用途的例行程序与数据。

3）每一个程序模块都包含程序数据、例行程序、中断程序和功能四种对象，但不一定在一个模块中都有这四种对象，程序模块之间的数据、例行程序、中断程序和功能是可以互相调用的。

4）在 RAPID 程序中，只有一个主程序 main，并且可以存在于任意一个程序模块中，是整个 RAPID 程序执行的起点。

2. RAPID 程序编辑器的简单操作

1）选择“程序编辑器”（图 4-72），查看 RAPID 程序。

2）单击“例行程序”标签，查看例行程序列表，如图 4-73 所示。

图 4-72　选择“程序编辑器”

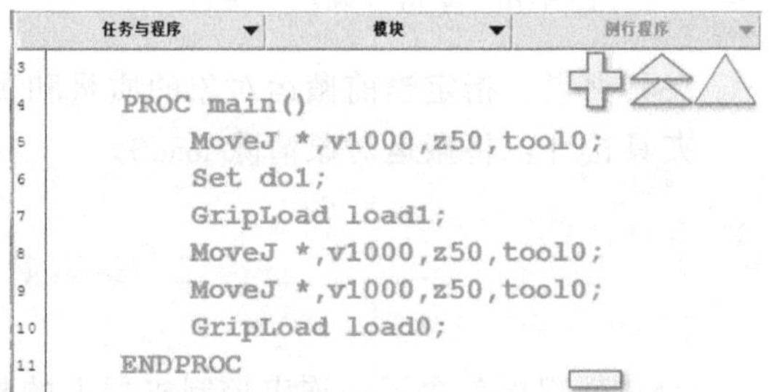

图 4-73　单击“例行程序”标签

3）程序模块列表如图 4-74 所示。

说明：banyun 为例行程序，hanjie 为例行程序，main 为主程序。

4）单击“关闭”按钮，退出程序编辑器，如图 4-75 所示。

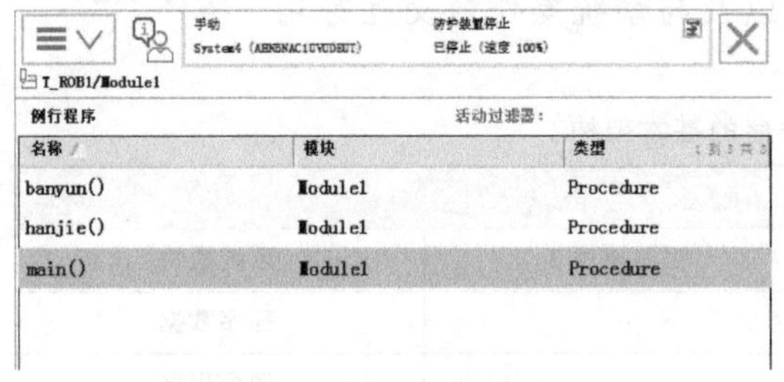

图 4-74　程序模块列表

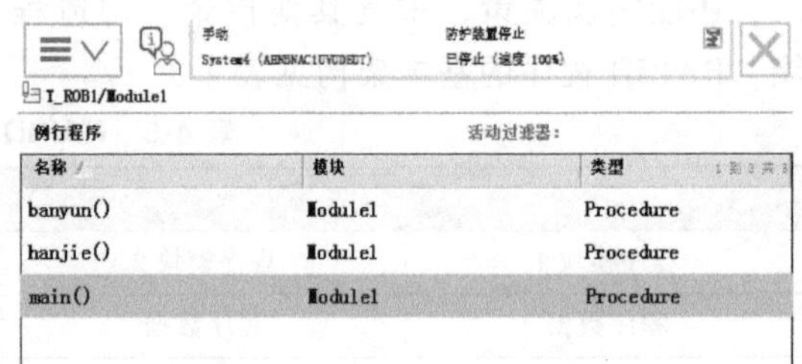

图 4-75　单击“关闭”按钮

二、建立程序模块和例行程序

下文介绍用机器人示教器进行程序模块和例行程序创建及相关的操作步骤如下：

1）选择“程序编辑器”，打开程序编辑器，如图 4-76 所示。

2）单击“取消”按钮，进入模块列表画面，如图 4-77 所示。

3）打开“文件”菜单。

建立程序模块与例行程序

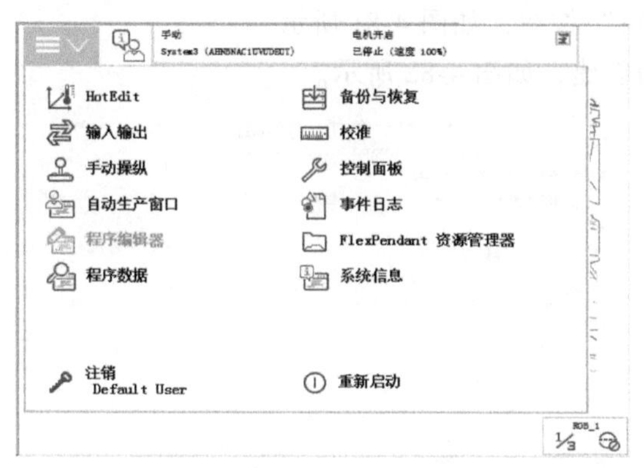

图 4-76　单击“程序编辑器”

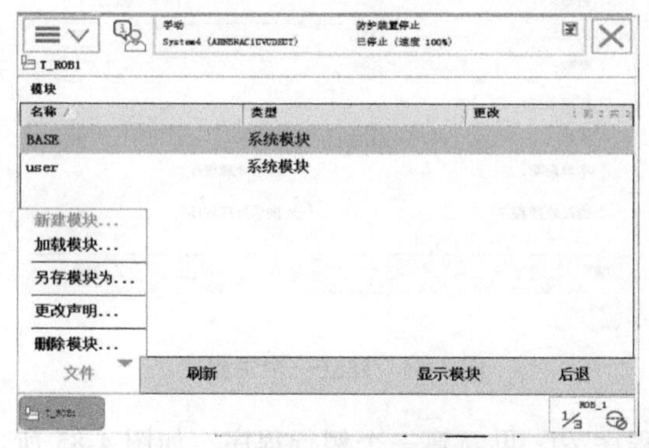

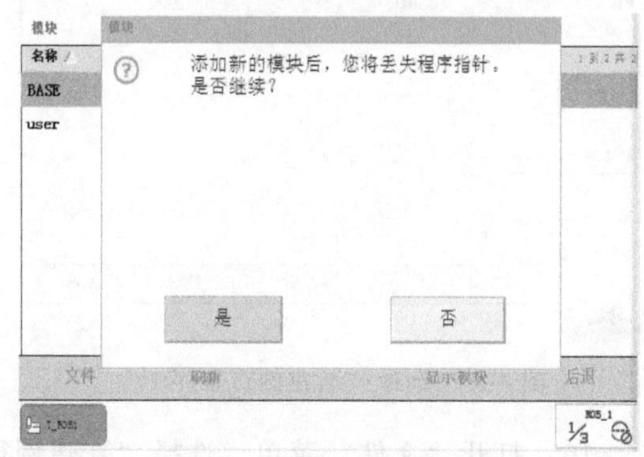

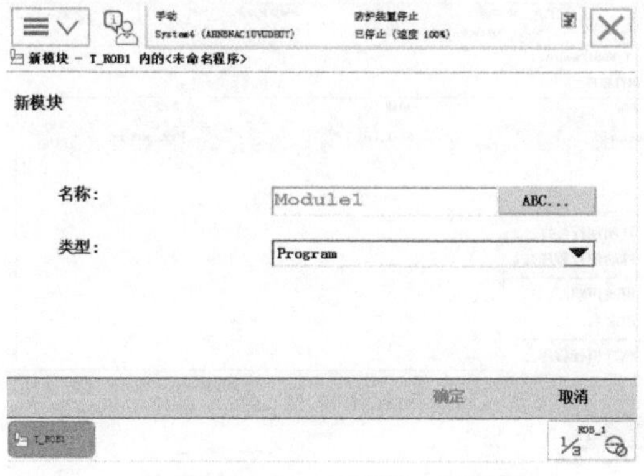

图 4-80　单击“ABC...”按钮

图 4-77　单击“取消”按钮

4）选择“新建模块...”，如图 4-78 所示。

说明：

1）加载模块：加载需要使用的模块。

2）另存模块为：保存模块到机器人系统硬盘。

3）删除模块：将模块从运行内存中删除，但不影响已保存在硬盘中的模块。

4）单击“是”按钮，如图 4-79 所示。

图 4-78　选择“新建模块...”　　图 4-79　单击“是”按钮

5）单击“ABC...”按钮，设定模块名称，然后单击“确定”按钮，如图 4-80 所示。

6）选择模块 Module1，然后单击“显示模块”按钮，如图 4-81 所示。

7）单击“例行程序”标签进行例行程序的创建，如图 4-82 所示。

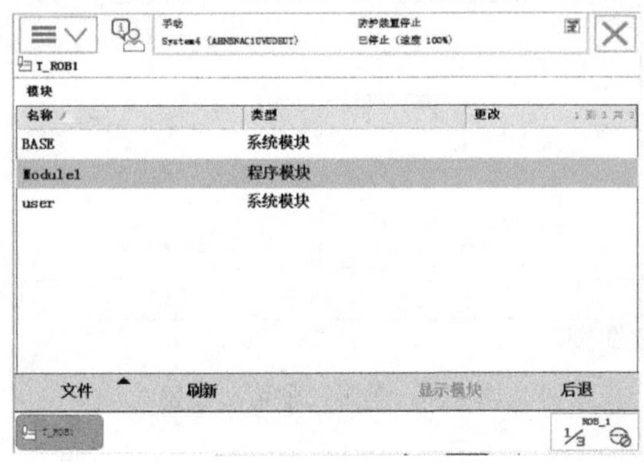

图 4-81　单击“显示模块”按钮

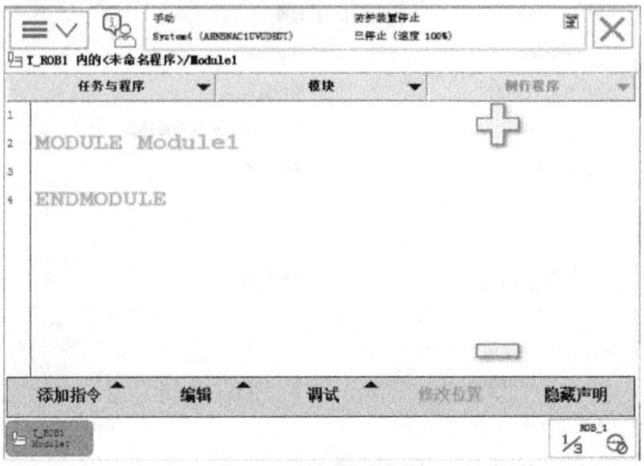

图 4-82　单击“例行程序”标签

8）打开“文件”菜单，选择“新建例行程序…”，如图 4-83 所示。

9）首先建立一个主程序，将名称设定为“main”，然后单击“确定”按钮，如图 4-84 所示。

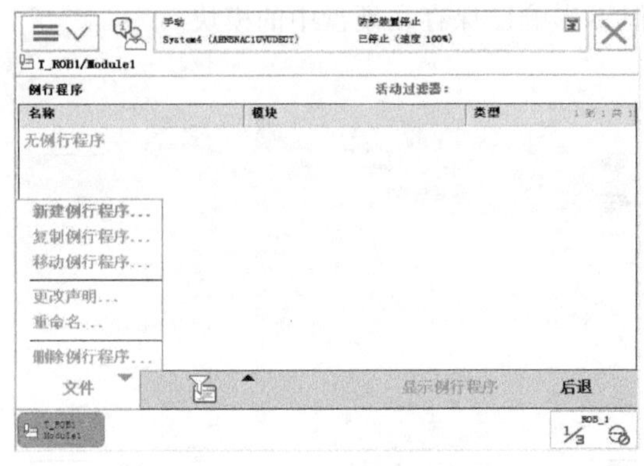

图 4-83　选择“新建例行程序…”

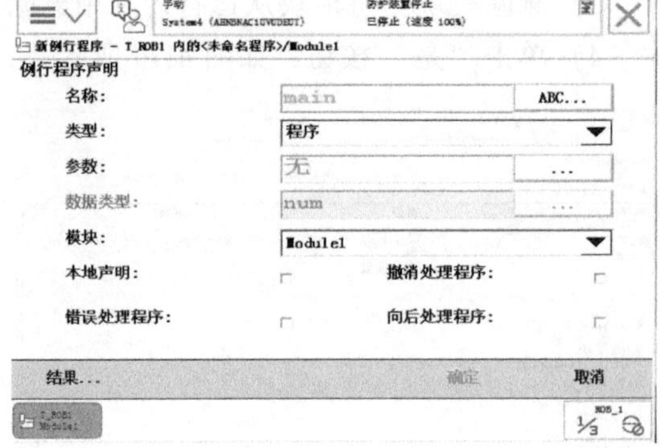

图 4-84　建立一个主程序

10）打开“文件”菜单，选择“新建例行程序…”再新建一个例行程序，如图 4-85 所示。可以根据自己的需要新建例行程序，用于被主程序 main 调用或例行程序互相调用。例行程序的名字可以在系统保留字段之外自由定义。

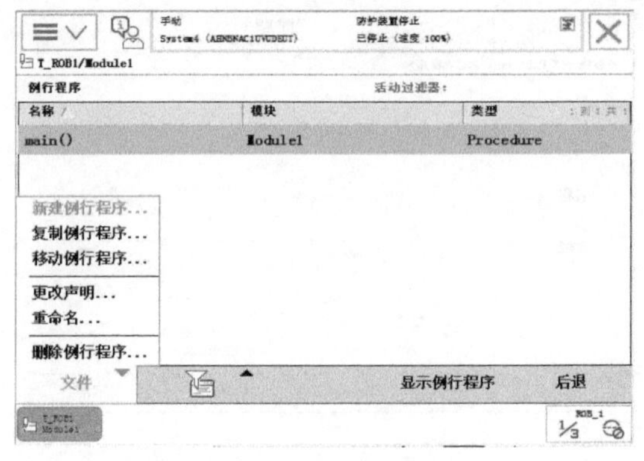

图 4-85　再新建一个例行程序

11）单击“确定”按钮完成新建程序，如图 4-86 所示。

12）单击“显示例行程序”按钮即可进行编程，如图 4-87 所示。

图 4-86　完成新建程序

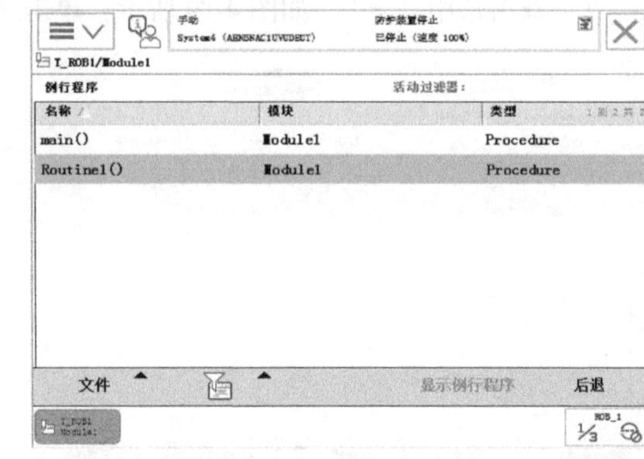

图 4-87　单击“显示例行程序”按钮

任务三　常用函数的介绍

常用函数的介绍

1. Offs 函数

Offs 函数用于在一个机械臂位置的工件坐标系中添加一个偏移量。

例 1

MoveL Offs(p2,0,0,10),v1000,z50,tool1;

将机械臂移动至距位置 p2 点（沿 Z 方向）10mm 的一个点。

例 2

p1:=Offs(p1,5,10,15);

机械臂位置 p1 点沿 X 方向移动 5mm，沿 Y 方向移动 10 mm，且沿 Z 方向移动 15mm。

（1）变元

Offs(Point XOffset YOffset ZOffset)

1）Point

① 数据类型：robtarget。

② 机器人移动的位置数据。

2）XOffset

① 数据类型：num。

② 工件坐标系中 X 方向的位移。

3）YOffset

① 数据类型：num。

② 工件坐标系中 Y 方向的位移。

4）ZOffset

① 数据类型：num。

② 工件坐标系中 Z 方向的位移。

（2）函数编辑

在示教器中添加 Offs 函数的步骤如下：

1）添加指令 MoveL，如图 4-88 所示。

2）双击选中“＊”，如图 4-89 所示；单击“功能”标签，找到 Offs 函数，如图 4-90 所示。

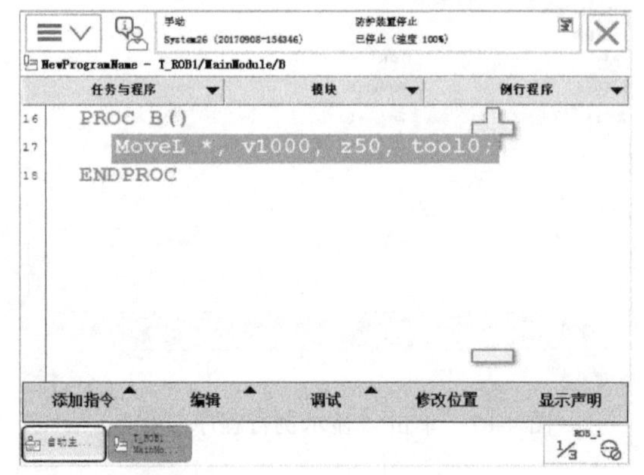

图 4-88　添加 MoveL 指令

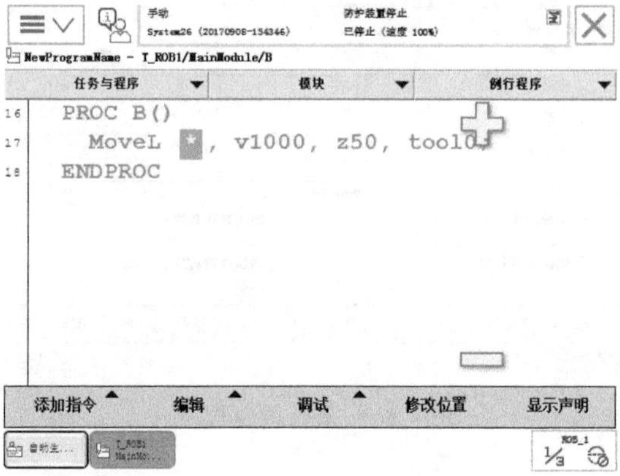

图 4-89　双击选中“＊”

3）设置 Offs 函数中的参考位置 p10，如图 4-91 所示。

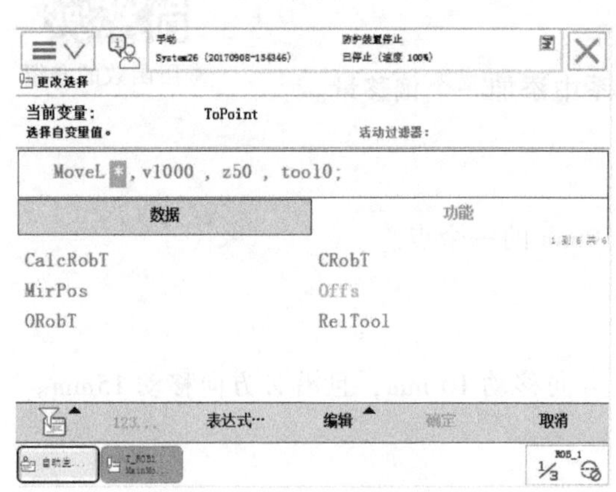

图 4-90　找到 Offs 函数

图 4-91　设定参考位置 p10

4）将偏移数据设定为（0，0，50），如图 4-92～图 4-94 所示。

5）Offs 函数添加完成，如图 4-95 所示。

2. RelTool 函数

RelTool（Relative Tool）函数用于将通过有效工具坐标系表达的位移和/或旋转增加至机械臂位置。

例 3

MoveL RelTool(p1,0,0,100),v100,fine,tool1;

沿工具的 Z 方向将机械臂移动至距 p1 点 100 mm 的位置处。

例 4

MoveL RelTool(p1,0,0,0\Rz:=25),v100,fine,tool1;

将工具围绕其 Z 轴旋转 25°。

（1）变量

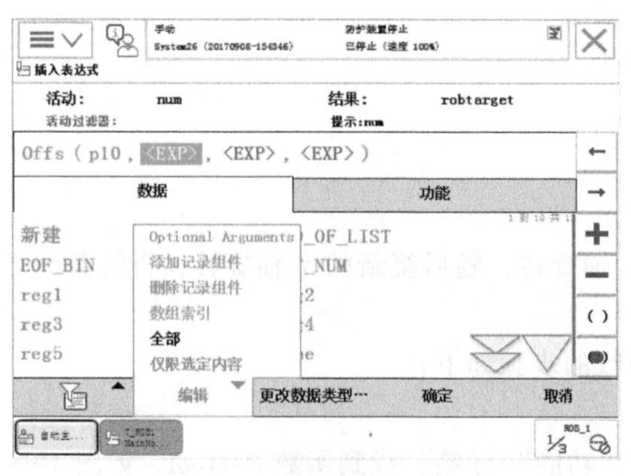

图 4-92 设置 XOffset

图 4-93 将 XOffset 设为 0

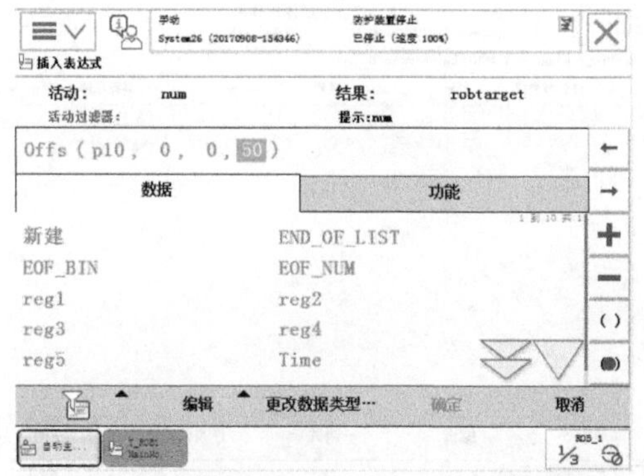

图 4-94 设置 XOffset、YOffset 和 ZOffset

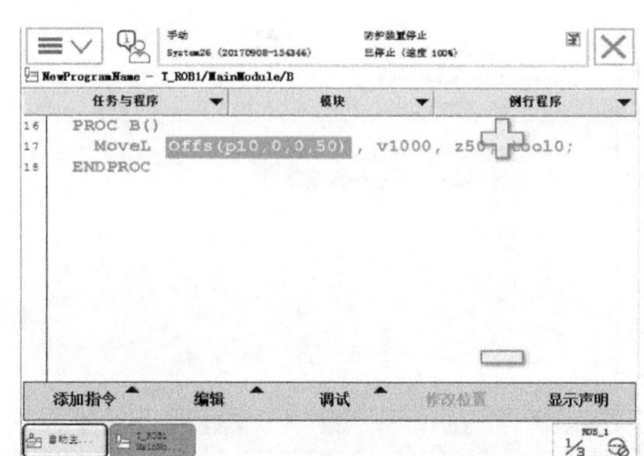

图 4-95 Offs 函数完成添加

RelTool(Point DX DY DZ [\RX] [\RY] [\RZ])

1) Point

① 数据类型：robtarget。

② 机械臂的位置数据，其方位定义了工具坐标系的当前方位。

2) DX

① 数据类型：num。

② 工具坐标系 X 方向的位移，单位为 mm。

3) DY

① 数据类型：num。

② 工具坐标系 Y 方向的位移，单位为 mm

4) DZ

① 数据类型：num。

② 工具坐标系 Z 方向的位移，单位为 mm。

5) [\RX]

① 数据类型：num。

② 围绕工具坐标系 X 轴的旋转，单位为（°）。

6) [\RY]

① 数据类型：num。

② 围绕工具坐标系 Y 轴的旋转，单位为（°）。

7）[\RZ]

① 数据类型：num。

② 围绕工具坐标系 Z 轴的旋转，单位为（°）。

如果同时指定两次或三次旋转，则首先绕 X 轴旋转，随后绕新的 Y 轴旋转，再绕新的 Z 轴旋转。

（2）函数编辑　在示教器中添加 RelTool 函数的步骤如下：

1）添加指令 MoveL，如图 4-96 所示。

2）双击选中“＊”，如图 4-97 所示；单击“功能”标签，找到函数 RelTool，如图 4-98 所示。

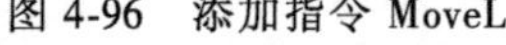
图 4-96　添加指令 MoveL

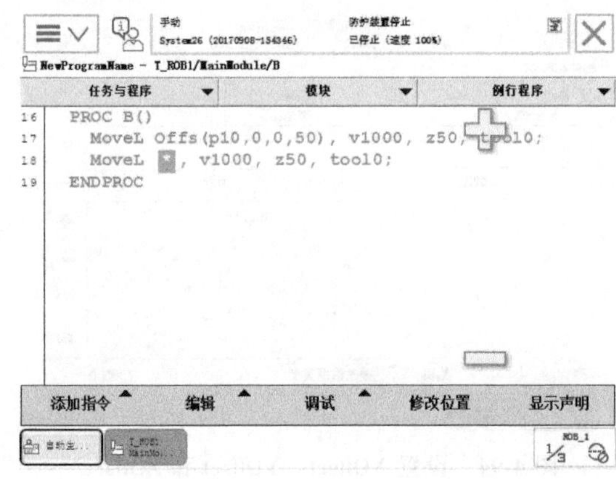

图 4-97　双击选中“＊”

3）设置 RelTool 函数中的参考位置 p20，如图 4-99 所示。

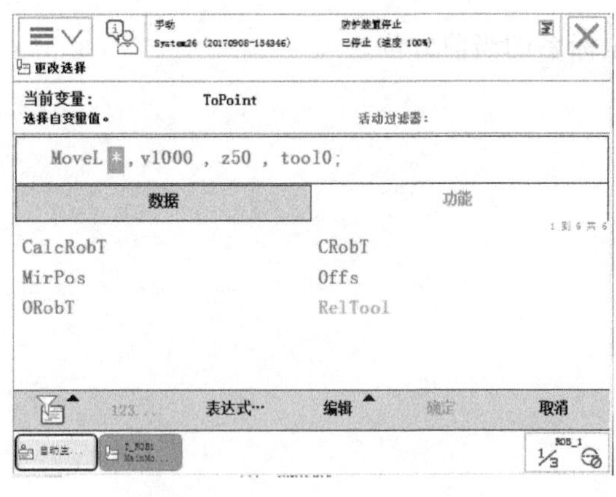

图 4-98　找到 RelTool 函数

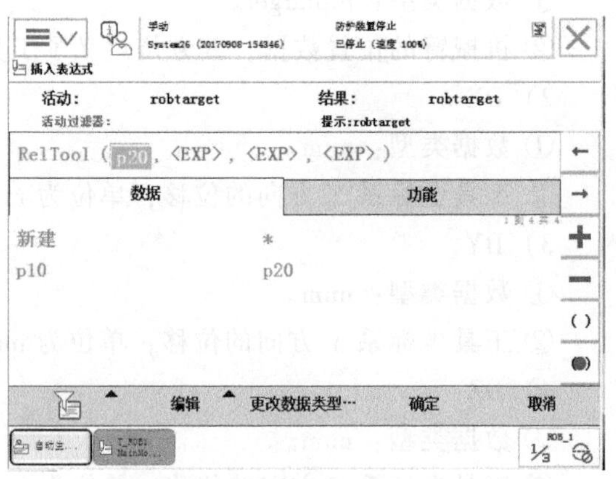

图 4-99　设置参考位置 p20

4）将偏移数据设定为（0，0，60），如图 4-100～图 4-102 所示。

5）RelTool 函数添加完成，如图 4-103 所示。

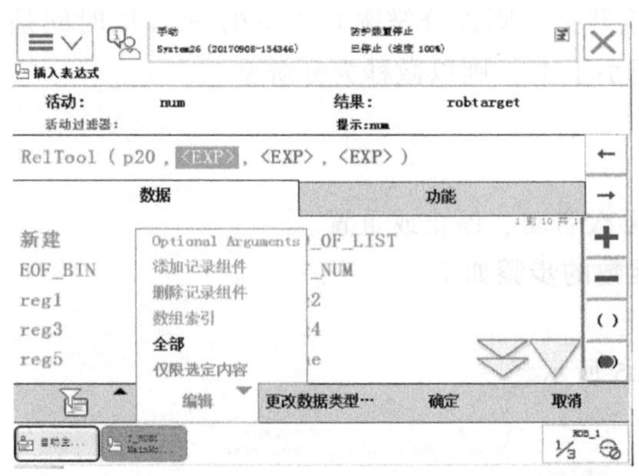

图 4-100 设置 DX

图 4-101 DX 值设为 0

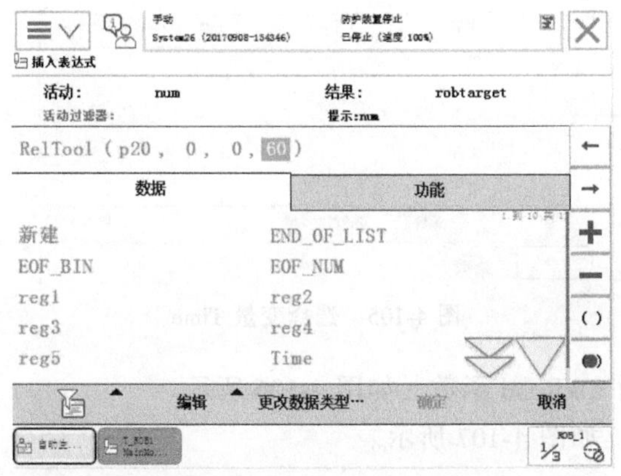

图 4-102 设置 DX、DY、DZ 分别为 0、0、60

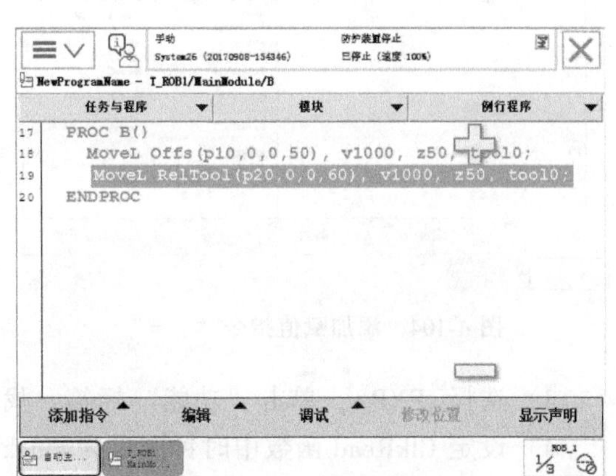

图 4-103 RelTool 函数添加完成

3. ClkRead 函数

ClkRead 函数用于读取作为定时用的时钟。

例 5

reg1 : = ClkRead(clock1) ;

读取时钟 clock1，并将时间（单位为 s）储存在变量 reg1 中。

例 6

reg1 : = ClkRead(clock1 \HighRes) ;

读取时钟 clock1，并以高分辨率将时间（单位为 s）储存在变量 reg1 中。

（1） 变元

ClkRead （clock\HighRes）

1） clock

① 数据类型：clock。

② 用于读取的时钟名称。

2） [\HighRes]

High Resolution

① 数据类型：switch。

② 以更高的分辨率来读取时间。如果使用该开关，则以分辨率 0.000001 来读取时间是可能的。读取数据类型数字时，只要读取的时间小于 1s，则以微秒为分辨率。

（2）应用说明

① 程序停止或运行时可以读取时钟。

② 一旦读取一个时钟，则可以再次读取、再次启动、停止或重置。

（3）函数编辑　在示教器中添加 ClkRead 函数的步骤如下：

1）添加赋值指令“：=”，如图 4-104 所示。

2）选择<VAR>，选择变量 Time，如图 4-105 所示。

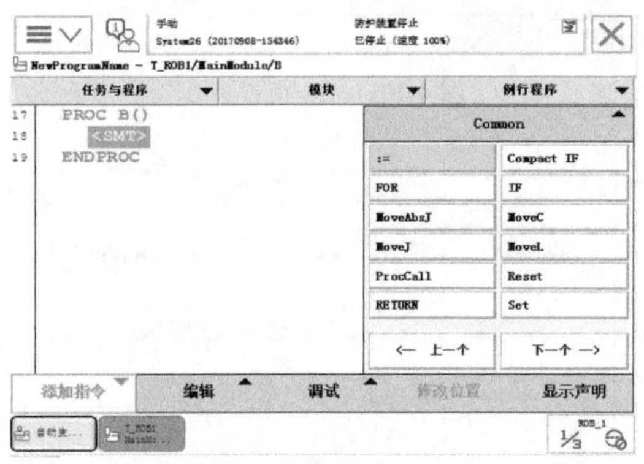

图 4-104　添加赋值指令“：=”

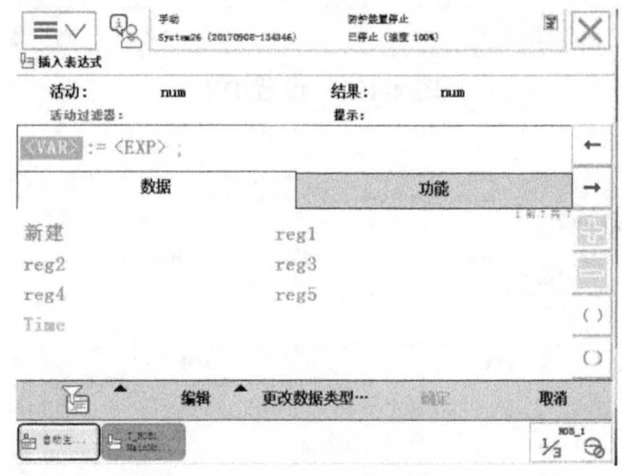

图 4-105　选择变量 Time

3）选择<EXP>，单击“功能”标签，找到 ClkRead 函数，如图 4-106 所示。

4）设定 ClkRead 函数中时钟变量为 clock1，如图 4-107 所示。

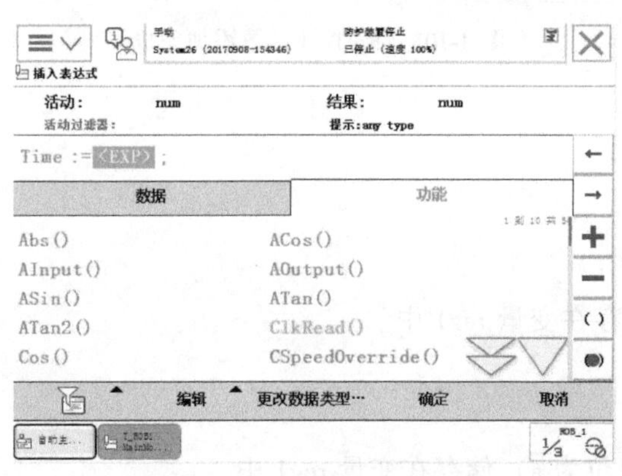

图 4-106　找到 ClkRead 函数

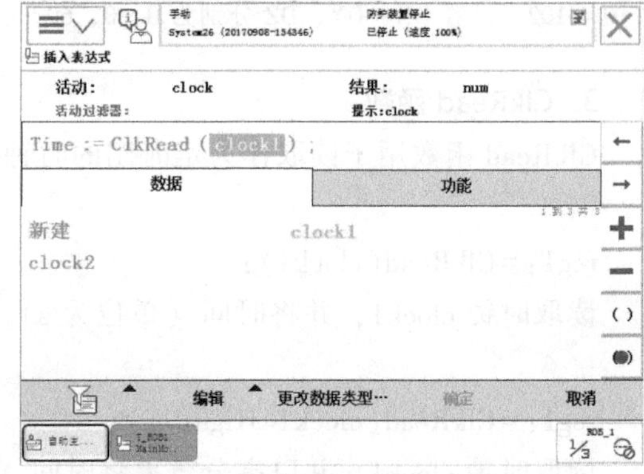

图 4-107　设定时钟变量为 clock1

5）ClkRead 函数添加完成，如图 4-108 所示。

4. CRobT 函数

CRobT（Current Robot Target）函数用于读取机械臂和外部轴的当前位置。该函数返回 robtarget 值、位置（X、Y、Z）、方位（q1 …q4）、机械臂轴配置和外部轴位置。如果仅读取机械臂 TCP（pos）的 X、Y 和 Z 值，则转而使用函数 CPos。

例 7

```
VAR robtarget p1;
```

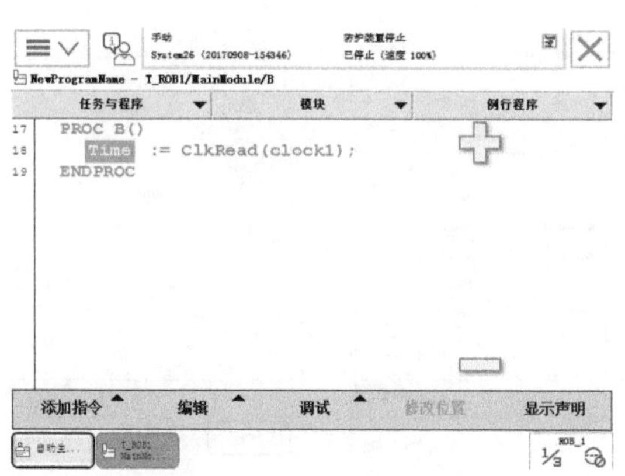

图 4-108 ClkRead 函数添加完成

MoveL ＊,v500,fine\Inpos:=inpos50,tool1;

p1:=CRobT(\Tool:=tool1\WObj:=wobj0);

将机械臂和外部轴的当前位置储存在 p1 中。工具 tool1 和工件 wobj0 用于计算位置。注意：在读取和计算位置前，机械臂静止不动。通过使用先前移动指令中位置精度 inpos50 内的停止点 fine，可实现上述操作。

（1）变量

CRobT([\TaskRef]|[\TaskName] [\Tool] [\WObj])

1)[\TaskRef]

Task Reference

① 数据类型：taskid。

② 从程序任务识别号读取 robtarget。

③ 对于系统中的所有程序任务，数据类型为 taskid 的预定义变量有效。可变识别号为“任务名”+“Id”，例如，针对 T_ROB1 任务，可变识别号为 T_ROB1Id。

2）[\TaskName]

① 数据类型：string。

② 从程序任务名称读取 robtarget。

③ 如果未指定自变量\TaskRef 或\TaskName，则使用当前任务。

3）[\Tool]

① 数据类型：tooldata。

② 有关用于计算当前机械臂位置的工具的永久变量。

③ 如果省略该参数，则使用当前的有效工具。

4）[\WObj](全拼为 Work Object)

（2）函数编辑

在示教器中添加 CRobT 函数的步骤如下：

1）添加赋值指令“：=”，如图 4-109 所示。

2）选择<VAR>，更改数据类型为 robtarget，如图 4-110、图 4-111 所示。

3）新建位置数据变量 p30，如图 4-112 所示。

4）选择<EXP>，单击“功能”标签，找到 CRobT 函数，如图 4-113 所示。

5）CRobT 函数添加完成，如图 4-114 所示。

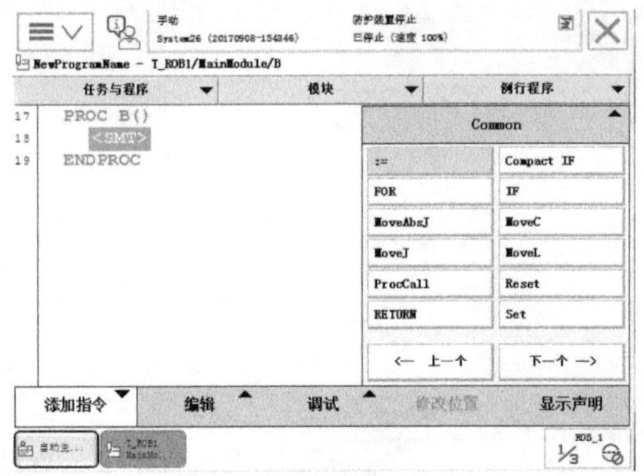

图 4-109　赋值指令“：=”

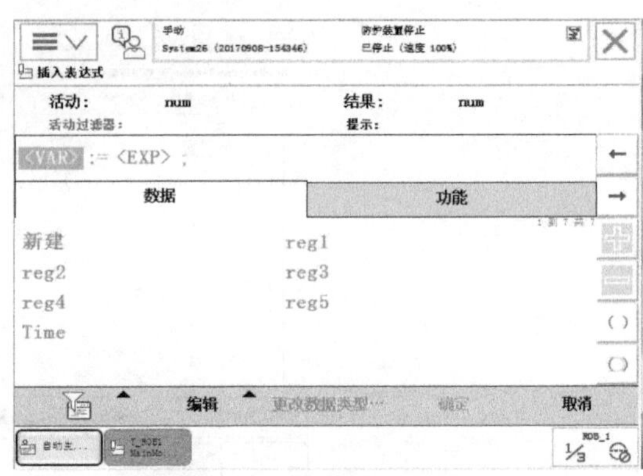

图 4-110　更改数据类型

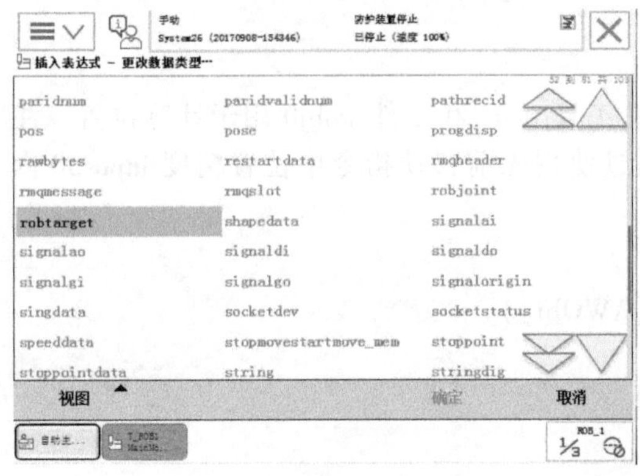

图 4-111　改为 robtarget

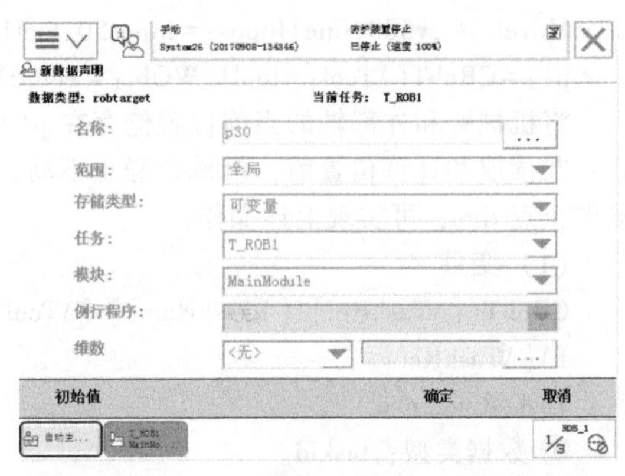

图 4-112　新建位置数据变量 p30

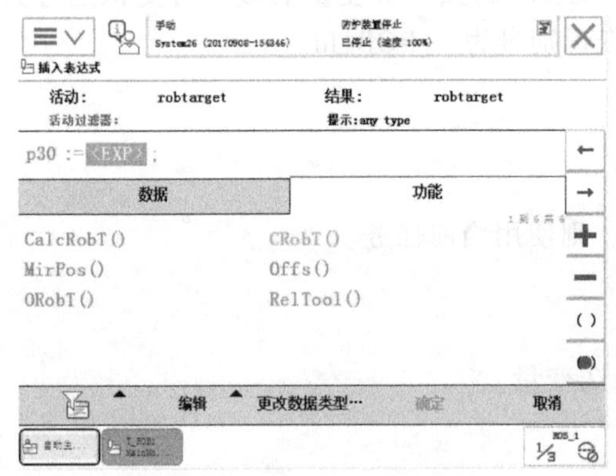

图 4-113　找到 CRobT 函数

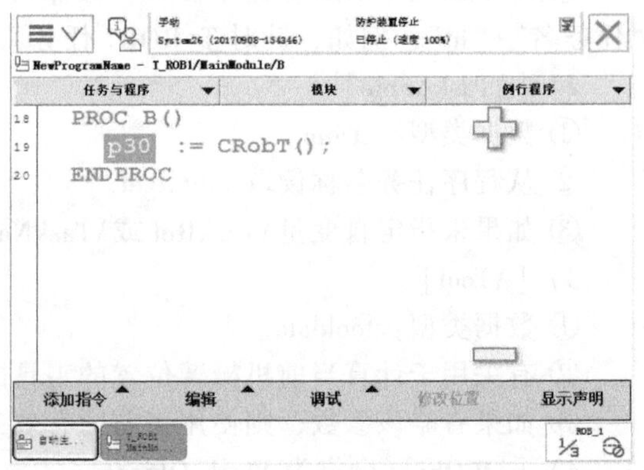

图 4-114　CRobT 函数添加完成

任务四　常用指令的介绍

基础指令

一、基础指令

1. 赋值指令

赋值指令“：=”用于向数据分配新值。该值可以是一个恒定值，也可以是一个算术表达式，例如 reg1+5 * reg3。

例 8

reg1：=5；

将 reg1 指定为值 5。

例 9

reg1：=reg2-reg3；

将 reg1 的值指定为 reg2-reg3 的计算结果。

例 10

counter：=counter+1；

将 counter 增加一。

（1）变量

All：=Value

All 为数值数据的变量，将被重新分配新的数据，即把 Value 当前的值赋予 All。

Value 的数据类型：Same as Data。

期望值（赋予的数值）。

（2）指令编辑　在示教器中添加赋值指令的步骤如下：

1）在仿真软件功能选项卡中找到控制器选项卡，然后在控制器中找到虚拟示教器并单击打开，系统会显示 ABB 工业机器人示教器主界面。最后单击左上角主菜单按钮，进入示教器操作界面，如图 4-115 所示。

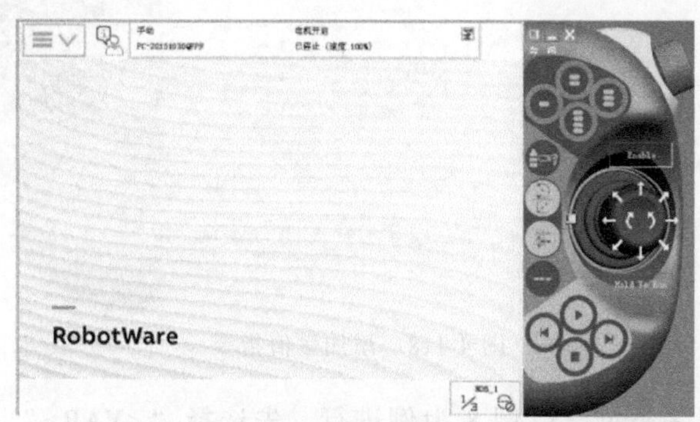

图 4-115　单击主菜单按钮

2）选择“程序编辑器”，如图 4-116 所示，进入程序编译画面。

图 4-116　选择“程序编辑器”

3）示教器程序编译画面中会显示主程序 PROC main。选择“添加指令”，如图 4-117 所示。便可进入指令列表中。

图 4-117　选择“添加指令”

4）选择赋值指令“：=”，即可把该指令添加进来，如图 4-118 所示。

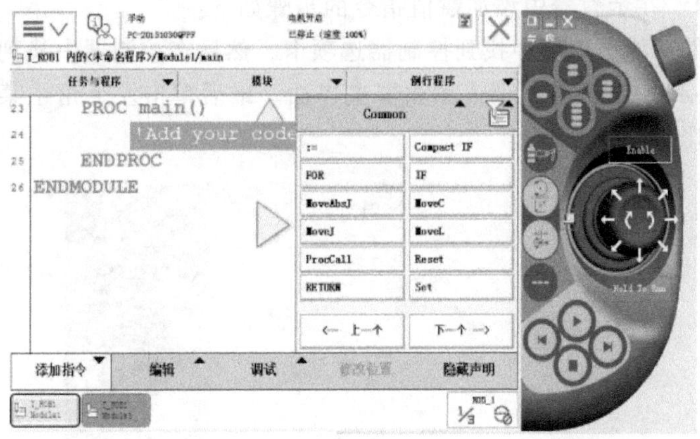

图 4-118　添加赋值指令

5）添加需要的程序类型。以例 8 为例进行，先选择“<VAR>”，再选择“reg1”，如图 4-119 所示。

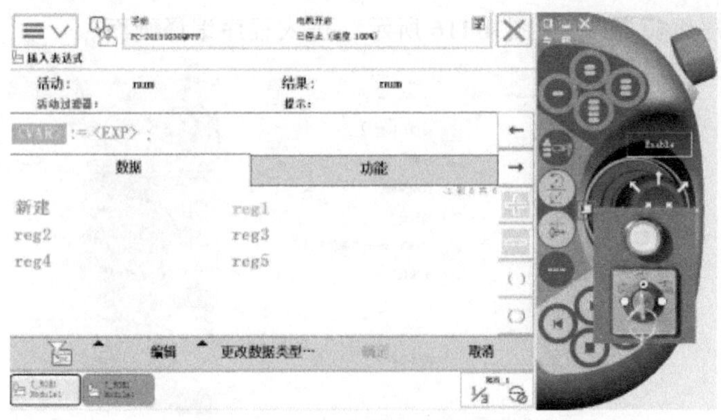

图 4-119　添加需要的程序类型

6）选择“<EXP>”常量值位置进行设置，然后单击“编辑”菜单，选择“仅限选定内容”，可以进行相应值的修改，如图 4-120、图 4-121 所示。

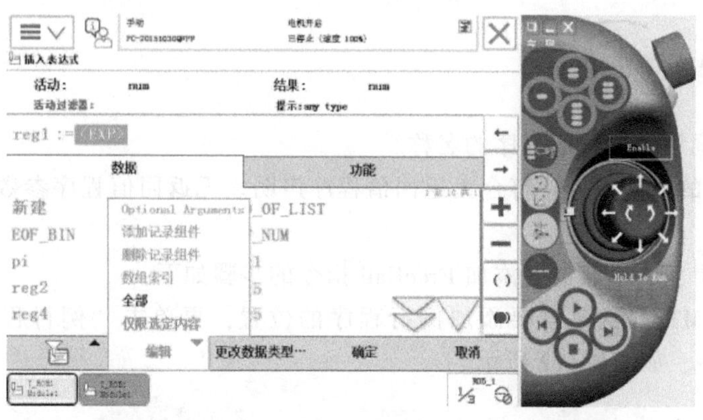

图 4-120 选择“仅限选定内容”

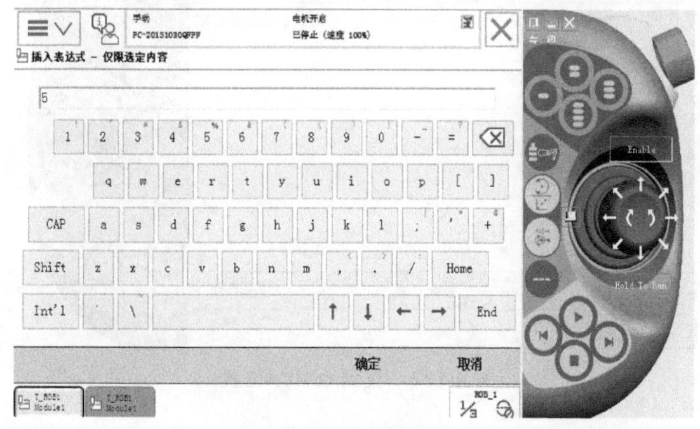

图 4-121 修改值

2. ProcCall 指令

ProcCall 指令用于将程序执行转移至另一个无返回值程序。当执行完本无返回值程序时，程序将继续执行过程调用后的指令。通常有可能将一系列参数发送至新的无返回值程序。其控制无返回值程序的行为，并使相同无返回值程序可能用于不同的事宜。

例 11

```
weldpipe1;
```

调用 weldpipe1 无返回值程序。

例 12

```
errormessage;
Set do1;
…
PROC errormessage()
TPWrite "ERROR";
ENDPROC
```

调用 errormessage 无返回值程序。当该无返回值程序就绪时，程序执行返回过程调用后的指令 Set do1。

(1) 变量

Procedure { Argument }

1) Procedure

Identifier(待调用无返回值程序的名称)

2) Argument 的数据类型：符合无返回值程序声明。无返回值程序参数（符合无返回值程序的参数）。

(2) 指令编辑　在示教器中添加 ProcCall 指令的步骤如下：

1) 先找到<SMT>，这是需要添加例行程序的位置，再单击“例行程序”标签右侧的▼，创建例行程序，如图 4-122 所示。

图 4-122　找到<SMT>位置

2) 打开“文件”菜单，选择“新建例行程序...”，进入创建例行程序画面，如图 4-123 所示。

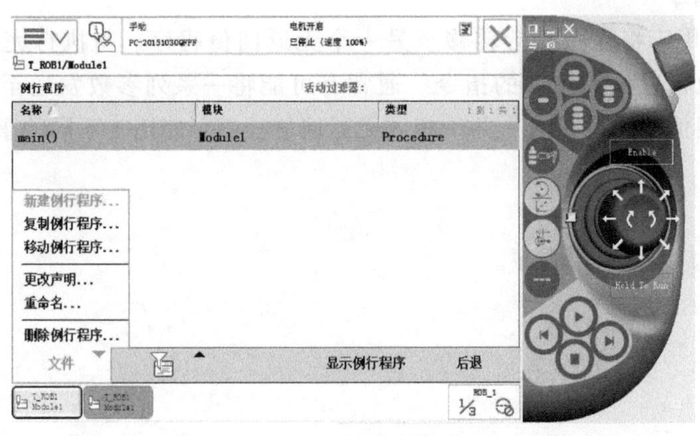

图 4-123　选择“新建例行程序...”

3) 将例行程序名称修改为“Routine1”，如图 4-124 所示。单击“确定”按钮，ProcCall 指令将会在调用画面中调用 Routine1 例行程序。

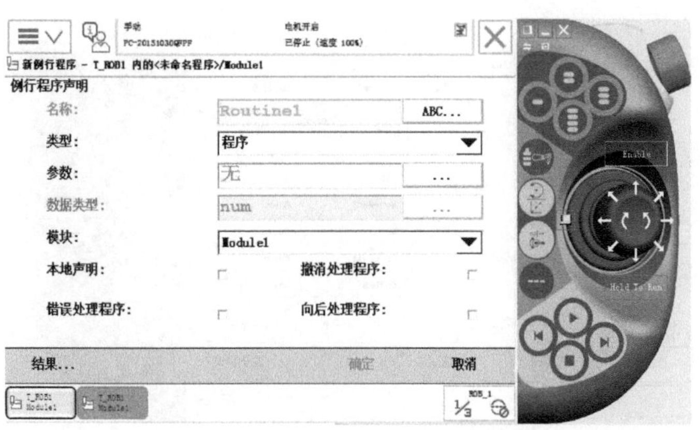

图 4-124 将例行程序名称修改为“Routine1”

4）添加 ProcCall 指令，如图 4-125 所示。

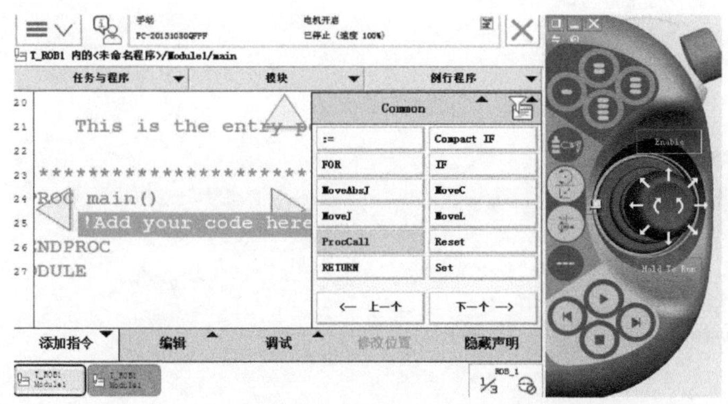

图 4-125 添加 ProcCall 指令

5）在例行程序调用画面中选择“Routine1”，如图 4-126 所示。

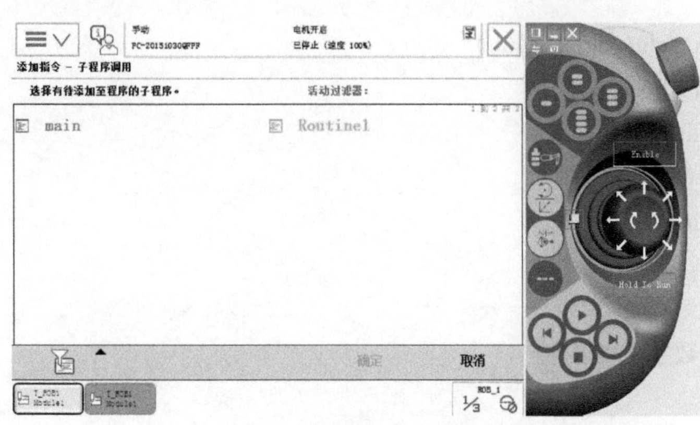

图 4-126 选择“Routine1”

6）ProcCall 调用例行程序添加完成，如图 4-127 所示。

3. RETURN 指令

RETURN 指令用于完成程序的执行。如果程序是一个函数，则同时返回函数值。

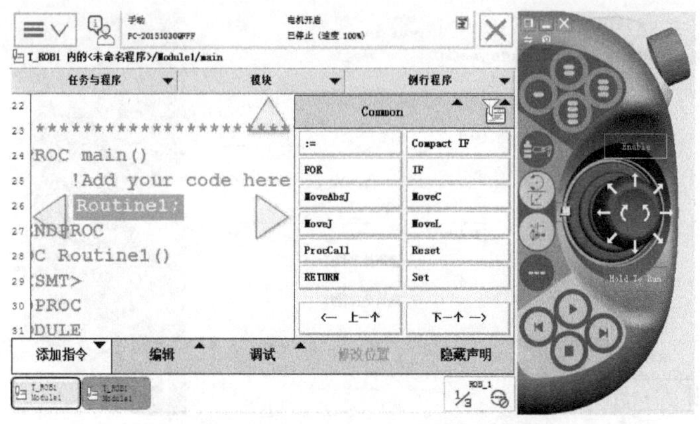

图 4-127　ProcCall 调用例行程序添加完成

例 13

```
errormessage;
Set do1;
…
PROC errormessage()
  IF di1=1 THEN
  RETURN;
  ENDIF
  TPWrite "Error";
ENDPROC
```

调用 errormessage 无返回值程序。程序执行至 RETURN 指令时，在过程调用后，程序返回执行 Set do1 指令。

例 14

```
FUNC num abs_value(num value)
  IF value<0 THEN
  RETURN-value;
  ELSE
  RETURN value;
  ENDIF
ENDFUNC
```

函数返回某一数字的绝对值。

(1) 变量

RETURN[Return value]

① 数据类型：符合函数声明。

② 函数的返回值：必须通过函数中存在的 RETURN 指令指定返回值。如果该指令存在于无返回值程序或软中断程序中，则不得指定返回值。

(2) 应用说明　在以下程序类型中，RETURN 指令的结果可能有所不同：

1）主程序：如果程序拥有执行模式单循环，则停止程序；否则，通过主程序的第一个指令，继续执行程序。

2）无返回值程序：通过过程调用后的指令，继续执行程序。

3）函数：返回函数的值。

4）软中断程序：从出现中断的位置，继续执行程序。

5）无返回值程序中的错误处理器：通过调用程序及错误处理器的程序（通过过程调用后的指令），继续执行程序。

6）函数中的错误处理器：返回函数值。

（3）指令编辑　在示教器中添加 RETURN 指令的步骤如下：

1）找到<SMT>位置，这是需要添加带返回值的功能函数例行程序的位置，再单击“例行程序”标签右侧的▼，创建例行程序，如图 4-128 所示。

图 4-128　找到<SMT>位置

2）打开“文件”菜单，选择“新建例行程序…”，进入创建例行程序画面，如图 4-129 所示。

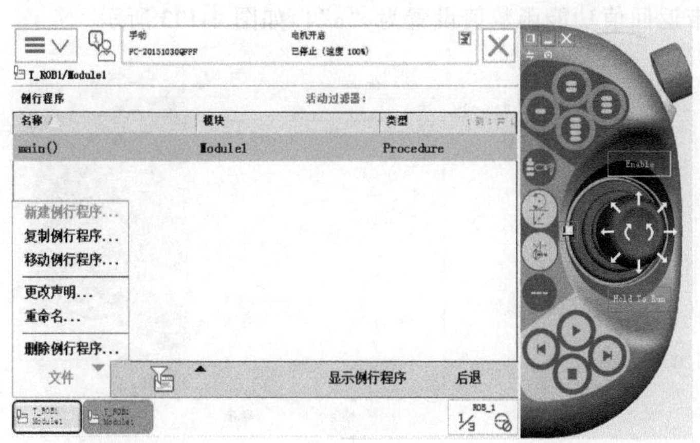

图 4-129　选择“新建例行程序…”

3）将例行程序名称修改为“Routine1”，如图 4-130 所示，然后在“类型”中选择“功能”，即启用 RETURN 带返回值的功能函数。

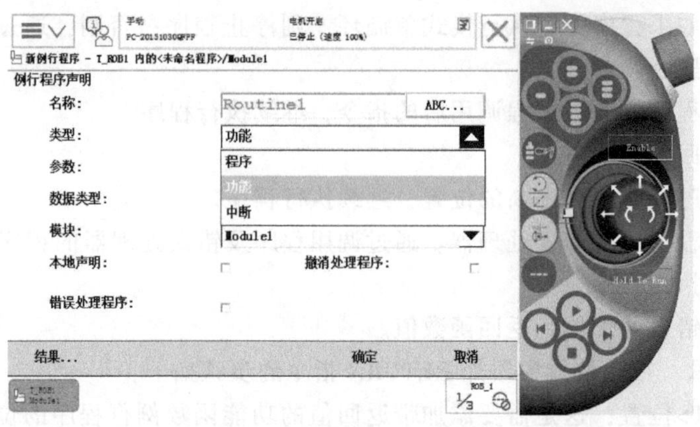

图 4-130　选择“功能”

4）单击图 4-131 中“…”按钮，系统将会弹出需要添加的变化参数。

图 4-131　单击“…”按钮

5）进入参数值设置界面。打开“添加”菜单，选择“添加参数”，如图 4-132 所示。最后把 RETURN 带返回值功能函数值设置为“a”，如图 4-133 所示。

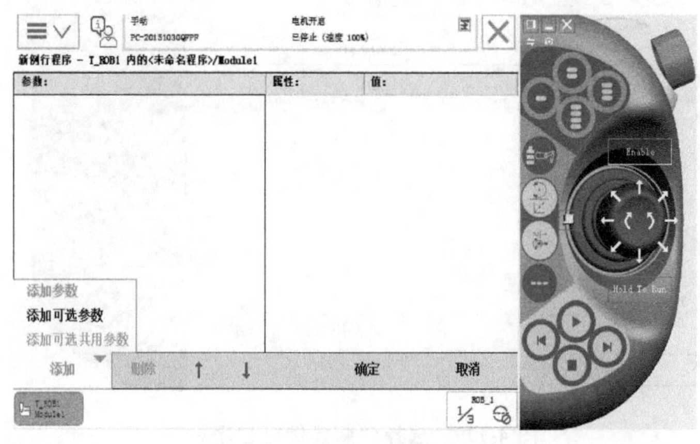

图 4-132　选择“添加参数”

6）类似地，进入参数值设置界面，继续添加参数“b”作为 RETURN 带返回值功能函数值，然后单击“确定”按钮，如图 4-134 所示。最后再次单击“确定”按钮，如图 4-135 所示。

图 4-133 RETURN 带返回值功能函数值设置成“a”

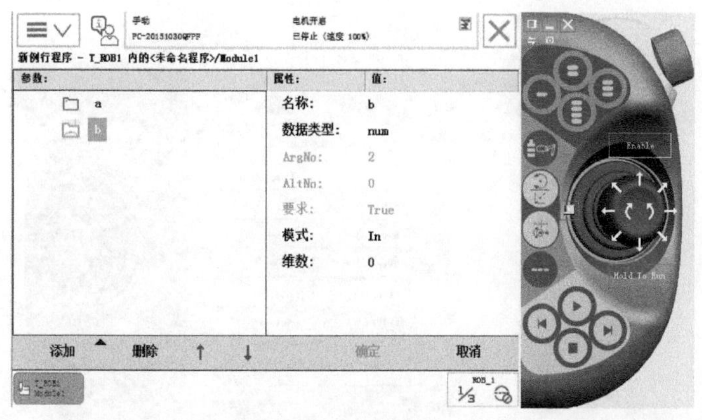

图 4-134 添加参数“b”

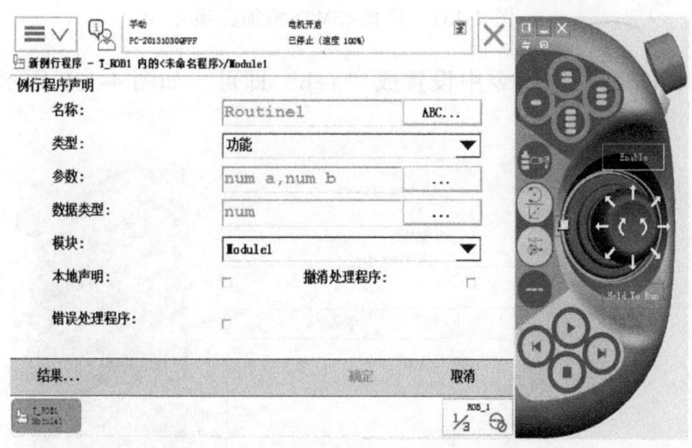

图 4-135 再次单击“确定”按钮

7）带 RETURN 返回值功能函数创建完成后，选择如图 4-136 所示的 Routine1 例行程序。

8）在 Routine1 例行程序中选择<SMT>添加选项，在指令列表中找到 RETURN 指令，如图 4-137 所示。

9）打开“编辑”，菜单选择“仅限选定内容”便可对设定的值进行更改，如图 4-138

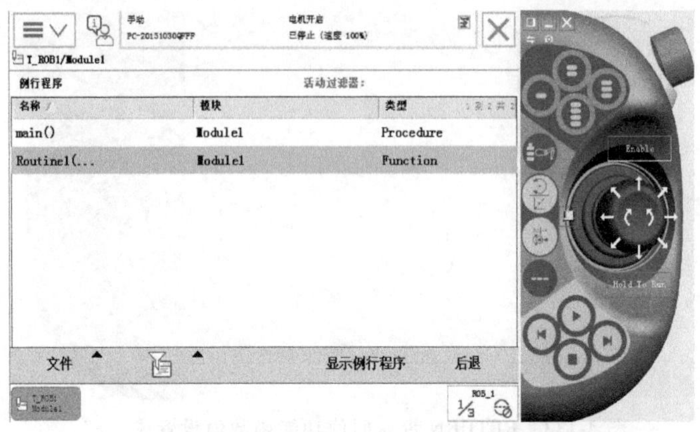

图 4-136　选择 Routine1 例行程序

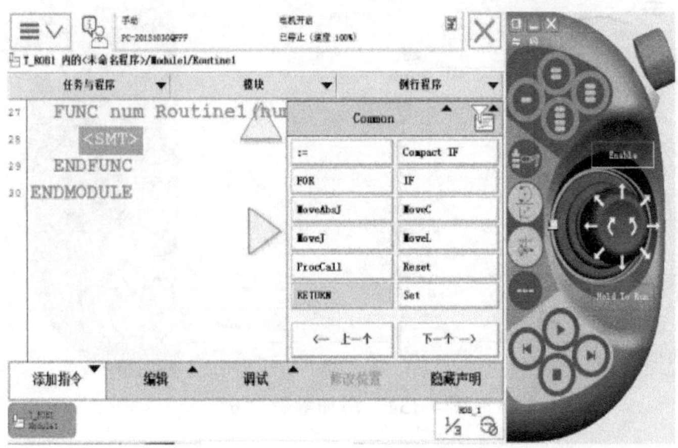

图 4-137　选择<SMT>添加选项

所示。然后把 RETURN 返回值指令中设置成“a+b”即可，如图 4-139 所示，最后单击“确定”按钮即可。

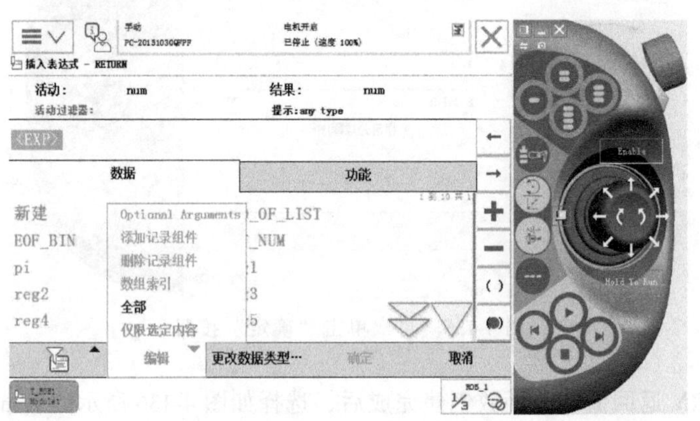

图 4-138　选择“仅限选定内容”

10）在 PROC main（）主程序中添加赋值指令，如图 4-140 所示。

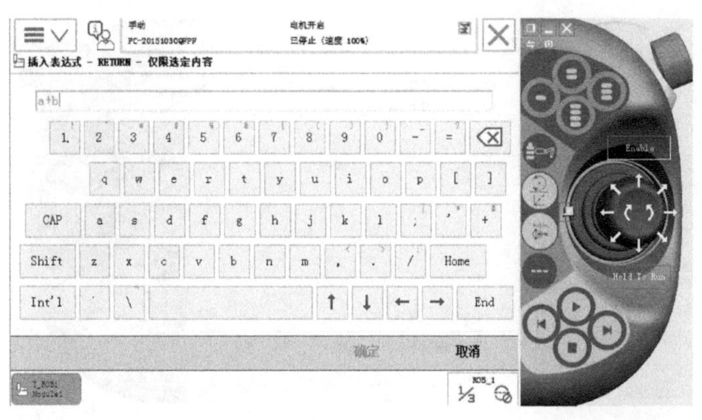

图 4-139 设置“a+b”

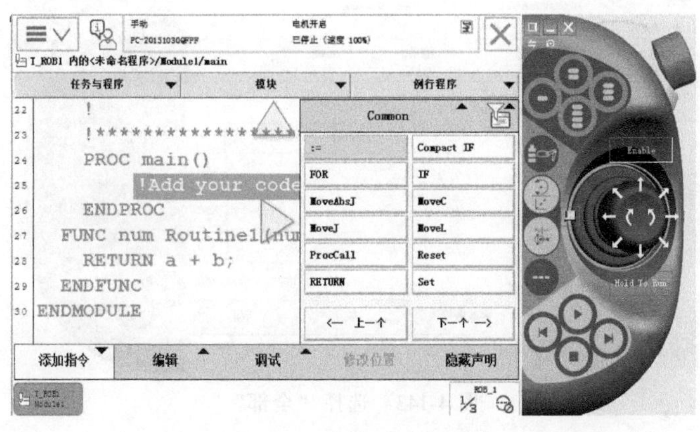

图 4-140 添加赋值指令

11）在“数据”中选择“reg1”作为变化数值，如图 4-141 所示。选择“功能”，再选择“Routine1”，如图 4-142 所示。

12）打开“编辑”菜单，选择“全部”，如图 4-143 所示。然后把<EXP>分别改成“5”和“6”，如图 4-144 所示。

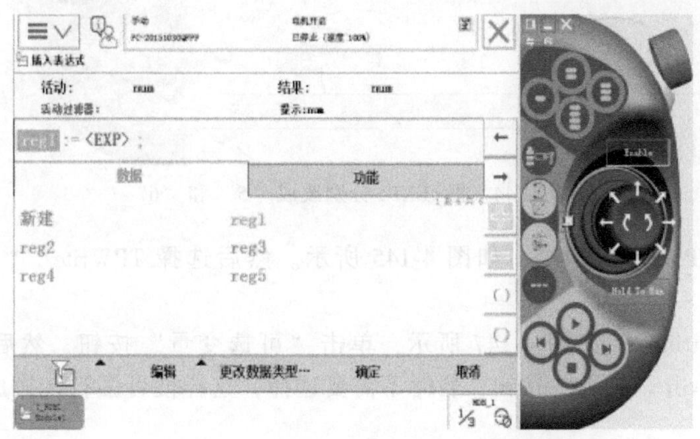

图 4-141 选择“reg1”作为变化数值

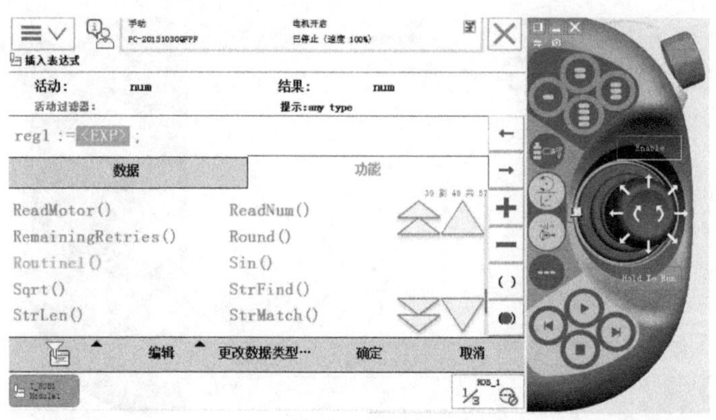

图 4-142　选择“Routine1”

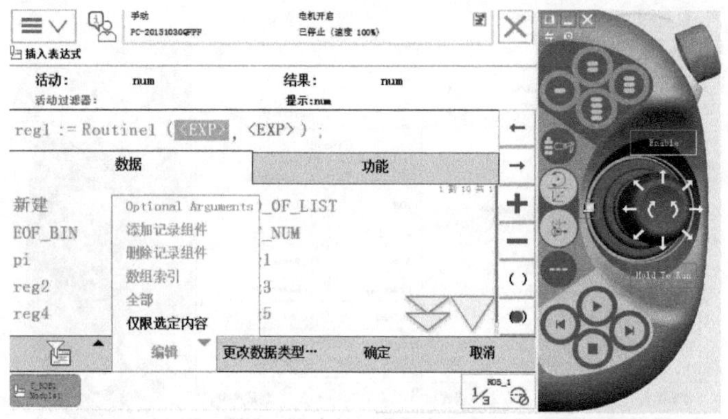

图 4-143　选择“全部”

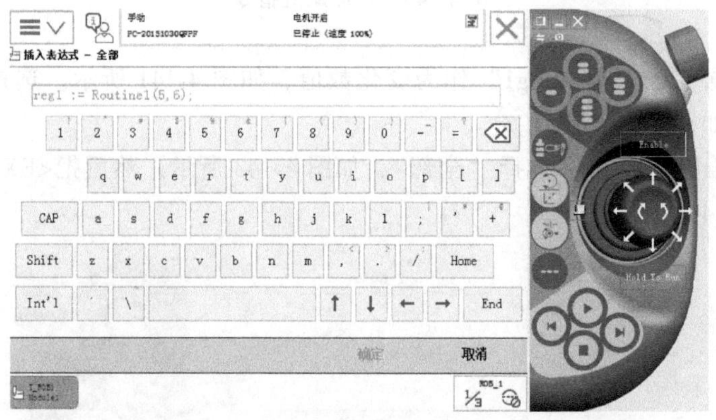

图 4-144　把<EXP>分别改成“5”和“6”

13）添加“TPWrite”指令，如图 4-145 所示。然后选择 TPWrite" " 打印写屏指令，如图 4-146 所示。

14）设置“String”，如图 4-147 所示，单击“可选变量”按钮，然后选择“[\num][\Bool]”，最后单击“使用”按钮，暂时不需要选择，这样便可强行转换成字符打印出来，如图 4-148 所示。

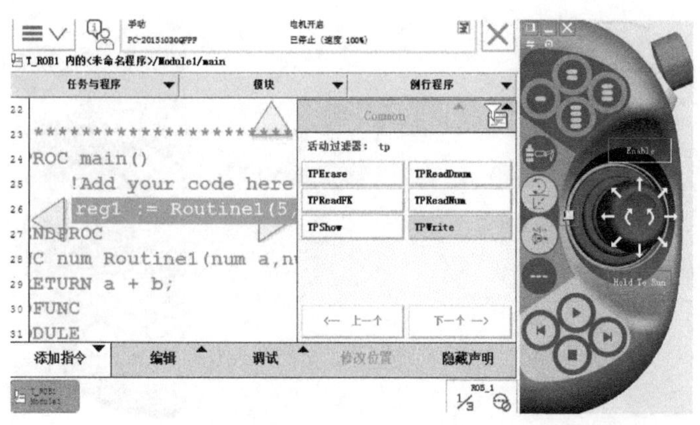

图 4-145 添加 TPWrite 指令

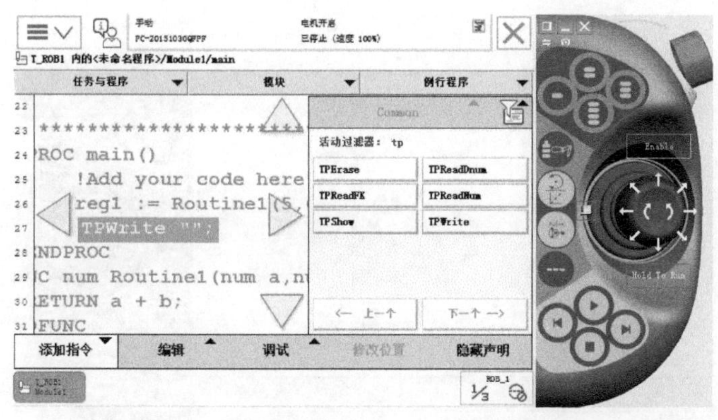

图 4-146 选择 TPWrite" " 打印写屏指令

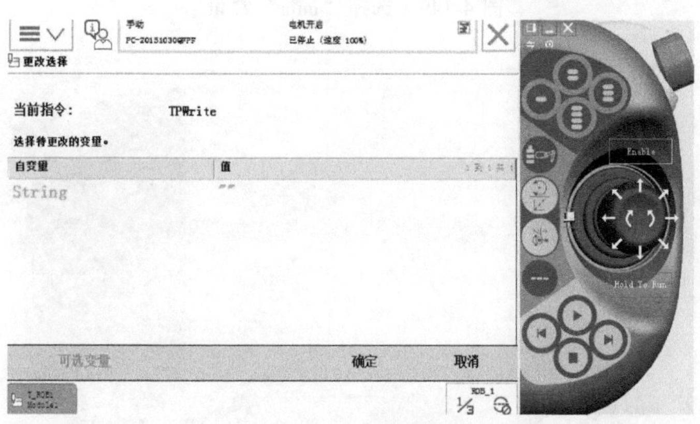

图 4-147 单击“可选变量”按钮

15）因为设置的是 5+6 返回值，所以选择“num”常量计数变量类型，然后单击“使用”按钮即可，如图 4-149 所示。最后单击“num <EXP>”位置进行变量命名添加，如图 4-150 所示。

16）选择“<EXP>”位置，然后任意选择一个 num 的常量计数类型“reg1”，如图 4-151 所示。再选择“ ”，把强行转换字符“reg1”的结果内容打印出来。最后单击“表

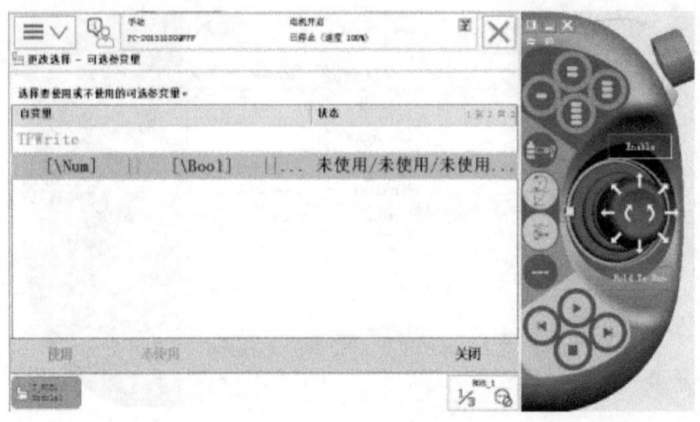

图 4-148　单击“使用”按钮

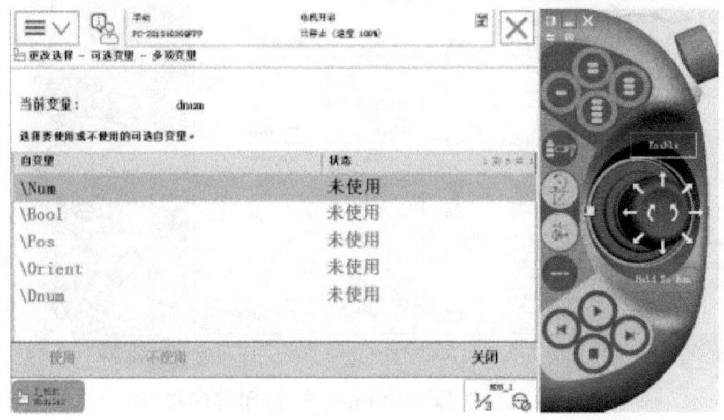

图 4-149　选择“num”常量

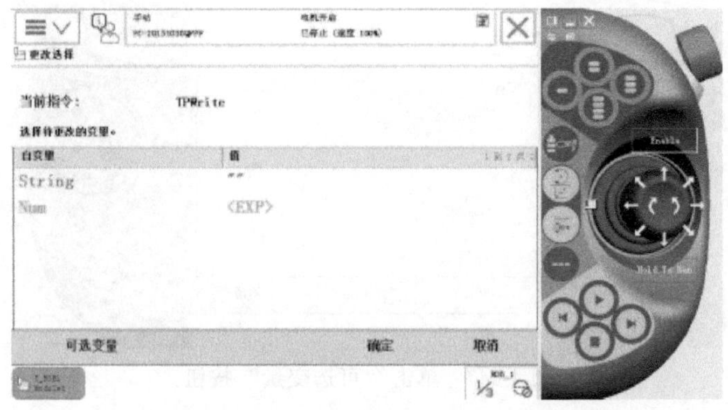

图 4-150　单击“num <EXP>”

达式…”按钮，如图 4-152 所示。

17）打开“编辑”菜单，选择“全部”即可修改打印内容，如图 4-153 所示。然后将“ ”内容修改成“reg1 =”并打印出来。最后单击“确定”按钮，如图 4-154 所示。

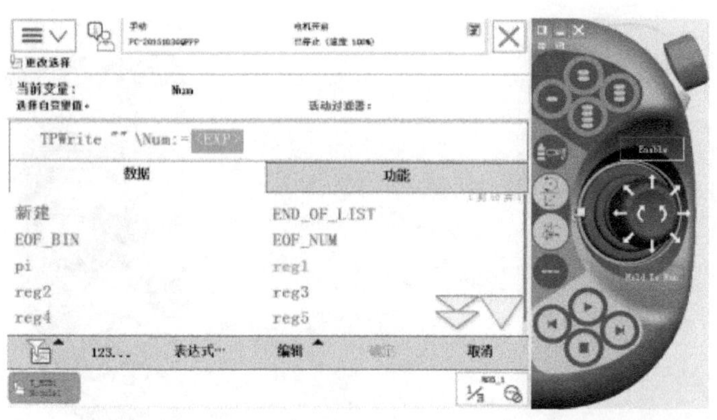

图 4-151 选择“<EXP>”位置

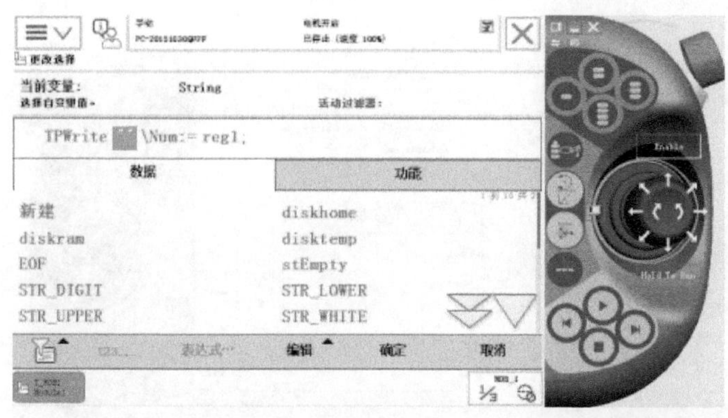

图 4-152 单击“表达式…”按钮

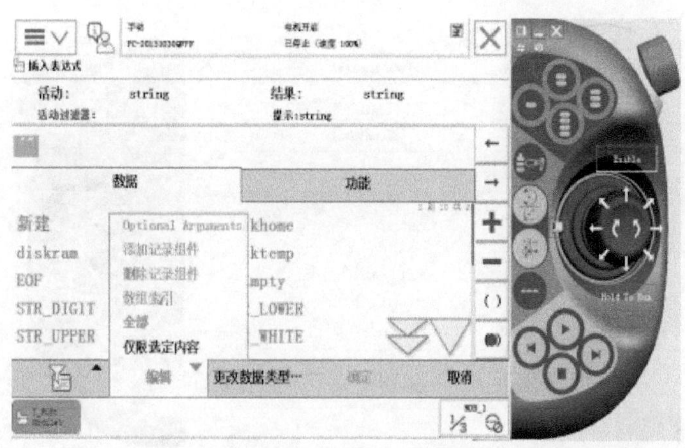

图 4-153 修改打印内容

18）把“reg1 =”打印内容修改完成，单击“确定”按钮，如图 4-155 所示。再单击“确定”按钮，如图 4-156 所示。最后再单击“确定”按钮，即可完成带返回值功能函数的添加，如图 4-157 所示。

图 4-154 单击“确定”按钮（一）

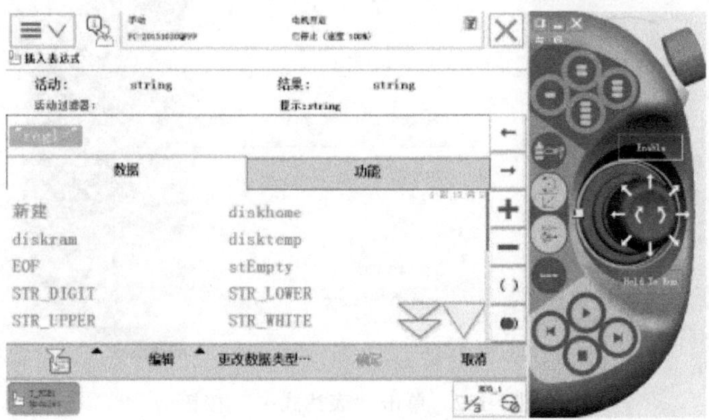

图 4-155 打印内容修改完成

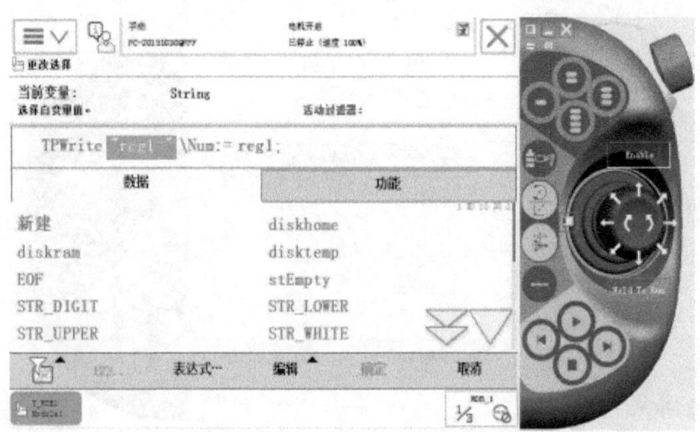

图 4-156 单击“确定”按钮（二）

4. Stop 指令

Stop 指令用于停止程序执行。在 Stop 指令就绪之前，系统将完成当前程序执行的所有运动。

例 15

TPWrite "The line to the host computer is broken";

Stop;

消息写入 FlexPendant 示教器之后，将停止程序执行。

（1）变量

Stop [\NoRegain] | [\AllMoveTasks]

1）[\NoRegain]

① 数据类型：switch。

② 指定下一程序的起点，无论受影响的机械单元是否应当返回停止位置。

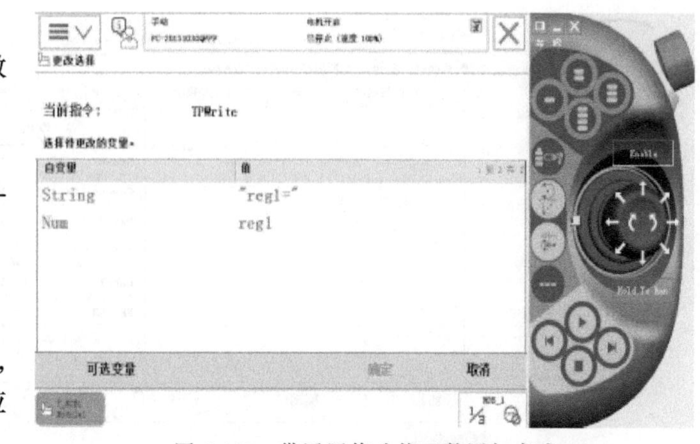

图 4-157 带返回值功能函数添加完成

③ 如果已设置参数 \NoRegain，则机械臂和外部轴将不会返回停止位置（如果他们已远离停止位置）。

④ 如果省略该参数，且如果机械臂或外部轴已从停止位置慢慢远离，则机械臂会在 FlexPendant 示教器上显示问题。随后，用户可回答机械臂是否返回停止位置。

2）[\AllMoveTasks]

① 数据类型：switch。

② 指定所有运行中的普通任务以及实际任务中应当停止的程序。

③ 如果省略本参数，则仅将停止执行本指令所在任务中的程序。

（2）指令编辑 在示教器中添加 Stop 指令的步骤如下：

1）打开程序编辑器，在“添加指令”菜单中选择“Prog. Flow”分类项，如图 4-158 所示。选择 Stop 指令，如图 4-159 所示。

2）Stop 指令编辑完成，如图 4-160 所示。

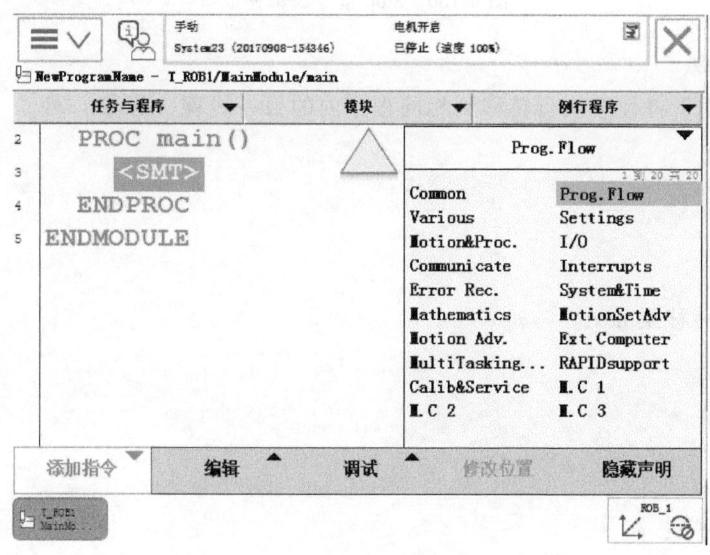

图 4-158 选择“Prog. Flow”分类项

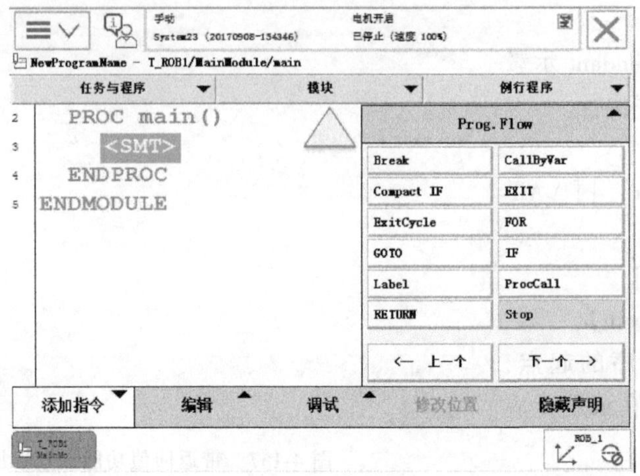

图 4-159　选择 Stop 指令

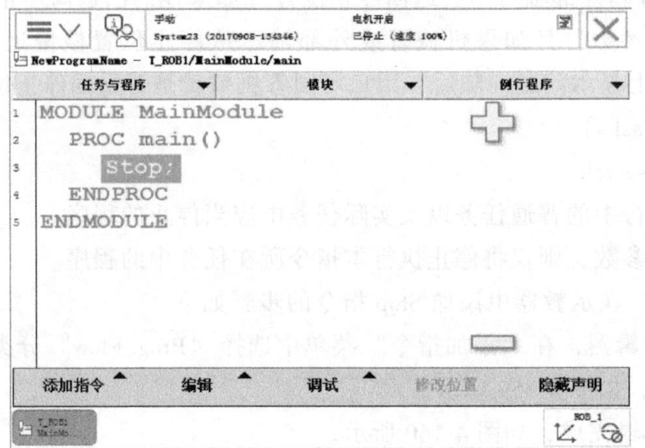

图 4-160　Stop 指令编辑完成

5. GOTO 指令

GOTO 指令用于将程序执行转移到相同程序内的另一线程（标签）处。

例 16

```
GOTO next;
…
next:
```

将程序执行转移至 next。

例 17

```
reg1:=1;
next:
…
reg1:=reg1 + 1;
IF reg1<=5 GOTO next;
```

将程序执行转移至 next 四次（reg1=2、3、4、5）。

例 18

```
IF reg1>100 THEN
GOTO highvalue
ELSE
GOTO lowvalue
ENDIF
lowvalue:
…
GOTO ready;
highvalue:
…
ready:
```

如果 reg1 大于 100，则将程序执行转移至标签 highvalue；否则，将程序执行转移至标签 lowvalue。

（1）变量

GOTO Label

Label

Identifier（继续程序执行的标签）

（2）应用说明

1）仅可能将程序执行转移到相同程序内的某个标签。

2）如果 GOTO 指令也位于该指令的相同分支内，则仅可能在 IF 或 TEST 指令内将程序执行转移至标签。

3）如果 GOTO 指令也位于该指令内，则仅可能在 FOR 或 WHILE 指令内将程序执行转移至标签。

（3）指令编辑 在示教器中添加 GOTO 指令的步骤如下：

1）打开程序编辑器，在“添加指令”菜单中选择“Prog. Flow”分类项，如图 4-161 所示。选择“GOTO”指令，如图 4-162 所示。

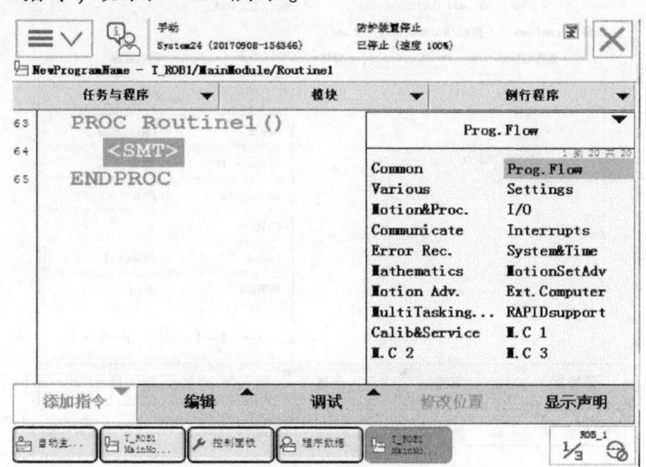

图 4-161 选择“Prog. Flow”分类项

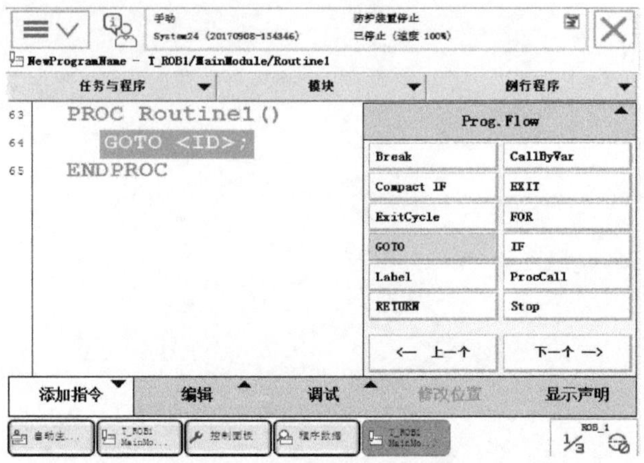

图 4-162　选择“GOTO”指令

2）设置名为“NEXT”的标签“Label”，如图 4-163～图 4-165 所示。

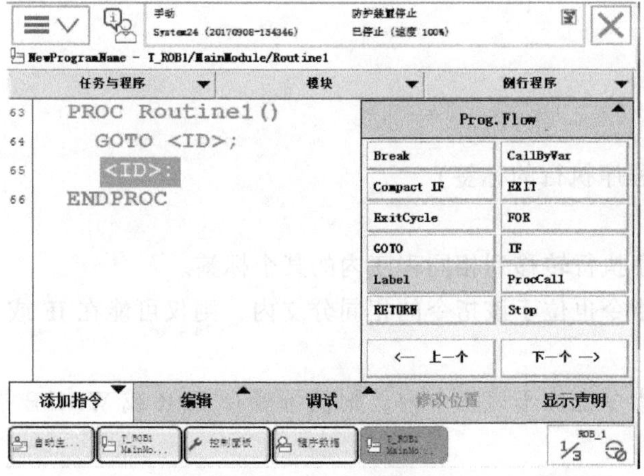

图 4-163　选择“Label”指令

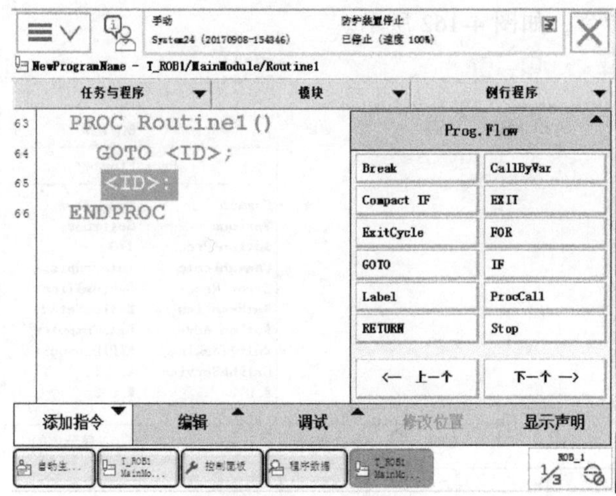

图 4-164　选择<ID>

图 4-165 将名称更改为“NEXT”

3）选择 GOTO 指令后面的<ID>，设置为 NEXT，如图 4-166、图 4-167 所示。

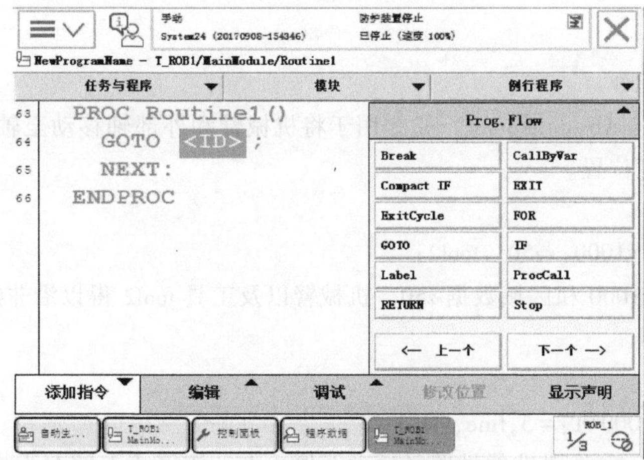

图 4-166 选择 GOTO 指令后面的<ID>

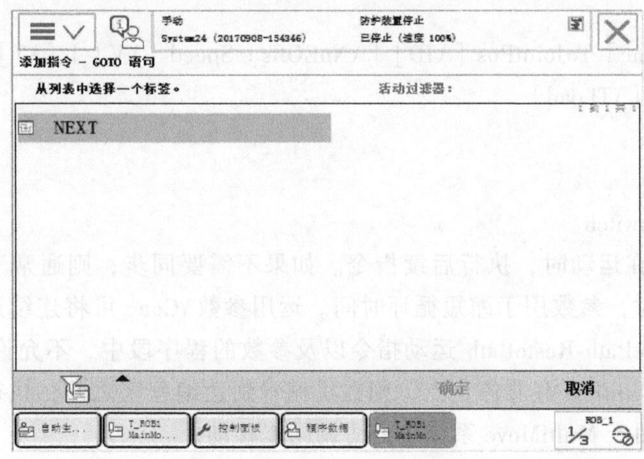

图 4-167 选择 NEXT 标签

4）GOTO 指令添加完成，如图 4-168 所示。

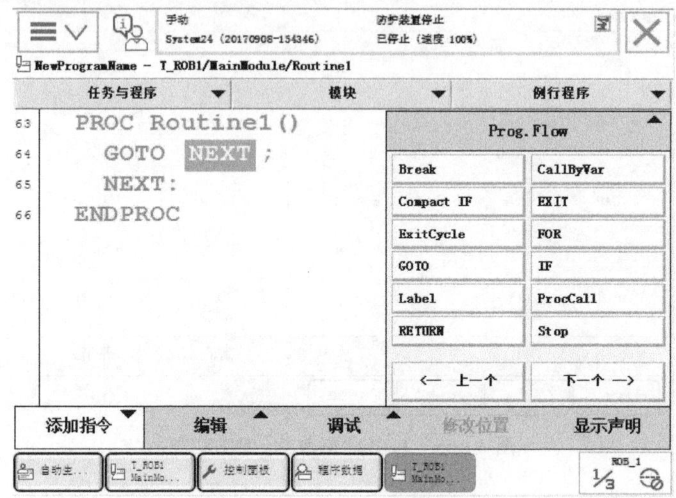

图 4-168　GOTO 指令添加完成

二、运动指令

1. MoveAbsJ 指令

运动指令

MoveAbsJ（Move Absolute Joint）指令用于将机械臂和外部轴移动至轴位置中指定的绝对角度位置。

例 19

MoveAbsJ p50，v1000，z50，tool2;

通过速度数据 v1000 和区域数据 z50，机械臂以及工具 tool2 得以沿非线性路劲运动至绝对轴位置 p50。

例 20

MoveAbsJ *,v1000\T:=5,fine,grip3;

机械臂以及工具 grip3 沿非线性路径运动至停止点，该停止点储存为指令（标有 *）中的绝对轴位置。整个运动耗时 5s。

（1）变量

MoveAbsJ [\Conc] ToJointPos [\ID] [\NoEOffs] Speed [\V] | [\T] Zone [\Z] [\Inpos] Tool [\WObj] [\TLoad]

1）[\Conc]

Concurrent

① 数据类型：switch。

② 当机械臂正在运动时，执行后续指令。如果不需要同步，则通常不适用参数；但是当同外部设备通信时，参数用于缩短循环时间。运用参数\Conc 可将连续运动指令的数量限制为 5。在包含 StorePath-RestoPath 运动指令以及参数的程序段中，不允许使用\Conc。如果省略该参数，且 ToJointPos 并非停止点，则在机械臂到达编程区之前，执行后续指令一段时间。不能将该参数用于 MultiMove 系统中的协调同步移动。

2）ToJointPos

To Joint Position

① 数据类型：jointtarget。

② 机械臂和外部轴的目的绝对接头位置。其定义为指定位置，或直接储存在指令中（在指令中标有 * ）。

3）[\ID]

Synchronization id

① 数据类型：identno。

② 该参数用于规定指令中 TCP 的速度，以 mm/s 为单位。执行该条指令后，机械臂 TCP 以指定速度运动，则参数 [\ID]在 MultiMove 系统中具有强制性。在其他情况下，不允许使用该参数。指定 ID 编号必须与所有合作程序任务中的编号相同。通过运用 ID 编号，运动不会在进行时产生混淆。

4）[\NoEOffs]

No External Offsets

① 数据类型：switch。

② 如果参数 \NoEOffs 得以设置，则关于 MoveAbsJ 的运动将不受外轴有效偏移量的影响。

5）Speed

① 数据类型：speeddata。

② 该参数定义了关于 TCP、工具方位调整和外部轴的速度相关信息。

6）[\V]

Velocity

① 数据类型：num。

② 该参数用于定义指令中 TCP 的速度，单位为 mm/s，可取代速度数据中指定的相关速度。

7）[\T]

Time

① 数据类型：num。

② 该参数用于规定机械臂运动的总时间，单位为 s。可取代相关的速度数据。

8）Zone

① 数据类型：zonedata。

② 该参数定义了生成的拐角路径的大小。

9）[\Z]

Zone

① 数据类型：num。

② 该参数适用于定义指令中机械臂 TCP 的到达位置精度。角路径的长度单位为 mm，可替代区域数据中指定的相关区域。

10）[\Inpos]

In position

① 数据类型：stoppointdata。

② 该参数用于定义停止点中机械臂 TCP 位置的收敛准则。停止点数据可取代 Zone 参数中的指定区域。

11) Tool

① 数据类型：tooldata。

② 该参数适用于运动期间使用的工具。在工具数据中可确定 TCP 的位置以及工具上的负载。TCP 位置可用于计算运动的速度和角路径。

12) [\WObj]

Work Object

① 数据类型：wobjdata。

② 该参数适用于运动期间使用的工件。如果由机械臂固定工具，则可以省略该参数；如果由机械臂固定工件，即工具保持静止，或采用协调的外部轴，则必须指定参数；如果固定工具或采用协调的外轴，则将在工件中确定系统用于计算运动速度和角路径的数据。

13) [\TLoad]

Total load

① 数据类型：loaddata。

② \TLoad 参数描述了移动中机械臂担负的总负载。总负载就是相关的工具负载加上该工具正在处理的有效负载。如果使用了\TLoad 参数，那么就不需考虑当前 tooldata 中的 loaddata。如果\TLoad 自变数被设置为 load0，那么就不需考虑\TLoad 自变数，而是以当前 tooldata 中的 loaddata 作为替代。要使用\TLoad 自变数，就必须将系统参数 ModalPayLoadMode 的数值设置为 0。如果将 ModalPayLoadMode 设置为 0，那么就再也无法使用指令 GripLoad。可用服务例程“负载标识”（LoadIdentify）来识别总负载。如果系统参数 ModalPayLoadMode 被设置为 0，且系统正在运行该服务例程，那么操作员可将相关工具的 loaddata 复制到一个现有的或新的 loaddata 永久变量中。如果使用了关联到系统输入项 SimMode（仿真模式）上的一个数字输入信号，那么可在没有任何有效负载的情况下试运行该程序。如果该数字输入信号被设置为 1，那么就不需考虑可选自变数\TLoad 中的 loaddata，而是以当前 tooldata 中的 loaddata 作为替代。

(2) 应用说明　MoveAbsJ 指令的运动不受有效程序位移的影响，且如果通过开关\NoEOffs 执行，外部轴将不会出现偏移量。未采用开关\NoEOffs 时，目的目标中的外部轴将受外部轴有效偏移量的影响。可通过插入轴角将工具移动至目的绝对接头位置，即各轴均以恒定轴速度运动，且所有轴均同时达到目的接头位置，其形成一条非线性路径。通常，TCP 以编程指定的速度运动。回到目标点位置，并在 TCP 运动的同时，使外部轴独立移动。如果无法到达重定位位置或达到外部轴的编程速度，则 TCP 的速度将会降低。当运动转移至下一段路径时，通常会产生角路径。如果在区域数据中指定停止点，则仅当机械臂和外部轴已到达适当的接头位置时，才会继续执行程序。

(3) 程序编辑　在示教器中添加 MoveAbsJ 指令的步骤如下：

1) 与添加赋值指令相同，找到 MoveAbsJ 指令并单击，如图 4-169 所示，按例 19 设置参数。

2) 双击如图 4-170 所示的“*”，进行点位命名。

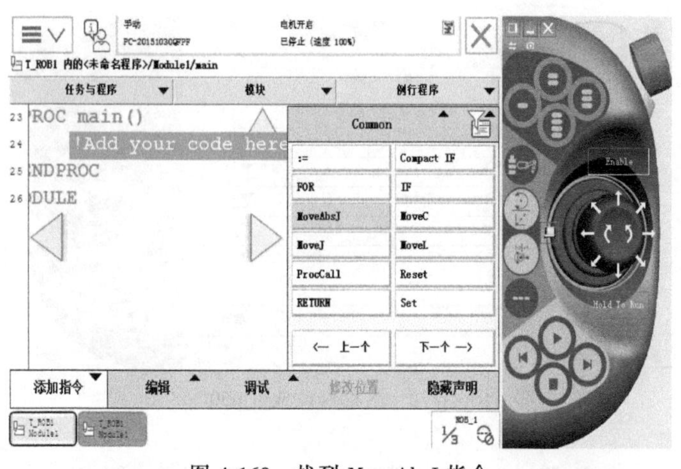

图 4-169 找到 MoveAbsJ 指令

图 4-170 进行点位命名

3）后选择“新建”，修改位置名称，如图 4-171 所示。把名称修改成“p50”后单击“确定”按钮，如图 4-172 所示。

4）打开“调试”菜单，选择“查看值”，如图 4-173 所示。可直接修改 MoveAbsJ 指令 rax1～6 轴对应的角度参数，进而快速设置好机器人关节原点位置，如图 4-174 所示。

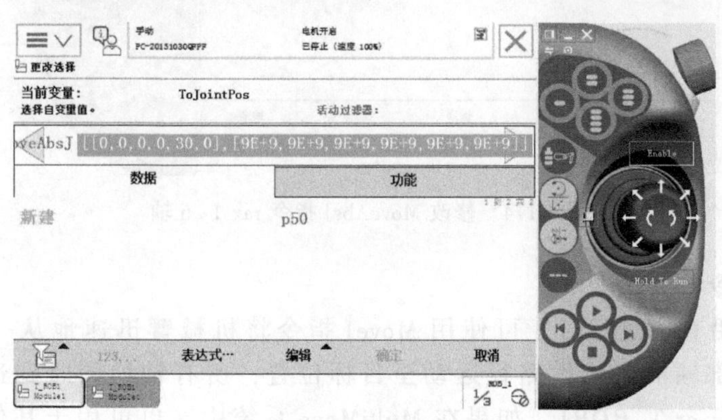

图 4-171 选择“新建”

图 4-172 名称修改成“p50”

图 4-173 选择“查看值”

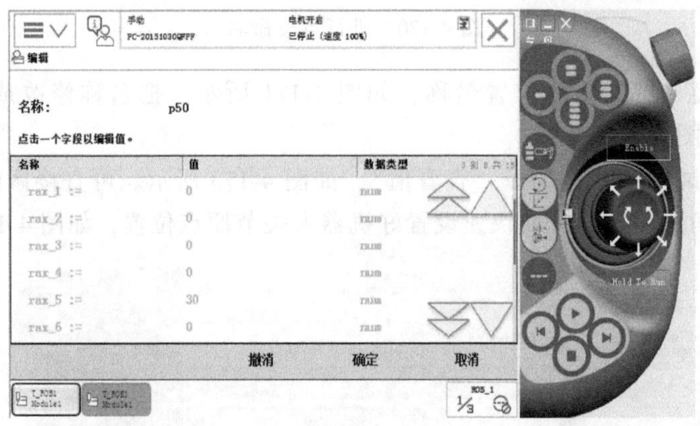

图 4-174 修改 MoveAbsJ 指令 rax 1～6 轴

2. MoveJ 指令

当运动无须沿直线进行时，可使用 MoveJ 指令将机械臂迅速地从一点移动至另一点，机械臂和外部轴沿非线性路径运动至目标位置，所有轴均同时到达目标位置。该指令仅可用于主任务 T_ROB1，如果在 MultiMove 系统中，也可用于其他任务中的非线性路径运动。

例 21

MoveJ p1, vmax, z30, tool2;

将 TCP tool2 沿非线性路径移动至位置 p1，其速度数据为 vmax，区域数据为 z30。

例 22

MoveJ *,vmax\T: =5, fine, grip3;

将工具的 TCP grip3 沿非线性路径移动至储存于指令中的停止点（标记有 *）。整个运动耗时 5s。

（1）变量

MoveJ [\Conc] ToPoint [\ID] Speed [\V] | [\T] Zone [\Z] [\Inpos] Tool [\WObj] [\TLoad]。

1）[\Conc]

Concurrent

① 数据类型：switch。

② 当机械臂正在运动时，执行后续指令。通常不使用该参数，但是当使用飞越点时，可通过设置该参数避免由于 CPU 过载而引起的多余停止。当高速度下极为接近目标点时，该参数适用。当不需要同外设备与机械臂运动之间进行通信时，该参数也适用。运用参数\Conc 可将连续运动指令的数量限制为 5 个。在包含 StorePath-RestoPath 运动指令及其参数的程序段中，不允许使用参数\Conc。如果省略该参数，且 ToPoint 并非停止点，则在机械臂到达编程区之前，执行后续指令一段时间。不能将该参数用于 MultiMove 系统中的协调同步移动。

2）ToPoint

① 数据类型：robtarget。

② 机器人和外部轴的目标点，一般定义为已命名的位置或直接存储在指令中（在指令中加 * 标记）。

3）[\ID]

Synchronization id

① 数据类型：identno。

② 如果多轴协调同步运动被限制时，则必须在 MultiMove 系统中使用该参数。在所有合作程序任务中，指定 ID 编号必须与所有合作程序任务中的编号相同。ID 编号可确保各运动不会在运行时混淆。

4）Speed

① 数据类型：speeddata。

② 该参数定义了相关 TCP、工具方位调整和外部轴的速度。

5）[\V]

Velocity

① 数据类型：num。

② 该参数用于定义指令中 TCP 的速度，单位为 mm/s，可取代速度数据中指定的相关速度。

6）[\T]

Time

① 数据类型：num。

② 该参数用于定义机械臂运动的总时间，单位为 s，可取代相关的速度数据。

7）Zone

① 数据类型：zonedata。

② 该参数定义了生成的拐角路径的大小。

8）[\Z]

Zone

① 数据类型：num。

② 该参数适用于定义指令中机械臂 TCP 的位置精度。角路径的长度单位为 mm，可替代区域数据中指定的相关区域。

9）[\Inpos]

In position

① 数据类型：stoppointdata。

② 该参数用于定义停止点中机械臂 TCP 位置的收敛准则。停止点数据可取代 Zone 参数中的指定区域。

10）Tool

① 数据类型：tooldata。

② 移动机器人时使用的工具。

11）[\WObj]

Work Object

① 数据类型：wobjdata。

② 指令中机器人位置关联的工件（坐标系）。可省略该参数，进而位置与世界坐标系相关。如果使用固定式 TCP 或协调的外部轴，则必须指定该参数。

12）[\TLoad]

Total load

① 数据类型：loaddata。

② \TLoad 参数描述了移动中机械臂担负的总负载。总负载就是相关的工具负载加上该工具正在处理的有效负载。如果使用了\TLoad 参数，那么就不需考虑当前 tooldata 中的 loaddata。如果\TLoad 自变数被设置为 load0，那么就不需考虑\TLoad 参数，而是以当前 tooldata 中的 loaddata 作为替代。要使用\TLoad 参数，就必须将系统参数 ModalPayLoadMode 的数值设置为 0。如果将 ModalPayLoadMode 设置为 0，那么就再也无法使用指令 GripLoad。可用服务例程“负载标识”（LoadIdentify）来识别总负载。如果系统参数 ModalPayLoadMode 被设置为 0，且系统正在运行该服务例程，那么操作员可将相关工具的 loaddata 复制到一个现有的或新的 loaddata 永久变量中。如果使用了关联到系统输入项 SimMode（仿真模式）上的一个数字输入信号，那么可在没有任何有效负载的情况下试运行该程序。如果该数字输入信号被设置为 1，那么就不需考虑参数\TLoad 中的 loaddata，而是以当前 tooldata 中的 loaddata 作为替代。

（2）应用说明　通过插入轴角，将 TCP 移动至目标点。即各轴均以恒定轴速度运动，且所有轴同时达到目的点，形成一条非线性路径。通常，TCP 以适当的编程速度运动（无论是否调整外部轴）。调整工具方位，并在 TCP 运动的同时，使外部轴移动。如果无法达到调整方位或外部轴的编程速度，则 TCP 的速度将会降低。当运动转移至下一段路径时，通常会产生角路径。如果指定区域数据中的停止点，则仅当机械臂和外部轴已到达适当位置后，才会继续执行程序。

（3）指令编辑　在示教器中添加 MoveJ 指令的步骤如下：

1）与添加赋值指令相同，找到 MoveJ 指令并单击，如图 4-175 所示。

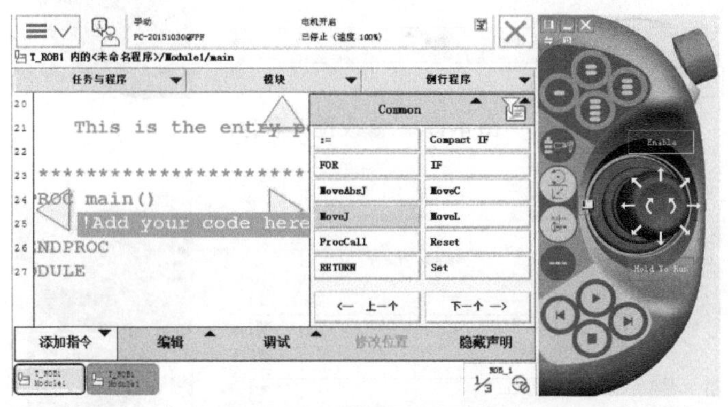

图 4-175　找到 MoveJ 指令

2）双击如图 4-176 所示的“＊”，进行点位命名。

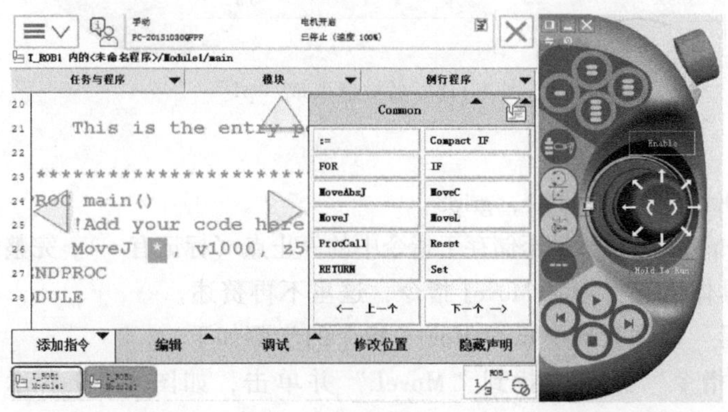

图 4-176　双击“＊”

3）选择“新建”，修改位置名称，如图 4-177 所示。把名称修改成“p1”后单击“确定”按钮，如图 4-178 所示即可。

3. MoveL 指令

MoveL 指令用于将 TCP 沿直线移动至目标点。当 TCP 保持固定时，则该指令也可用于调整工具方位。本指令仅可用于主任务 T_ROB1，如果在 MultiMove 系统中，也可用于其他任务中的非线性路径运动。

例 23

MoveL p1,v1000,z30,tool2;

工具的 TCPtool2 将沿直线运动至 p1，速度数据为 v1000，区域数据为 z30。

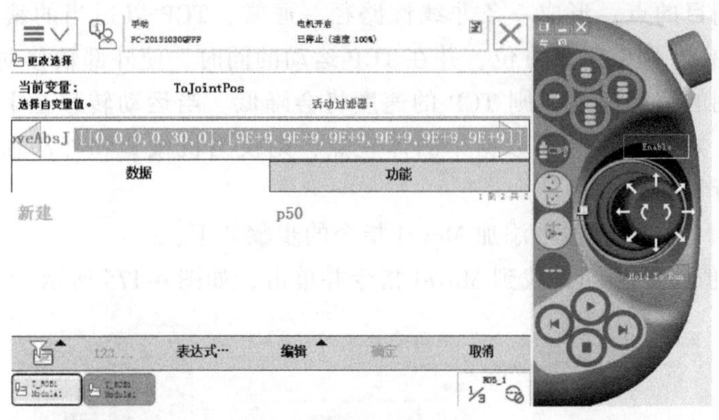

图 4-177 修改位置名称

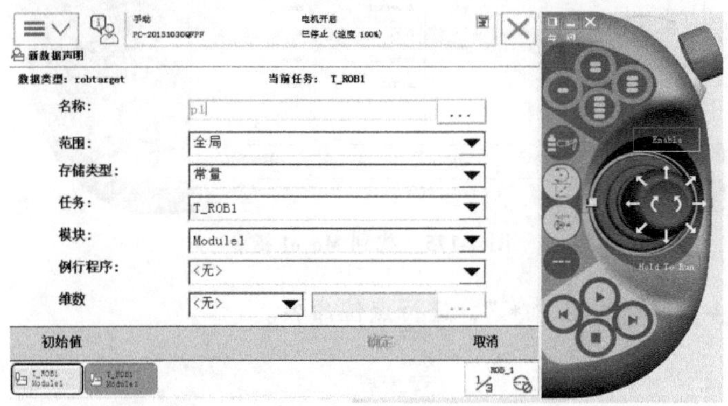

图 4-178 名称修改成“p1”

例 24

MoveL ＊,v1000\T：=5，fine，grip3；

工具的 TCP grip3 沿直线移动至储存于指令中的停止点（标记有＊）。完整的运动耗时 5s。

（1）变量 具体内容可参考 MoveJ 指令，这里不再赘述。

（2）指令编辑 在示教器中添加 MoveL 指令的步骤如下：

1）在“添加指令”菜单中找到“MoveL”并单击，如图 4-179 所示。然后选择“新建”，创建新的点位数据，如图 4-180 所示。

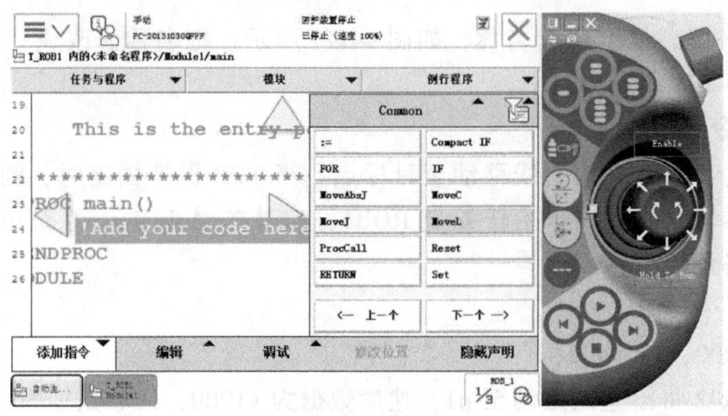

图 4-179 找到“MoveL”

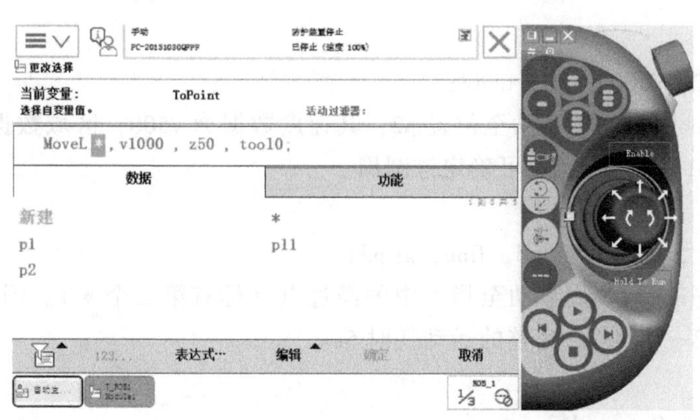

图 4-180 创建新的点位数据

2）把名称修改成“p1”，单击“确定”按钮，如图 4-181 所示。点位添加完成，如图 4-182 所示。

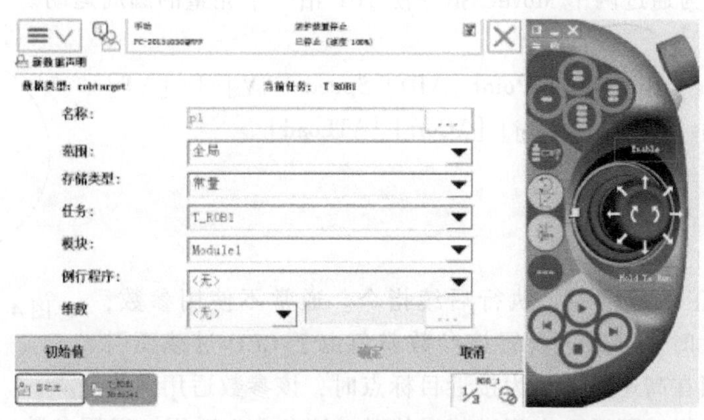

图 4-181 把名称修改成“p1”

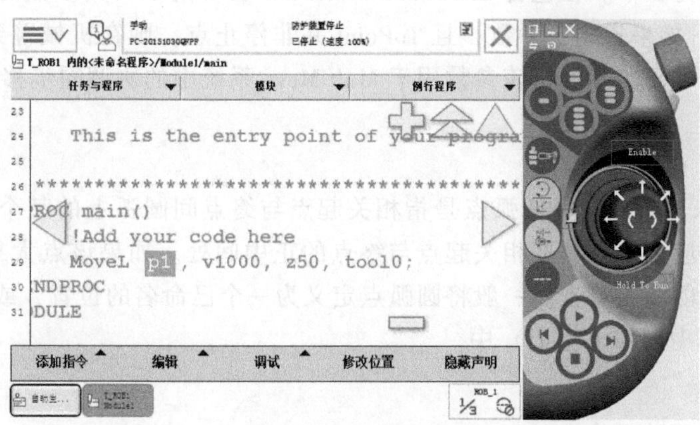

图 4-182 点位添加完成

4. MoveC 指令

MoveC 指令用于将 TCP 沿圆周移动至给定目标点。移动期间，该 TCP 的方位通常相对保持不变。该指令仅可用于主任务 T_ROB1，如果在 MultiMove 系统中，也可用于其他任务中的非线性路径运动。

例 25

MoveC p1，p2，v500，z30，tool2；

工具的 TCP tool2 沿圆周移动至位置 p2，其速度数据为 v500，区域数据为 z30。根据起始位置、圆周点 p1 和目标点 p2 可确定该圆周。

例 26

MoveC *，*，v500\T：=5，fine，grip3；

工具的 TCP grip3 沿圆周移动至指令中的经过点（标有第二个＊）。同时将圆周点储存在指令中（标有第一个＊）。完整的运动耗时 5s。

例 27

MoveL p1,v500,fine,tool1;

MoveC p2,p3,v500,z20,tool1;

MoveC p4,p1,v500,fine,tool1;

图 4-183 所示为通过两个 MoveC 指令使 TCP 沿一个完整的圆周运动。

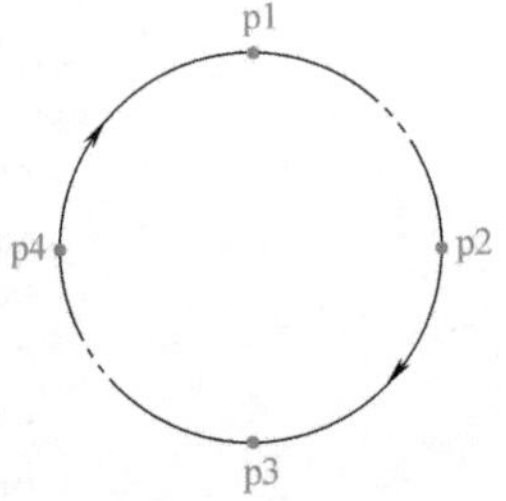

图 4-183 MoveC 指令的应用

（1）变量

MoveC [\Conc] CirPoint ToPoint [\ID] Speed [\V] | [\T] Zone [\Z] [\Inpos] Tool [\WObj] [\Corr] [\TLoad]

1）[\Conc]

Concurrent

① 数据类型：switch。

② 当机械臂正在运动时，执行后续指令。通常不使用参数，但是当使用飞越点时，可通过设置该参数避免由于 CPU 过载而引起的多余停止。当在高速度下极为接近目标点时，该参数适用。当不需要同外设备与机械臂运动之间进行通信时，该参数也适用。运用参数\Conc 可将连续运动指令的数量限制为 5 个。在包含 StorePath-RestoPath 运动指令及其参数的程序段中，不允许使用参数\Conc。如果省略该参数，且 ToPoint 并非停止点，则在机械臂到达编程区之前，执行后续指令一段时间。不能将该参数用于 MultiMove 系统中的协调同步移动。

2）CirPoint

① 数据类型：robtarget。

② 相关机器人的圆弧点。圆弧点是指相关起点与终点间圆弧上的某个位置点。若要获得最好的准确度，应把该点放在相关起点与终点的正中间处。如果该点太靠近起点或终点，那么机器人系统可能发出警告。一般将圆弧点定义为一个已命名的位置，或将其直接保存在相关指令（在指令中用加＊标记）中。

3）ToPoint

① 数据类型：robtarget。

② 机器人和外部轴的目标点，一般定义为已命名的位置或直接存储在指令中（在指令中加 ＊标记）。

4）[\ID]

Synchronization id

① 数据类型：identno。

② 如果运动同步或协调同步，则参数［\ID］在 MultiMove 系统中具有强制性。在其他情况下，不允许使用该参数。指定 ID 编号必须与所有合作程序任务中的编号相同。ID 编号可确保各运动不会在进行时混淆。

5）Speed

① 数据类型：speeddata。

② 该参数定义了相关 TCP 的速度、工具方位调整和外部轴的速度。

6）［\V］

Velocity

① 数据类型：num。

② 该参数用于定义指令中 TCP 的速度，单位为 mm/s，可取代速度数据中指定的相关速度。

7）［\T］

Time

① 数据类型：num。

② 该参数用于定义机械臂和外部轴运动期间的总时间，单位为 s，可取代相关的速度数据。

8）Zone

① 数据类型：zonedata。

② 该参数定义了生成的拐角路径的大小。

9）［\Z］

Zone

① 数据类型：num。

② 该参数用于定义指令中机械臂 TCP 的位置精度。角路径的长度单位为 mm，可替代区域数据中指定的相关区域。

10）［\Inpos］

In position

① 数据类型：stoppoint data。

② 该参数用于定义停止点中机械臂 TCP 位置的收敛准则。停止点数据可取代 Zone 参数中的指定区域。

11）Tool

① 数据类型：tooldata。

② 移动机器人时使用的工具。

12）［\WObj］

Work Object

① 数据类型：wobjdata。

② 该工件（坐标系）与相关指令中的机器人位置相关联。可以忽略该参数，如果忽略了该参数，那么相关位置就会与全局坐标系关联起来。如果使用一个固定 TCP 或若干协同外部轴，那么必须同为一个工作区域，并建立工件坐标数据。

13）［\Corr］

Correction

① 数据类型：switch。

② 如果使用该参数，则将通过指令 CorrWrite 写入修正条目的修正数据，并添加到路径和目标位置。

14）[\TLoad]

Total load

① 数据类型：loaddata。

② \TLoad 参数描述了移动中机械臂担负的总负载。总负载就是相关的工具负载加上该工具正在处理的有效负载。如果使用了\TLoad 参数，那么就不需考虑当前 tooldata 中的 loaddata。如果\TLoad 参数被设置成 load0，那么就不需考虑\TLoad 参数，而是以当前 tooldata 中的 loaddata 作为替代。要使用\TLoad 参数，就必须将系统参数 ModalPayLoadMode 的数值设置为 0。如果将 ModalPayLoadMode 设置为 0，那么就再也无法使用指令 GripLoad。可用服务例程“负载标识”（LoadIdentify）来识别总负载。如果系统参数 ModalPayLoadMode 被设置为 0，且系统正在运行该服务例程，那么操作员可将相关工具的 loaddata 复制到一个现有的或新的 loaddata 永久变量中。如果使用了关联到系统输入项 SimMode（仿真模式）上的一个数字输入信号，那么可在没有任何有效负载的情况下试运行该程序。如果该数字输入信号被设置为 1，那么就不需考虑参数\TLoad 中的 loaddata，而是以当前 tooldata 中的 loaddata 作为替代。

（2）指令编辑　在示教器中添加 MoveC 指令的步骤如下：

1）在“添加指令”菜单中找到并单击“MoveC”，如图 4-184 所示。选择“新建”，创建新的点位数据，如图 4-185 所示。

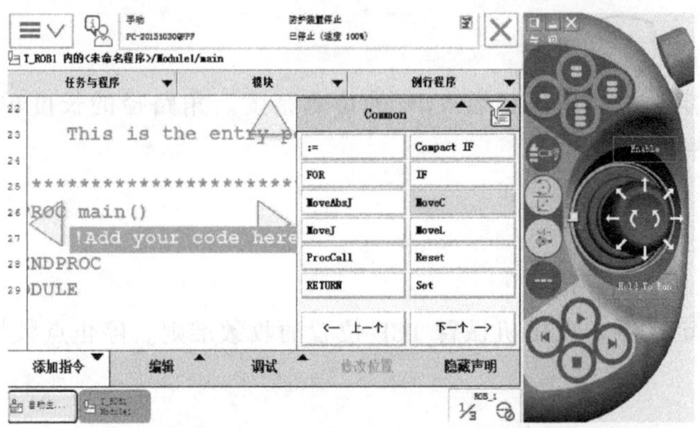

图 4-184　找到并单击“MoveC”

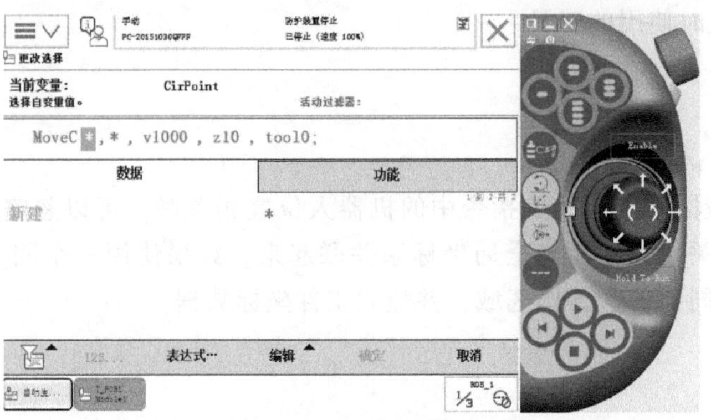

图 4-185　选择“新建”

2）把名称修改成“p1”，然后单击“确定”按钮，如图 4-186 所示。按照相同方法创建“p2”点，添加完成后如图 4-187 所示。

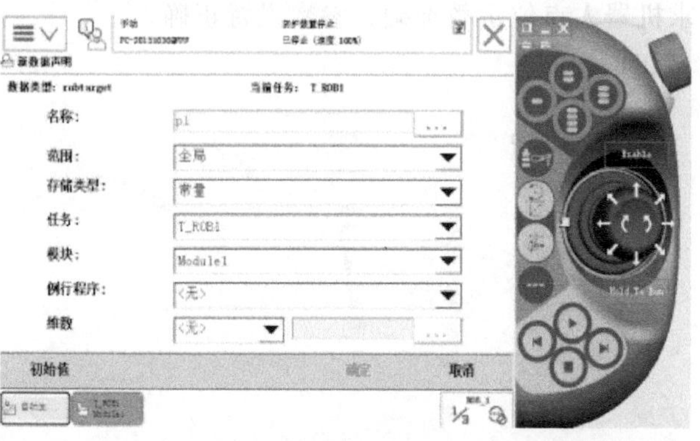

图 4-186 名称修改成“p1”

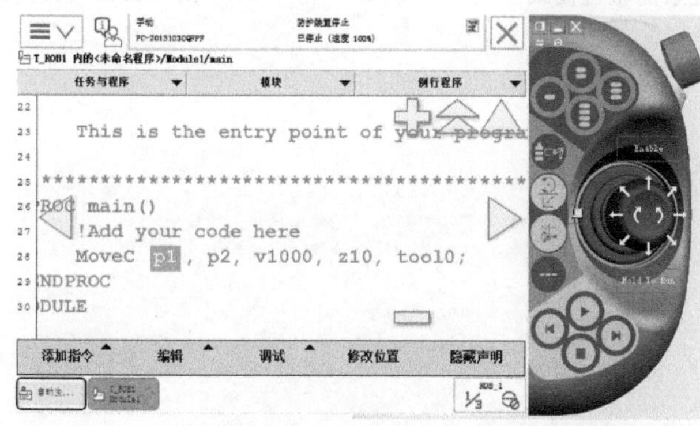

图 4-187 创建“p2”点

例 28

在工厂的实际运用中，通常会对所有的机器人设置一个标准的原点。要求在完成任务后或者停止状态时，所有机器人保持姿态一致，通常这个姿态是：机器人手腕垂直向下，其他关节处于原点。为了实现在不同型号机器人或机器人在不同工件坐标系下都能保证原点的唯一姿态，一般会用绝对位置指令 MoveAbsJ 来实现。试写一段程序来实现该功能，参考程序如图 4-188 所示，位置数据如图 4-189 所示。

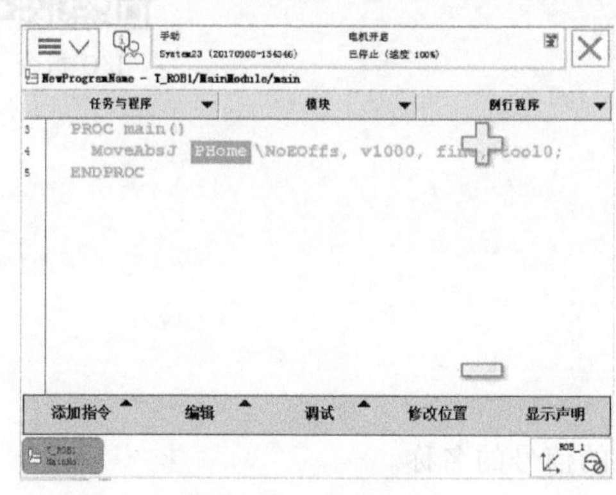

图 4-188 参考程序

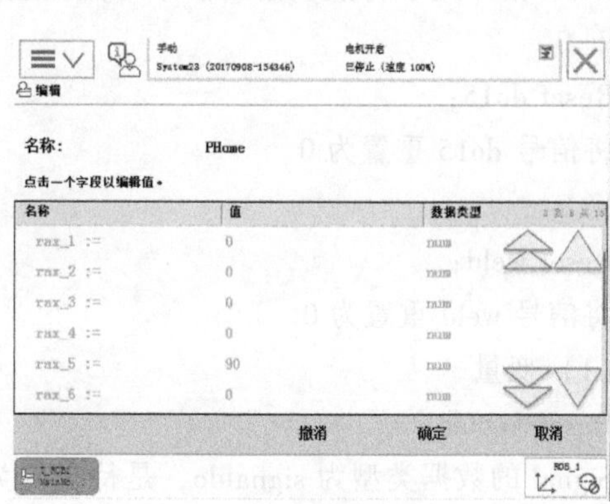

图 4-189 位置数据

例 29

图 4-190 所示为一段复杂的轨迹曲线，试用所学的运动指令完成编程，并在示教后实现机器人自动运行。要求机器人点位示教准确，参数设置正确。

轨迹规划图如图 4-191 所示。

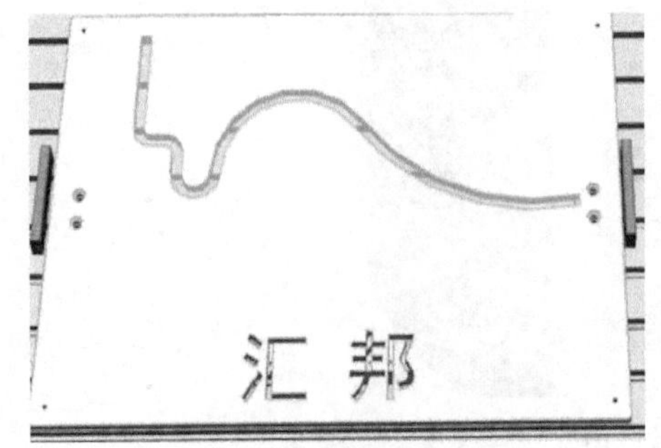

图 4-190 一段复杂的轨迹曲线

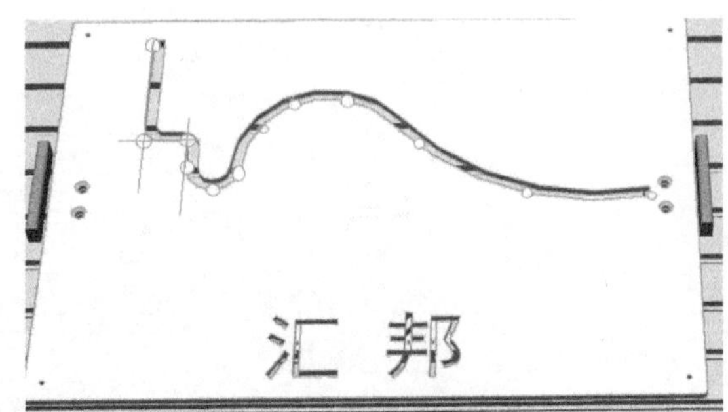

图 4-191 轨迹规划图

参考程序如图 4-192 所示。

```
PROC GJ()
  Home;
  MoveJ Offs(p10,0,0,50), v1000, z20, tool_GJ\WObj:=wobj_GJB;
  MoveL p10, v500, fine, tool_GJ\WObj:=wobj_GJB;
  MoveL p20, v500, z15, tool_GJ\WObj:=wobj_GJB;
  MoveL p30, v500, z5, tool_GJ\WObj:=wobj_GJB;
  MoveL p40, v500, z0, tool_GJ\WObj:=wobj_GJB;
  MoveC p50, p60, v500, z0, tool_GJ\WObj:=wobj_GJB;
  MoveC p70, p80, v500, z0, tool_GJ\WObj:=wobj_GJB;
  MoveC p90, p100, v500, z0, tool_GJ\WObj:=wobj_GJB;
  MoveC p110, p120, v500, fine, tool_GJ\WObj:=wobj_GJB;
  MoveL Offs(p120,0,0,50), v1000, z20, tool_GJ\WObj:=wobj_GJB;
  Home;
ENDPROC
```

图 4-192 参考程序

三、I/O 指令

1. Reset 指令

I/O 指令

Reset 指令用于将数字输出信号的值重置为 0。

例 30

Reset do15;

将信号 do15 重置为 0。

例 31

Reset weld;

将信号 weld 重置为 0。

(1) 变量

Reset Signal

Signal 的数据类型为 signaldo，是待重置为 0 的信号的名称。

(2) 应用说明 真实值取决于信号的配置。如果在系统参数中反转信号，则该指令将物理通道设置为1。

(3) 指令编辑 在示教器中添加 Reset 指令的步骤如下：在“添加指令”菜单找到并单击“Reset”指令，如图 4-193 所示。然后选择相应的输出 I/O 信号，最后单击“确定”按钮，如图 4-194 所示。

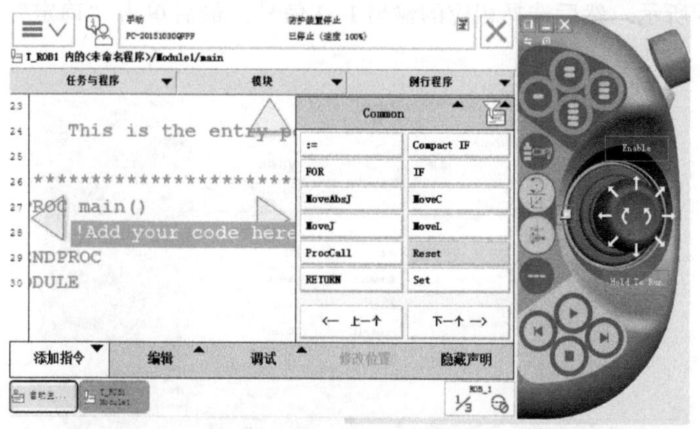

图 4-193 单击“Reset”指令

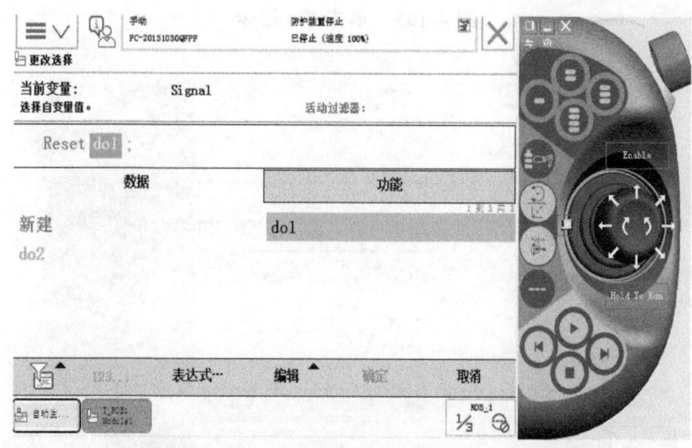

图 4-194 选择相应的输出 I/O 信号

2. Set 指令

Set 指令用于将数字输出信号的值置为 1。

例 32

Set do1;

将信号 do1 设置为 1。

例 33

Set weld;

将信号 weld 设置为 1。

(1) 变量

Reset Signal

Signal 的数据类型为 signaldo，是待设置为 1 的信号的名称。

（2）应用说明　在信号获得新值之前，存在短暂延迟。如果想要继续执行程序，直至信号已获得新值，可以使用 SetDO 指令及其可选参数\Sync。真实值取决于信号的配置。如果在系统参数中反转信号，则该指令将物理通道设置为 0。

（3）指令编辑　在示教器中添加 Set 指令的步骤如下：在“添加指令”菜单找到并单击“Set”，如图 4-195 所示。然后选择相应的输出 I/O 信号，最后单击“确定”按钮，如图 4-196 所示。

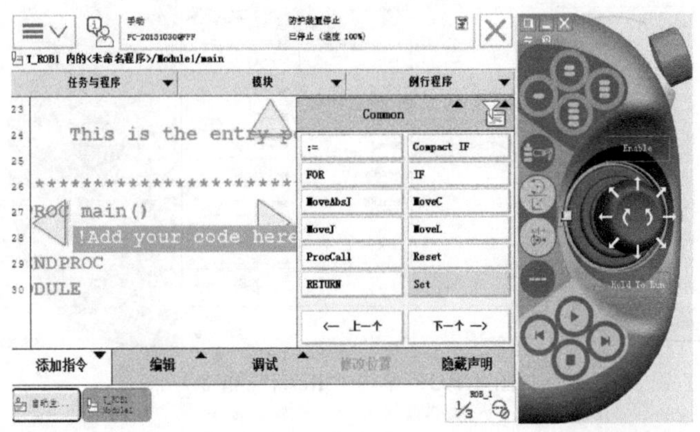

图 4-195　单击 Set 指令

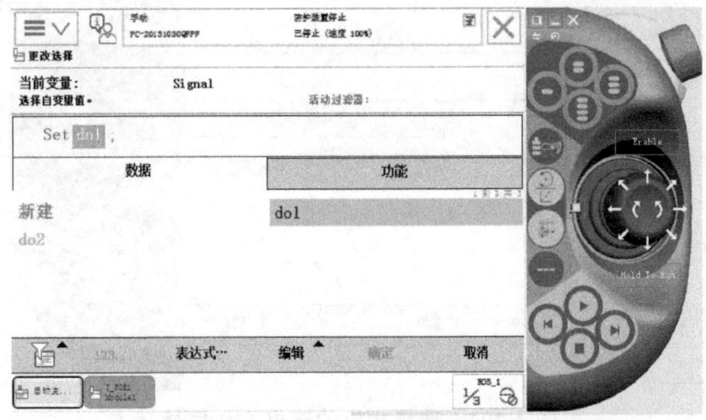

图 4-196　选择相应的输出 I/O 信号

3. WaitDI 指令

WaitDI（Wait Digital Input）指令用于等待，直至已设置的数字信号输入。

例 34

WaitDI di4，1；

仅在已设置的 di4 信号输入后，才继续执行程序。

例 35

WaitDI grip_status，0；

仅在已重置 grip_status 信号输入后，才继续执行程序。

（1）变量

WaitDI Signal Value [\MaxTime] [\TimeFlag]

1）Signal 的数据类型为 signaldi，是信号的名称。

2）Value 的数据类型为 dionum，是信号的期望值。

3）[\MaxTime]

Maximum Time

① 数据类型：num。

② 允许的最长等待时间，单位为 s。如果在满足条件之前耗尽该时间，则将调用错误处理器，弹出报警信息。如果在等待时间内接收到该信号信息，则将继续往下执行程序。

4）[\TimeFlag]

Timeout Flag

① 数据类型：bool。

② 如果在满足条件之前耗尽最长允许时间，则包含该值的输出参数为 TRUE。如果该参数包含在本指令中，则不将其视为耗尽最长时间的错误。如果\MaxTime 参数不包括在本指令中，则忽略该参数。

（2）应用说明　当执行本指令时，如果信号值正确，则继续执行下面的指令；如果信号值不正确，则机械臂进入等待状态，且当信号改变为正确值时，继续执行程序。可通过中断来检测信号值的改变，并做出快速响应（非查询）。当机械臂处于等待状态时，会对时间进行检测，如果超出最长时间值，则程序将在指定 TimeFlag 时继续执行，否则将会引起错误。如果指定 TimeFlag，则在超出时间时设置为 TRUE；否则，将其设置为 FALSE。如果停止程序执行，并随后重启，则本指令将评估信号的当前值。则本指令重新评估信号的当前值，而此前信号更改均无效。在手动模式下，在等待 3s 后，系统将弹出一个报警框，询问是否要模拟本指令。如果不想报警框出现，可将系统参数 SimMenu 设置为 NO。

（3）指令编辑　在示教器中添加 WaitDI 指令的步骤如下：

在“添加指令”菜单找到并单击“WaitDI”，如图 4-197 所示。然后选择相对应的输入 I/O 信号，最后单击“确定”按钮，如图 4-198 所示。

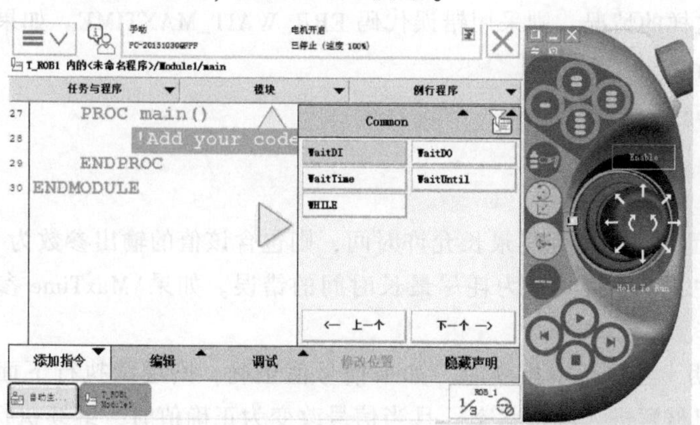

图 4-197　单击“WaitDI”

4. WaitDO 指令

WaitDO（Wait Digital Output）指令用于等待，直至已设置的数字信号输出。

例 36

WaitDO do4, 1;

仅在已设置的 do4 信号输出后，才继续执行程序。

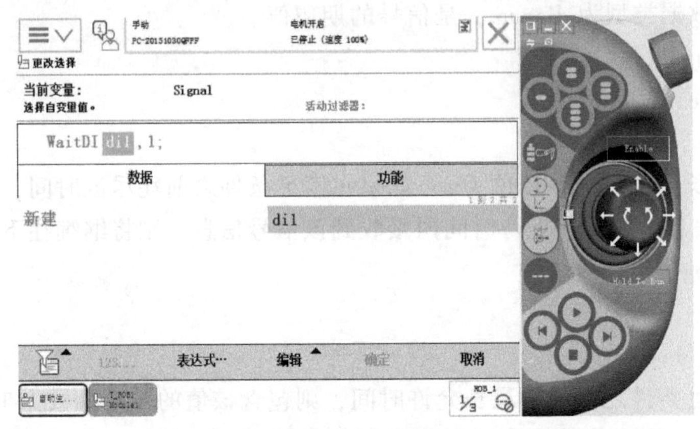

图 4-198　选择相对应的输入 I/O 信号

例 37

WaitDO grip_status，0；

仅在已重置 grip_status 信号输出后，才继续执行程序。

（1）变量

WaitDI Signal Value ［\MaxTime］［\TimeFlag］

1）Signal 的数据类型为 signaldo，是信号的名称。

2）Value 的数据类型为 dionum，是信号的期望值。

3）［\MaxTime］

Maximum Time

① 数据类型：num。

② 允许的最长等待时间，单位为 s。如果在满足条件之前耗尽该时间，则将调用错误处理器，如果存在这样的情况，则采用错误代码 ERR_WAIT_MAXTIME。如果不存在错误处理器，则将停止执行。

4）［\TimeFlag］

Timeout Flag

① 数据类型：bool。

② 如果在满足条件之前耗尽最长允许时间，则包含该值的输出参数为 TRUE。如果该参数包含在本指令中，则不将其视为耗尽最长时间的错误。如果\MaxTime 参数不包括在本指令中，则忽略该参数。

（2）应用说明　当执行本指令时，如果信号值正确，则继续执行下面的指令；如果信号值不正确，则机械臂进入等待状态，且当信号改变为正确值时，继续执行程序。可通过中断来检测信号值的改变，并做出快速响应（非查询）。当机械臂处于等待状态时，会对时间进行检测，如果超出最长时间值，则程序将在指定 TimeFlag 时继续执行，否则将会引起错误。如果指定 TimeFlag，则在超出时间时设置为 TRUE；否则，将其设置为 FALSE。如果停止程序执行，并随后重启，则本指令将评估信号的当前值。否定程序停止期间的任意改变。在手动模式下，在等待 3s 后，系统将弹出一个报警框，询问是否要模拟本指令。如果不想报警框出现，可将系统参数 SimMenu 设置为 NO。

（3）指令编辑 如何在示教器中添加 WaitDO 指令的步骤如下：

在“添加指令”菜单找到并单击“WaitDO”，如图 4-199 所示。然后选择相应的输出 I/O 信号，最后单击“确定”按钮，如图 4-200 所示。

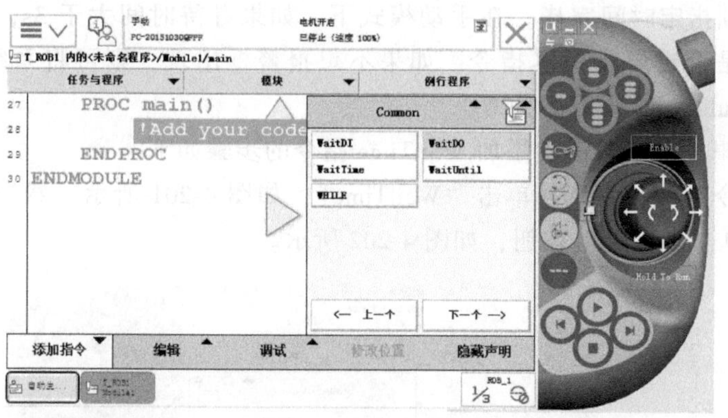

图 4-199 单击“WaitDO”

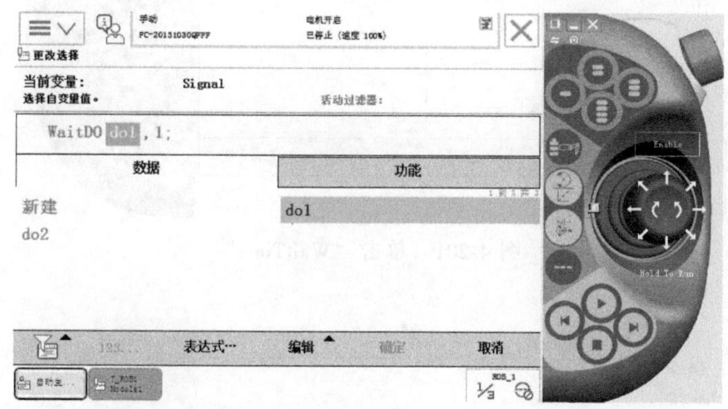

图 4-200 选择相应的输出 I/O 信号

5. WaitTime 指令

WaitTime 指令用于等待给定的时间，也可用于等待机械臂和外部轴停止运动。

例 38

WaitTime 0.5；

程序执行等待 0.5s。

（1）变量

WaitTime［\InPos］Time

1）［\InPos］

In Position。

① 数据类型：switch。

② 如果使用该参数，则在开始统计等待时间之前，机械臂和外部轴必须静止。如果该指令用于控制机械单元，则仅可使用该参数。

2）Time

① 数据类型：num。

② 程序执行等待的最短时间（单位为 s）为 0s，最长时间不受限制，分辨率为 0.001s。

（2）应用说明　在程序执行中的等待时间内，可中断该程序而处理其他的紧急事项，否则，将执行直到指定时间完毕。在手动模式下，如果等待时间大于 3s，则系统将弹出一个报警框，询问是否想要模拟本指令。如果不想报警框出现，则可将系统参数 Controller/System Misc. /Simulate Menu 设置为 NO。

（3）指令编辑　在示教器中添加 WaitTime 指令的步骤如下：

在“添加指令”菜单找到并单击“WaitTime”，如图 4-201 所示。然后选择相应的输出 I/O 信号，最后单击“确定”按钮，如图 4-202 所示。

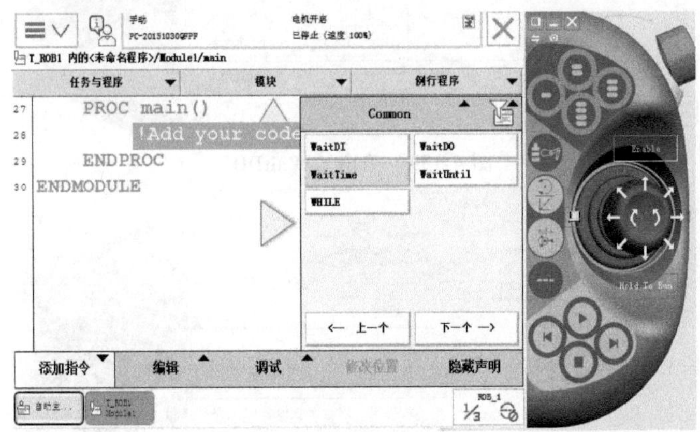

图 4-201　单击“WaitTime”

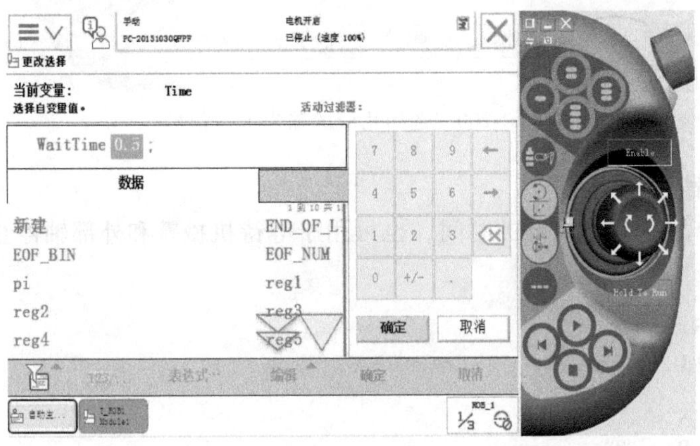

图 4-202　选择相应的输出 I/O 信号

例 39

机器人在与外围电路 I/O 通信过程中，有时候需要发出脉冲信号，试运用所学指令完成脉冲长度为 0.2s 的脉冲信号的发送。

参考程序如图 4-203 所示。

例 40

在实际应用中，机器人经常需要与周边设备进行通信，其中用得最多的就是 I/O 通信。

现有一自动化设备需要向机器人传输如下信号：完成信号 DI1、允许换料信号 DI2 和运行中信号 DI3。机器人控制自动化设备包括如下信号：启动信号 DO1、请求换料信号 DO2 和停机信号 DO3。要求：机器人接收完成信号后，发出请求换料信号；自动化设备接收到请求换料信号后，发出允许换料信号给机器人；机器人进行换料期间打开停机信号；完成换料后，机器人发出启动信号，在接收到自动化设备运行中信号后关闭。试用所学指令完成这段程序。

参考程序如图 4-204 所示。

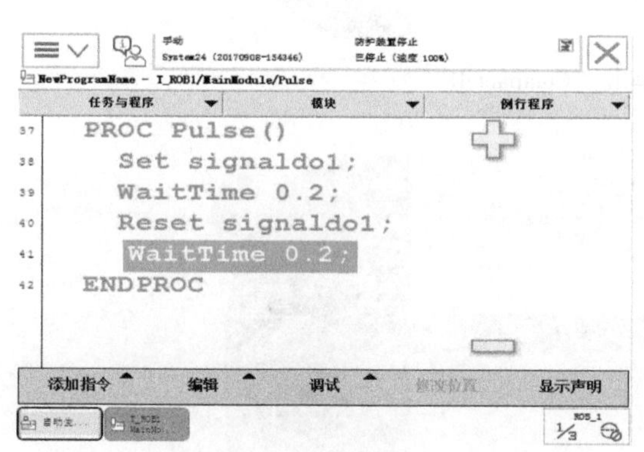

图 4-203 参考程序（一）

```
PROC main()
  WaitDI DI1, 1;
  Set DO2;
  WaitDI DI2, 1;
  Reset DO2;
  WaitTime 1;
  Set DO3;
   HuanLiao;
  Reset DO3;
  WaitTime 1;
  Set DO1;
  WaitDI DI3, 1;
  Reset DO1;
ENDPROC
```

图 4-204 参考程序（二）

四、条件逻辑指令

1. Compact IF 指令

条件逻辑指令

当单个指令仅在满足给定条件的情况下执行时，使用 Compact IF 指令。如果将执行不同的指令，则根据是否满足特定条件，使用 IF 指令。

例 41

IF reg1 > 5 GOTO next;

如果 reg1 大于 5，程序转至 next 标签处继续执行。

例 42

IF counter > 10 Set do1;

如果 counter > 10，则设置 do1 信号。

（1）变量

IF Condition ...

Condition 的数据类型为 bool。

（2）指令编辑 在示教器中添加 Compact IF 指令的步骤如下：

1）在“添加指令”菜单中找到并单击“Compact IF”，如图 4-205 所示。然后设置 <EXP>的变量类型，在图 4-206 中选择“更改数据类型...”对想要的数据运算结果进行相对应的判断。

2）在数据类型库中选择“num”常量数据类型，如图 4-207 所示。然后设置<EXP>的数据类型，选择“reg1”常量数据类型，如图 4-208 所示。

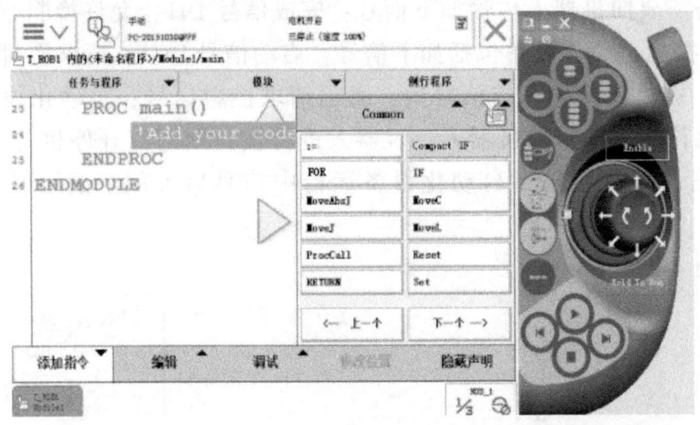

图 4-205　单击“Compact IF”

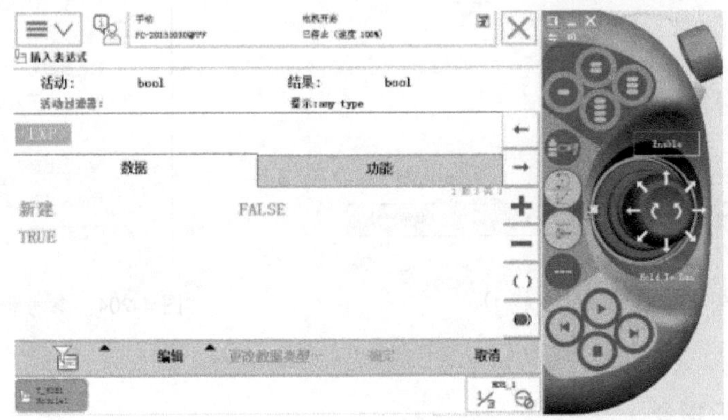

图 4-206　选择“更改数据类型...”

图 4-207　选择“num”常量数据类型

3）选择“+”添加加减乘除符号，然后选择“>”号，如图 4-209 所示。再选择<EXP>中需要修改的内容，最后选择“编辑”菜单中的“仅限选定内容”，如图 4-210 所示。

4）先把<EXP>中的内容修改成“5”，然后单击“确定”按钮，如图 4-211 所示。最后单击“确定”按钮，修改完成，如图 4-212 所示。

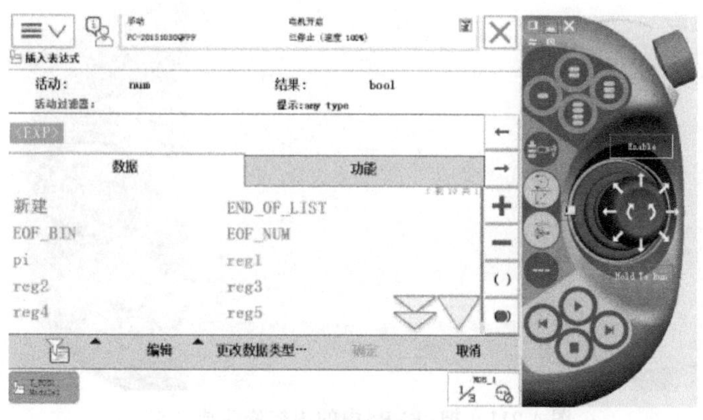

图 4-208 对<EXP>进行设置

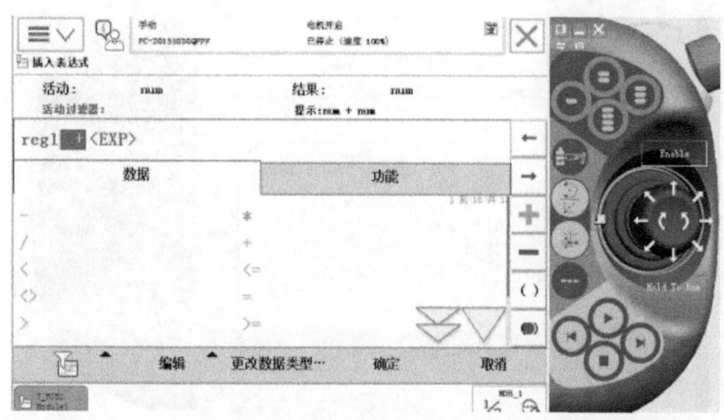

图 4-209 添加加减乘除符号

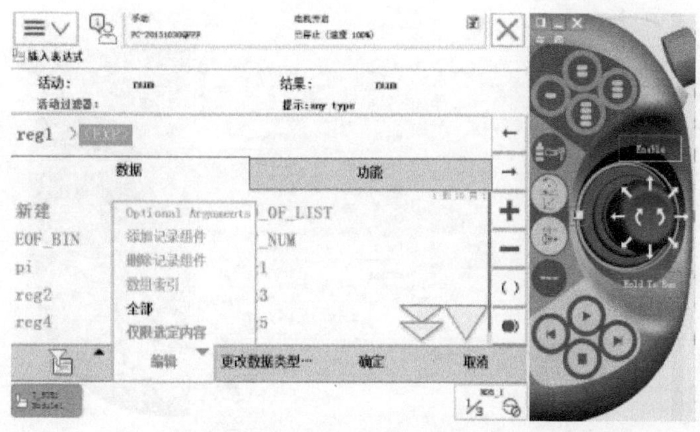

图 4-210 选择“仅限选定内容”

5）选择 GOTO 跳转指令，如图 4-213 所示。然后把 GOTO 后<ID>位置的文本样式标签重新命名，打开“编辑”菜单，再选择“ABC...”进行修改，如图 4-214 所示。

6）重命名为“next”后，单击“确定”按钮，如图 4-215 所示。然后在指令列表中选择“Label”，进行需要跳转的位置标注，如图 4-216 所示。

图 4-211　把<EXP>中的内容修改成“5”

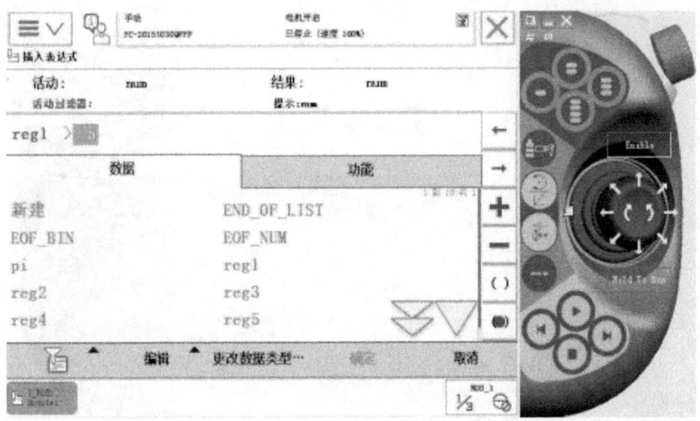

图 4-212　单击“确定”按钮

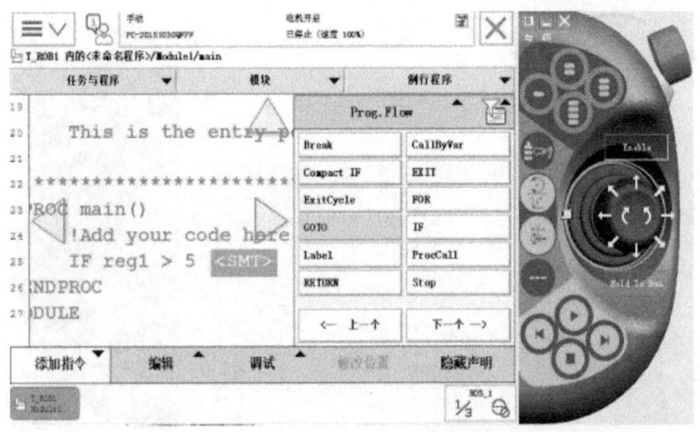

图 4-213　选择 GOTO 跳转指令

7）选择<ID>位置，对文本样式标签进行命名，然后打开“编辑”菜单，选择 ABC...，如图 4-217 所示。最后把跳转名改成“next”（图 4-218），与“GOTO”中“next”相对应。Compact IF 指令一旦判断到 rag1>5 的条件满足后，“GOTO next”马上使程序跳转到 Label 标注的“next”位置。

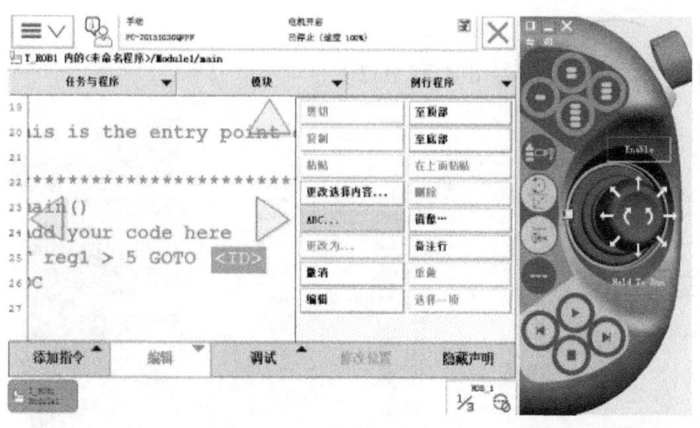

图 4-214 选择“ABC...”

图 4-215 重命名为“next”

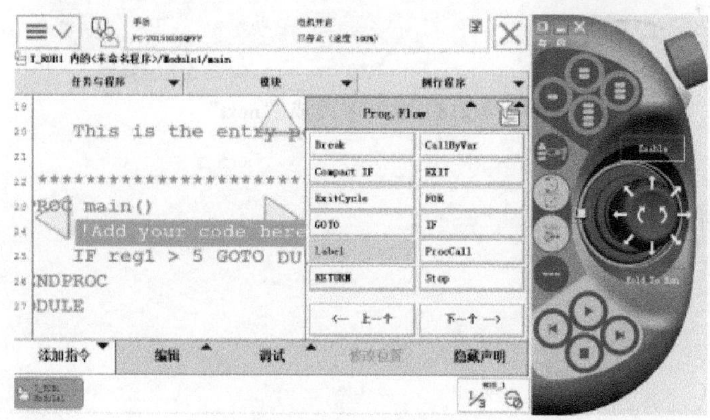

图 4-216 选择 Label 标注位置

2. IF 指令

根据是否满足条件执行不同的指令时，通常使用 IF 指令。

例 43

```
IF reg1 > 5 THEN
    Set do1;
    Set do2;
```

ENDIF

仅当 reg1 大于 5 时，设置信号 do1 和 do2 。

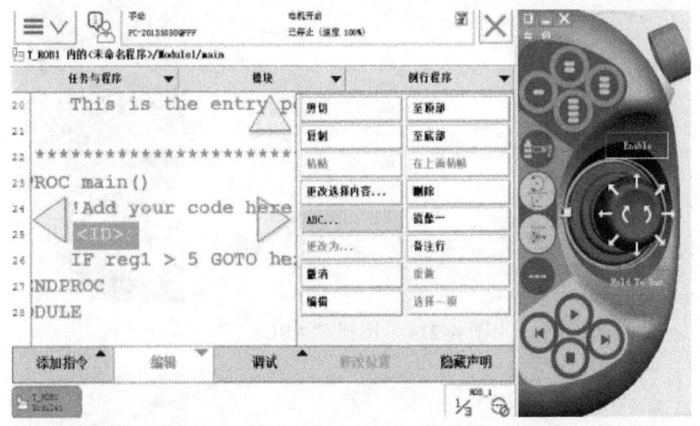

图 4-217　选择<ID>位置并对文本样式标签进行命名

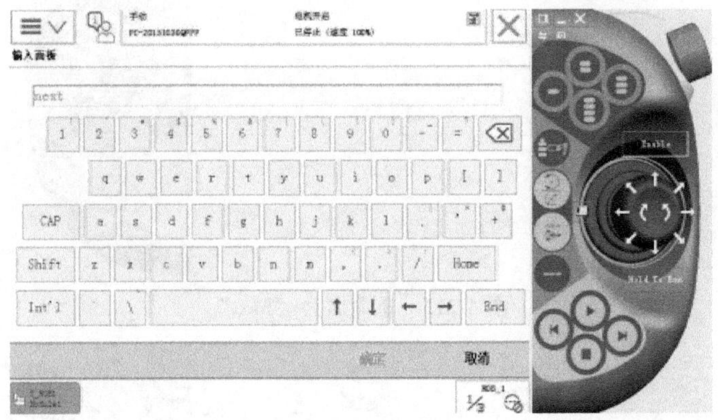

图 4-218　跳转名改成 “next”

例 44

```
IF reg1 > 5 THEN
    Set do1;
    Set do2;
ELSE
    Reset do1;
    Reset do2;
ENDIF
```

根据 reg1 是否大于 5，设置或重置信号 do1 和 do2 。

（1）变量

IF Condition ...

Condition 的数据类型为 bool。

（2）应用方法　程序依次测试条件，直至其中一个满足条件，完成与该条件相关的指令后，程序继续向下执行。如果未满足任何条件，则通过符合 ELSE 的指令，继续执行程序。如果满足多个条件，则仅执行与第一个条件相关的指令。

（3）指令编辑 在示教器中添加 IF 指令的步骤如下：

1）在“添加指令”菜单中找到并单击“IF”，如图 4-219 所示。然后在指令中选择 <EXP>，修改条件判断语句的条件，如图 4-220 所示。

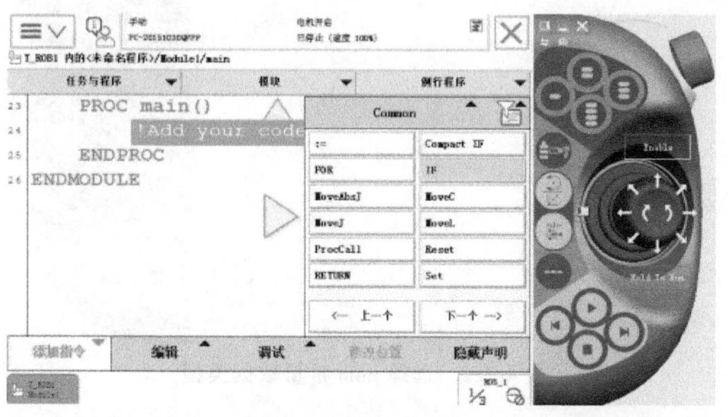

图 4-219 单击“IF”

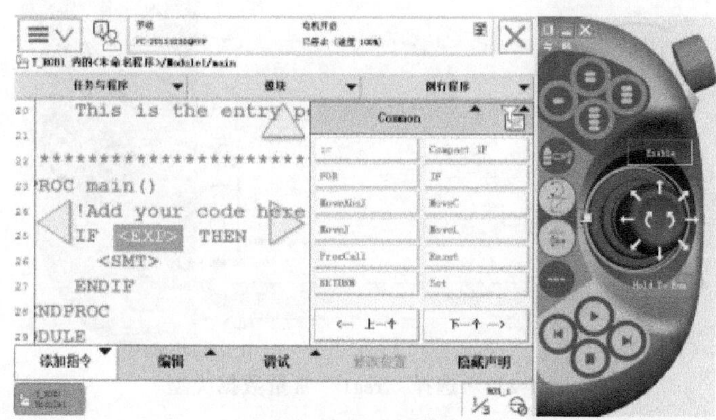

图 4-220 选择<EXP>

2）单击“更改数据类型 ...”按钮，如图 4-221 所示。

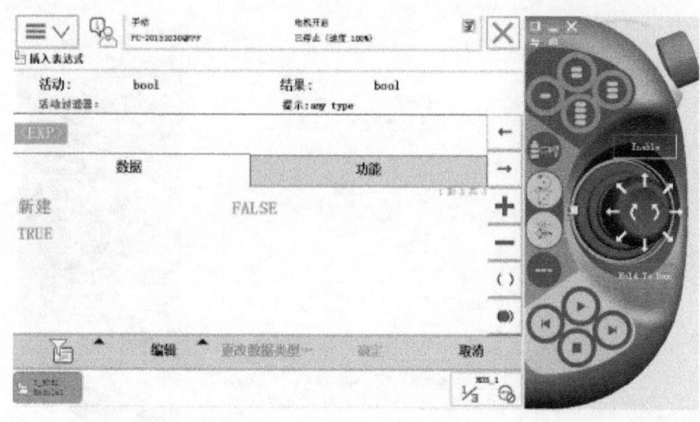

图 4-221 单击“更改数据类型 ...”按钮

3）在数据类型库中选择 num 常量数据类型，如图 4-222 所示。然后对<EXP>进行数据类型设置，选择“reg1”常量数据类型，如图 4-223 所示。

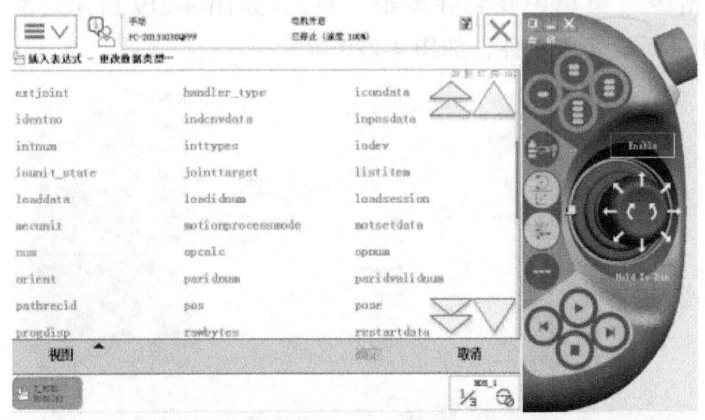

图 4-222　选择 num 常量数据类型

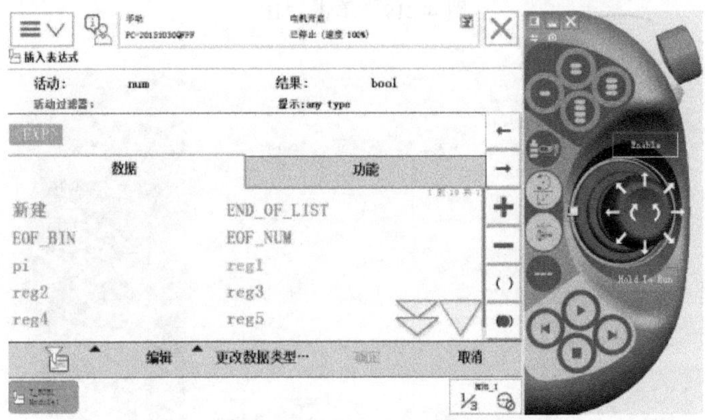

图 4-223　选择“reg1”常量数据类型

4）选择“+”添加加减乘除符号，然后选择“>”号，如图 4-224 所示。然后选择<EXP>中需要修改的内容，最后在“编辑”菜单中选择“仅限选定内容”，如图 4-225 所示。

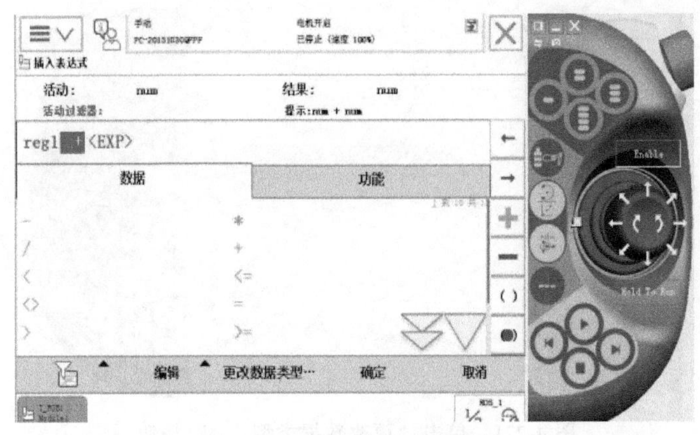

图 4-224　添加加减乘除符号

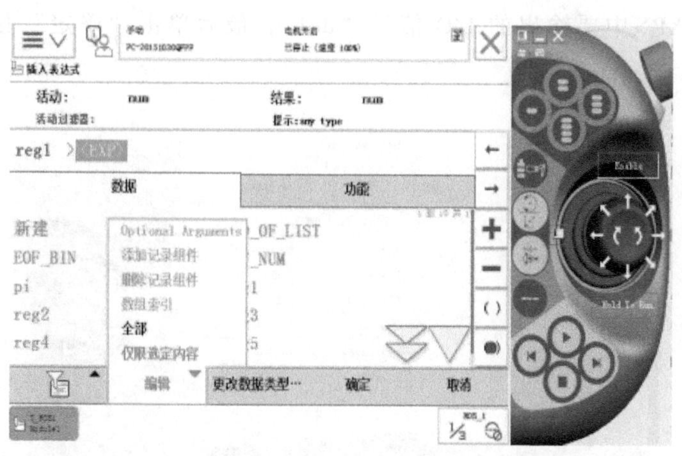

图 4-225　选择“仅限选定内容”

5）把<EXP>中的内容修改成“5”，然后单击“确定”按钮，如图 4-226 所示。最后单击“确定”按钮，如图 4-227 所示。

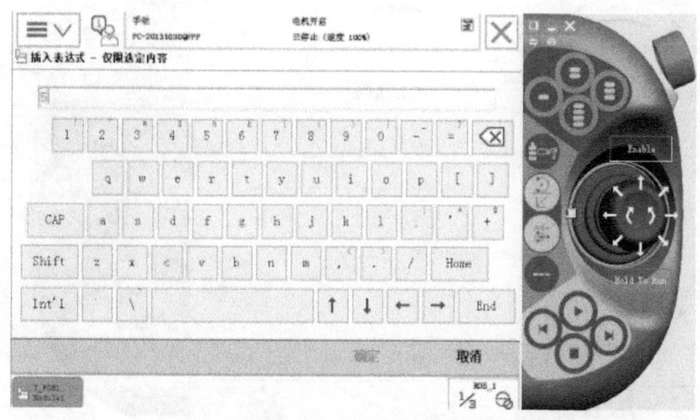

图 4-226　把<EXP>中的内容修改成“5”

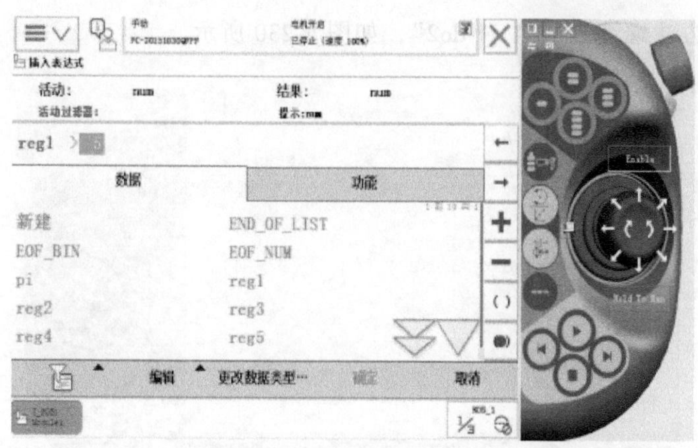

图 4-227　单击“确定”按钮

6）选择<SMT>，然后选择“添加指令”菜单中的“set”输出信号指令，如图 4-228 所示。然后选择<EXP>中要输出的 I/O 信号“do1”，最后单击“确定”按钮，如图 4-229 所示。

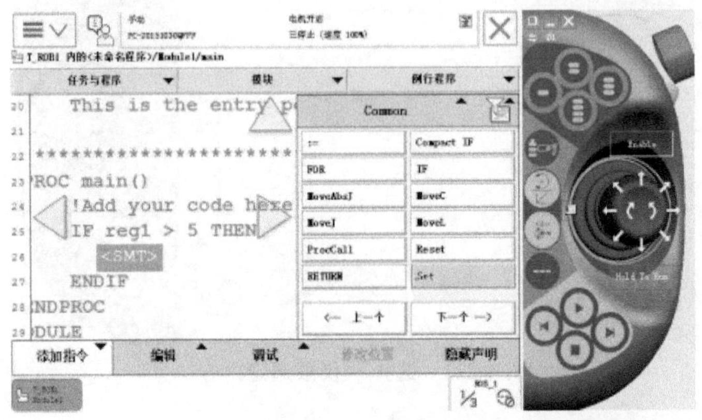

图 4-228 选择<SMT>和“set”指令

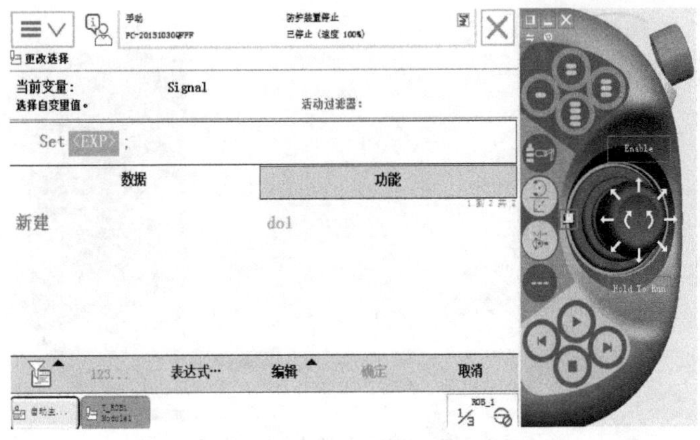

图 4-229 选择 I/O 信号“do1”

7）按照上述方法继续添加“set do2”，如图 4-230 所示。

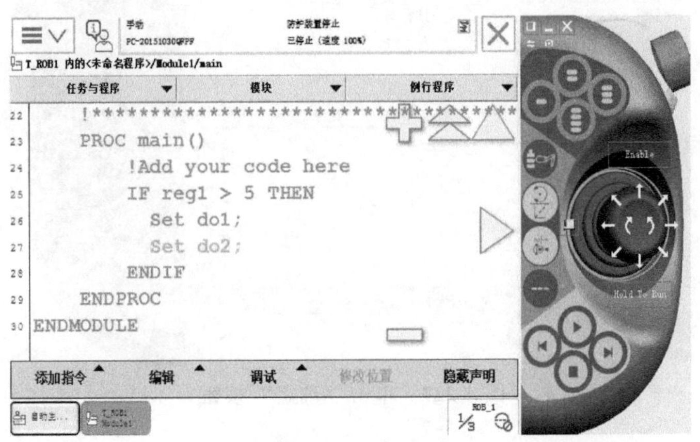

图 4-230 添加“set do2”

3. FOR 指令

当一个或多个指令需要重复多次执行时，可使用 FOR 指令。

例 45

```
FOR i FROM 1 TO 10 DO
    routine1;
    ......
ENDFOR
```

重复执行 routine1 无返回值程序 10 次。

(1) 变量

FOR Loop counter FROM Start value TO End value [STEP Step value]

DO ... ENDFOR

Loop counter

Identifier（包含当前循环计数器数值的数据名称。自动累计该数据。如果循环计数器名称与实际范围中存在的任意数据相同，则将现有的数据隐藏在 FOR 循环中，且在任何情况下均不受影响）

1） Start value

① 数据类型：Num。

② 循环计数器的期望起始值（通常为整数值）。

2） End value

① 数据类型：Num。

② 循环计数器的期望结束值（通常为整数值）。

3） Step value

① 数据类型：Num。

② 循环计数器在各循环的增量（或减量）值（通常为整数值）。如果未指定该值，则自动将步进值设置为 1；如果起始值大于结束值，则设置为 -1。

(2) 指令编辑　在示教器中添加 FOR 指令的步骤如下：

1） 添加 FOR 指令，如图 4-231 所示。

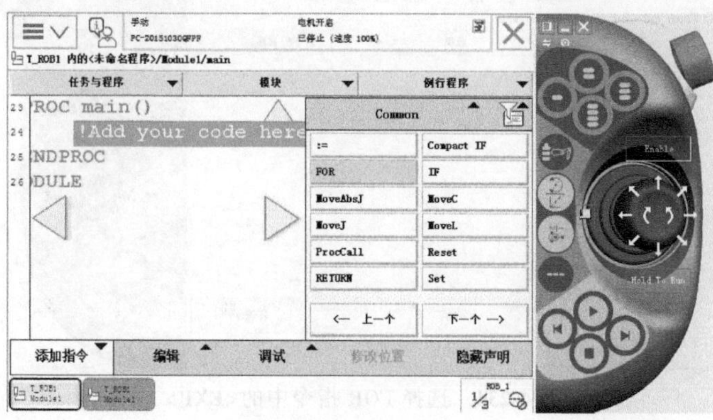

图 4-231　添加 FOR 指令

2）选择 FOR 指令中的<ID>，如图 4-232 所示，再将其改成 i，作为一个 num 型重复计数变量，如图 4-233 所示。

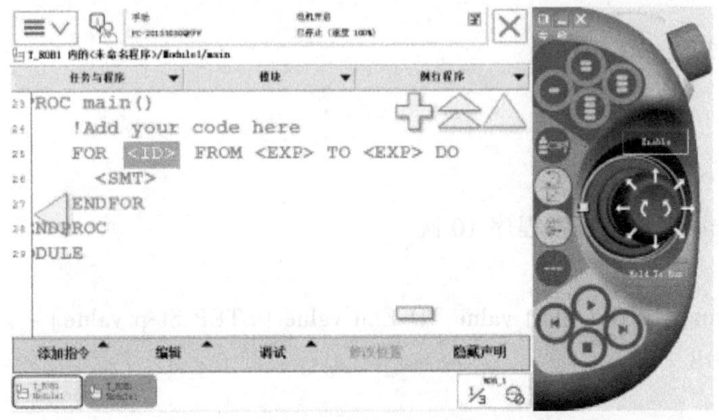

图 4-232　选择 FOR 指令中的<ID>

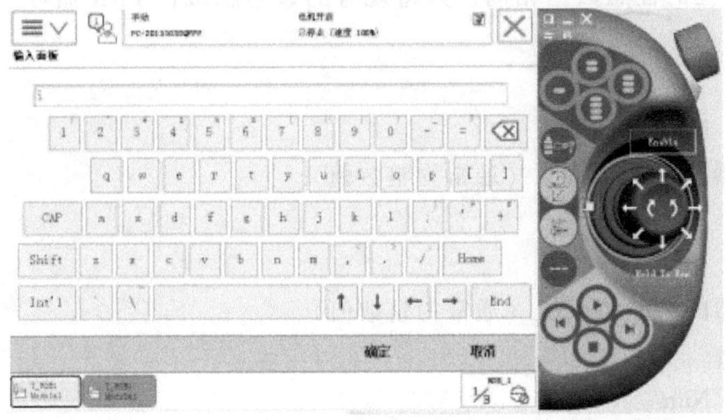

图 4-233　修改变量

3）选择 FOR 指令中的<EXP>，如图 4-234 所示，再选择如图 4-235 所示的“仅限选定内容”。

图 4-234　选择 FOR 指令中的<EXP>

4）将“仅限选定内容”修改为“1”，再单击“确定”按钮，如图 4-236 所示。

5）选择 FOR 指令中的<EXP>，如图 4-237 所示，再选择如图 4-238 所示的“仅限选定内容”。

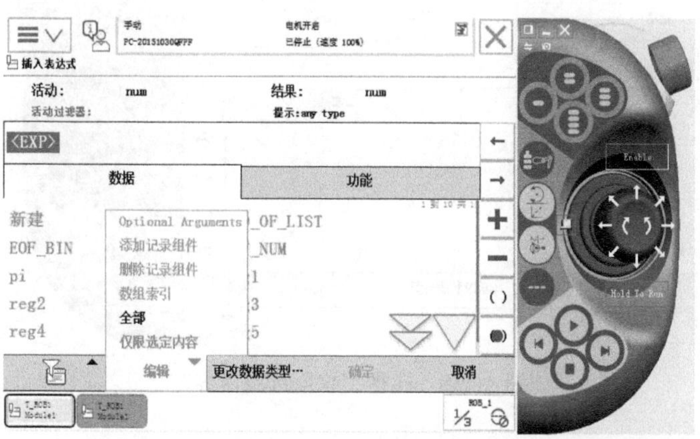

图 4-235　选择“仅限选定内容”

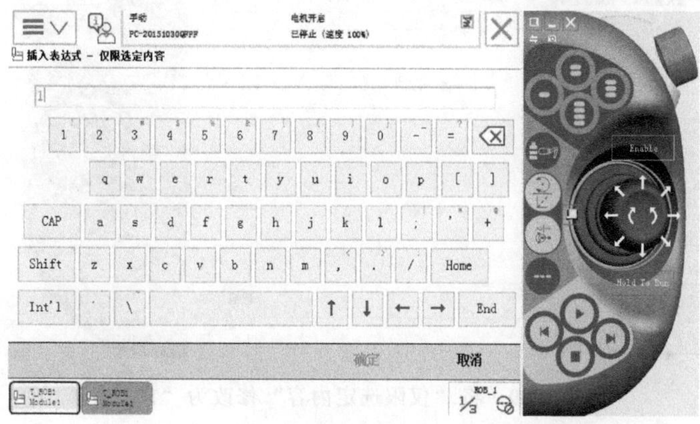

图 4-236　将“仅限选定内容”修改为“1”

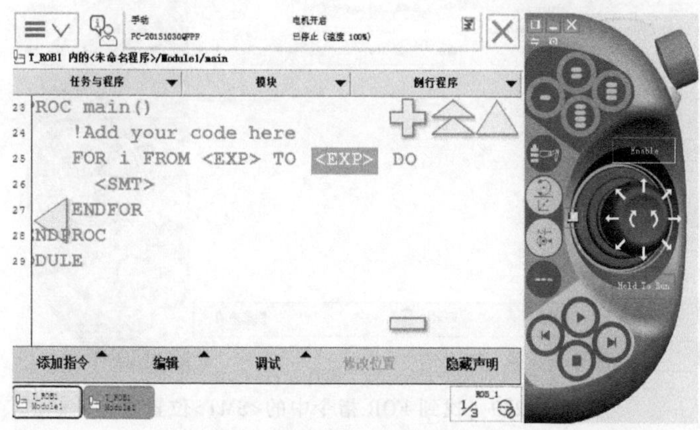

图 4-237　选择 FOR 指令中的<EXP>

6）将“仅限选定内容”修改为“10”，再单击“确定”按钮，如图 4-239 所示。

7）找到 FOR 指令中的<SMT>，这是需要添加 Routine1 例行程序的位置。单击“例行程序”标签右侧的▼创建例行程序，如图 4-240 所示。

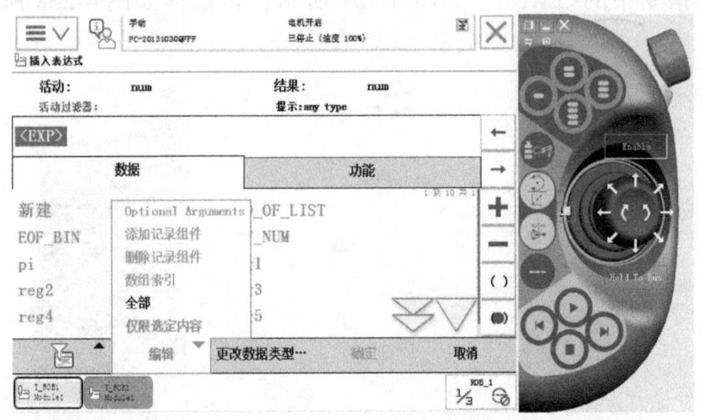

图 4-238　选择“仅限选定内容”

图 4-239　将“仅限选定内容”修改为“10”

图 4-240　找到 FOR 指令中的<SMT>位置

8）打开“文件”菜单，选择“新建例行程序...”，进入创建例行程序画面，如图 4-241 所示。

9）将例行程序名称修改为“Routine1”，然后单击“确定”按钮，那么 FOR 指令将会重复执行 Routine1 例行程序 10 次，如图 4-242 所示。

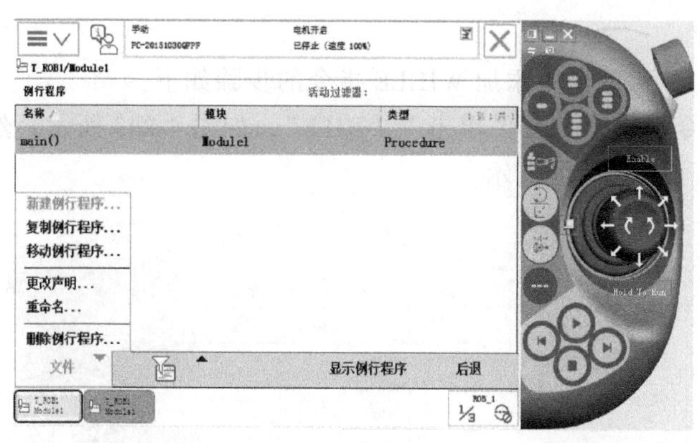

图 4-241 选择“新建例行程序...”

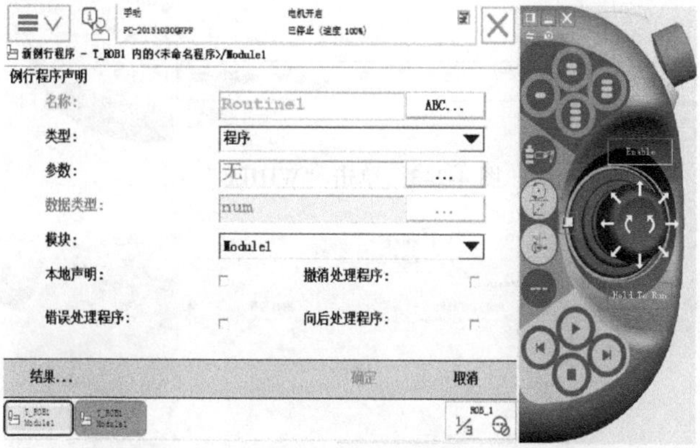

图 4-242 将例行程序名称修改为“Routine1”

4. WHILE 指令

只要给定条件表达式评估值为 TRUE，当重复执行一些指令时，可使用 WHILE 指令。它与 FOR 指令的区别是：WHILE 指令无须指定循环次数，满足条件就会继续循环。

例 46

```
WHILE reg1 < reg2 DO
    ...
    reg1 : = reg1 + 1;
ENDWHILE
```

只要 reg1 < reg2，则重复执行 WHILE 块中的指令。

（1）变量

WHILE Condition DO ... ENDWHILE

Condition 的数据类型为 bool。必须满足 Condition 数值为 TRUE 的条件下才循环执行 WHILE 块中指令的值。

（2）应用说明　如果表达式评估值为 TRUE，则执行 WHILE 块中的指令。随后，再次评估条件表达式，如果该评估值为 TRUE，则再次执行 WHILE 块中的指令。该过程继续，直至表达式评估值为 FALSE，终止循环，并根据 WHILE 块后的指令继续执行程序。如果表达式评估值在开始时为 FALSE，则不执行 WHILE 块中的指令，且程序立即转移至 WHILE

块后的指令继续执行。

（3）指令编辑　在示教器中添加 WHILE 指令的步骤如下：

1）在“添加指令”菜单找到并单击“WHILE”，如图 4-243 所示。然后回到 WHILE 指令中，选择<EXP>，如图 4-244 所示。

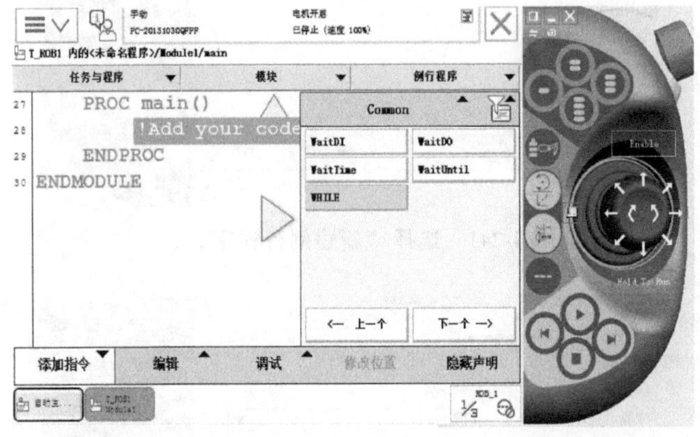

图 4-243　单击“WHILE”

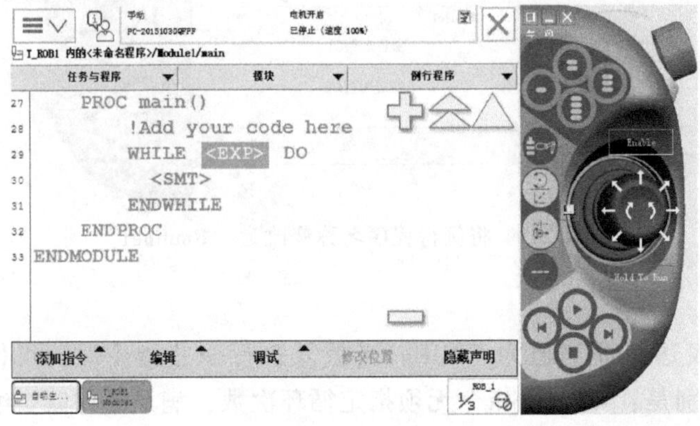

图 4-244　选择<EXP>

2）在 bool 变量中随意添加一个“TRUE”变量类型，然后单击“确定”按钮，如图 4-245 所示。然后回到 WHILE 指令中，选择<SMT>，如图 4-246 所示。

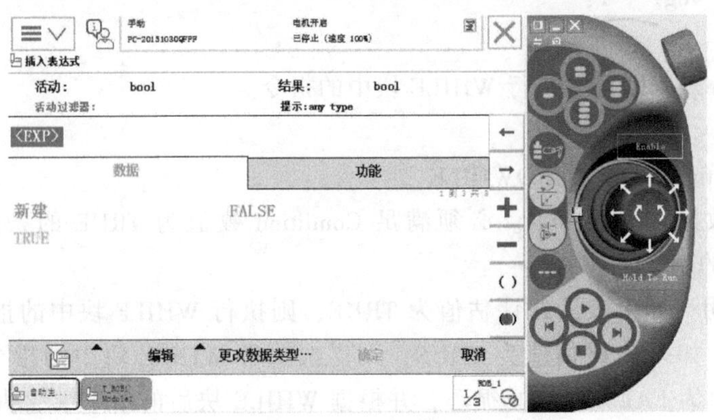

图 4-245　添加一个“TRUE”变量类型

图 4-246　选择<SMT>

3）在“添加指令”菜单中找到并单击赋值指令“：=”，如图 4-247 所示。然后在“数据”中选择“reg1”，如图 4-248 所示。

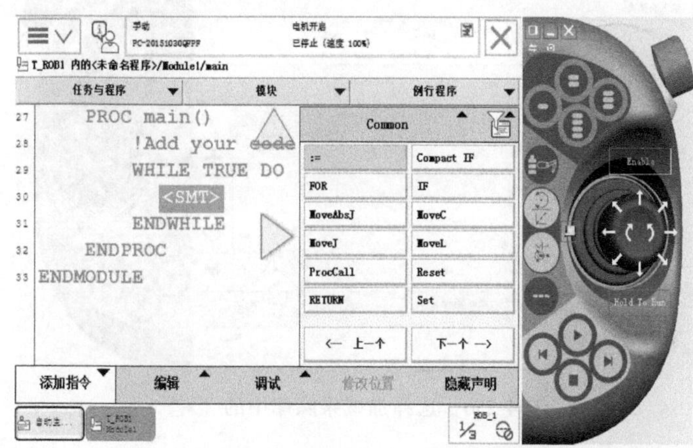

图 4-247　选择“：=”赋值指令

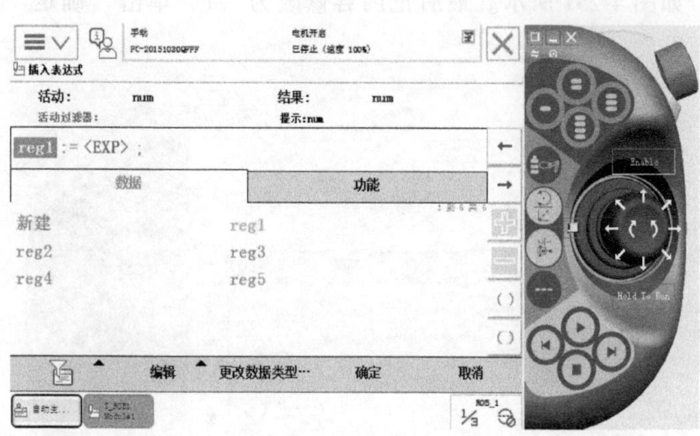

图 4-248　选择“reg1”

4）在 num 常量数据类型库中选择<EXP>，然后继续选择“reg1”，再选择“+”，如图 4-249 所示。最后选择加减乘除库中的“+”，如图 4-250 所示。

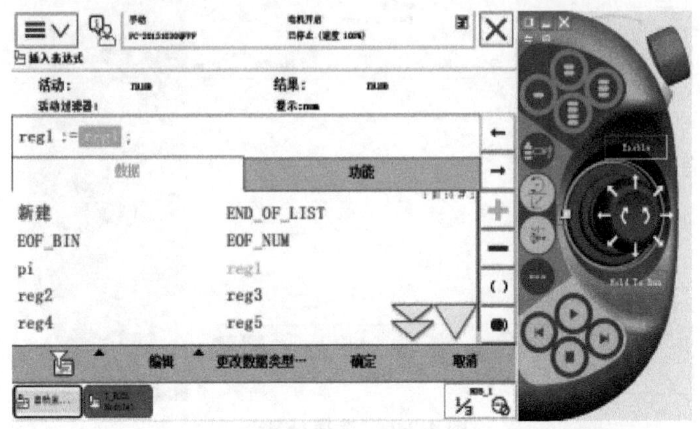

图 4-249　选择“+”

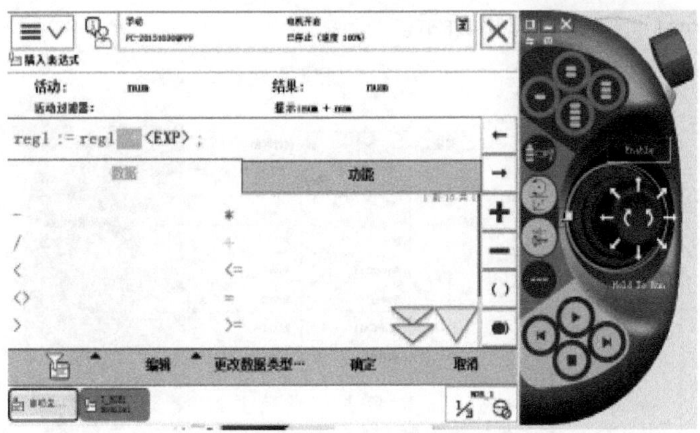

图 4-250　选择加减乘除库中的“+”

5）在 num 常量数据类型库中继续选择<EXP>，然后再打开“编辑”菜单。选择“仅限选定内容”，如图 4-251 所示。最后把内容修改为“1”单击“确定”按钮，如图 4-252 所示。

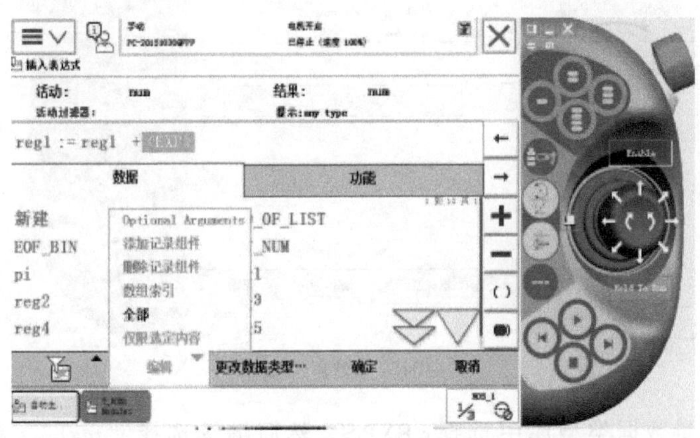

图 4-251　选择“仅限选定内容”

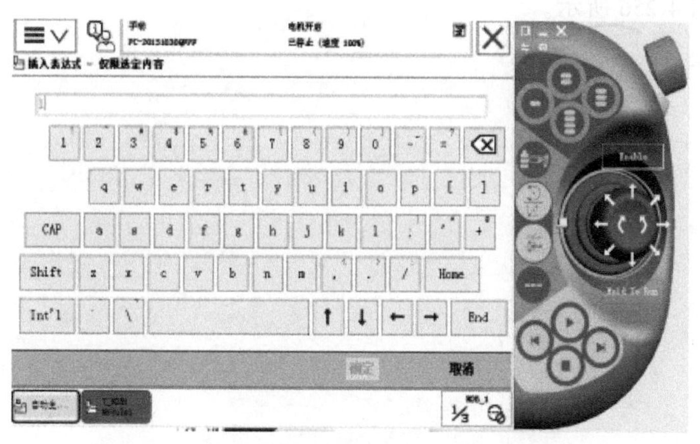

图 4-252　内容修改为“1”

例 47

在实际应用中，产品常出现良品和不良品两种情况。为了将这两种产品区分开，通常会将两种产品放置在不同位置，机器人需要运行两种程序：OK 和 NG。试运用 IF 指令完成该功能，要求任何情况都只能运行一个程序。

参考程序如图 4-253 所示。

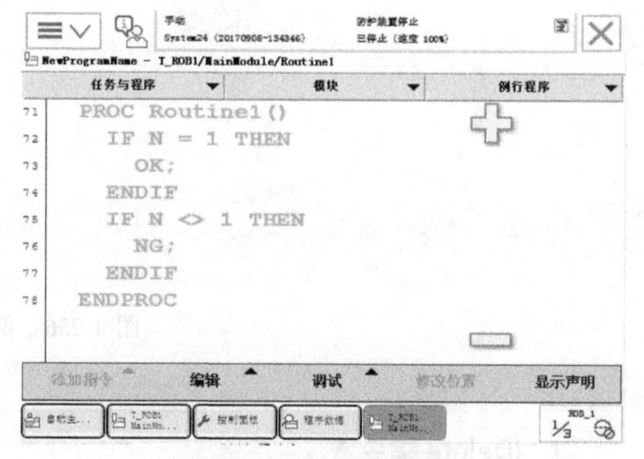

图 4-253　例 47 参考程序

例 48

在实际应用中，针对个别程序有时候需要连续循环运行。试分别运用 FOR 指令与 WHILE 指令实现程序 A 循环运行 5 次。

参考程序如图 4-254、图 4-255 所示。

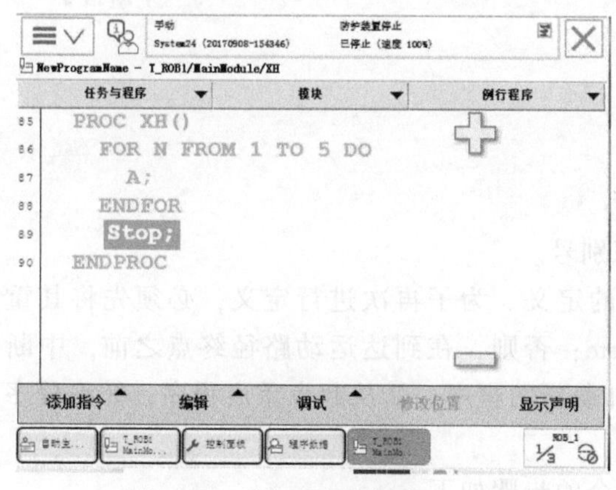

图 4-254　例 48 参考程序（一）

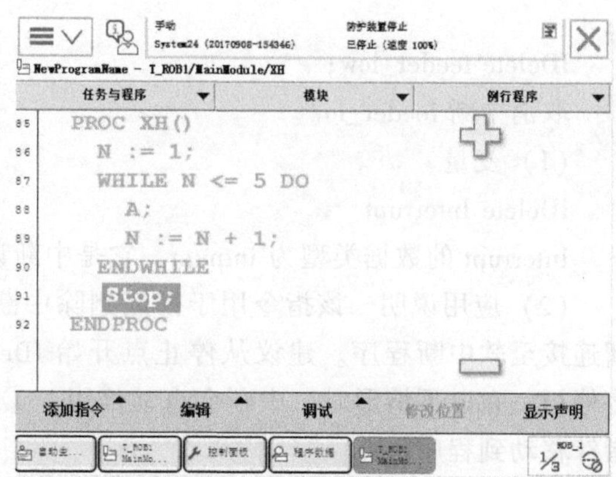

图 4-255　例 48 参考程序（二）

例 49

运行启动一个机器人程序，机器人走一条直线和一个圆弧，连续走 3 次，然后停止运行。

参考程序如图 4-256 所示。

```
n := 0;
A:
MoveL p10, v1000, fine, tool0;
MoveC p20, p30, v1000, fine, tool0;
n := n + 1;
IF n < 3 THEN
  GOTO A;
ENDIF
Stop;

n := 0;
WHILE n < 3 DO
  MoveL p10, v1000, fine, tool0;
  MoveC p20, p30, v1000, fine, tool0;
  n := n + 1;
ENDWHILE
Stop;

FOR a FROM 1 TO 3 DO
  MoveL p10, v1000, fine, tool0;
  MoveC p20, p30, v1000, fine, tool0;
ENDFOR
Stop;
```

图 4-256　例 49 参考程序

五、中断指令

1. IDelete 指令

中断指令

IDelete（中断删除）指令用于取消（删除）中断预定。如果中断仅临时禁用，则应当使用 ISleep 指令或 IDisable 指令。

例 50

IDelete feeder_low;

取消中断 feeder_low。

（1）变量

IDelete Interrupt

Interrupt 的数据类型为 intnum，它是中断识别号。

（2）应用说明　该指令用于彻底删除中断的定义。为了再次进行定义，必须先将其重新连接至软中断程序。建议从停止点开始 IDelete；否则，在到达运动路径终点之前，中断将停用。在以下情形时，中断会自动停用：①加载新的程序；②从起点重启程序；③将程序指针移动到程序起点。

（3）指令编辑　在示教器中添加 IDelete 指令的步骤如下：

1）在“添加指令”菜单中找到并单击“Interrupts”，如图 4-257 所示。

2）找到 IDelete 指令，如图 4-258 所示。

3）选择中断变量“intno1”，如图 4-259 所示。

4）IDelete 指令添加完成，如图 4-260 所示。

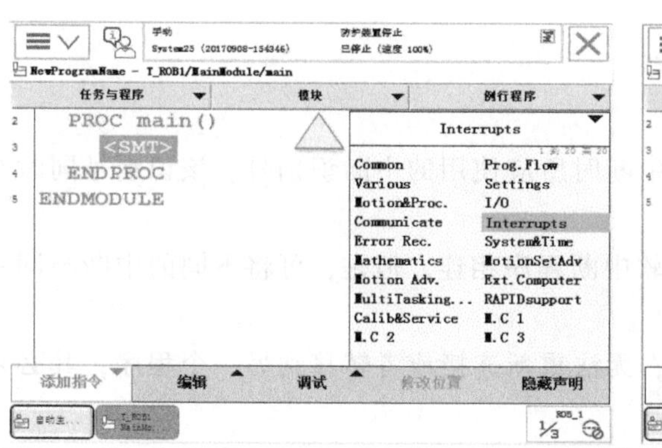

图 4-257 单击“Interrupts”

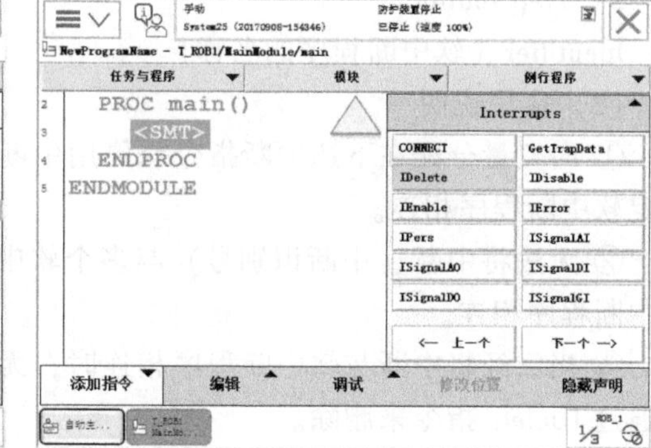

图 4-258 找到 IDelete 指令

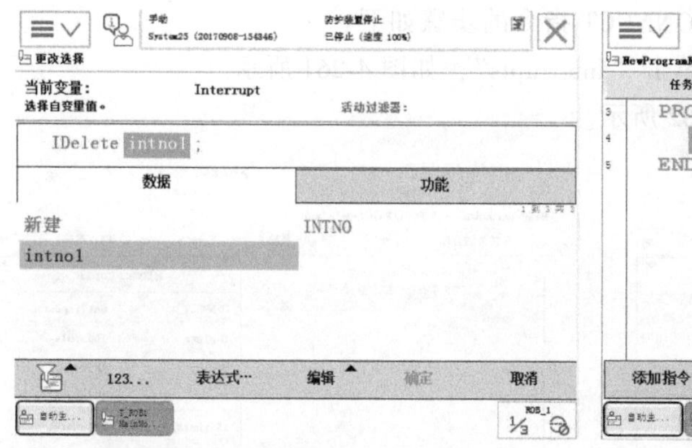

图 4-259 选择中断变量“intno1”

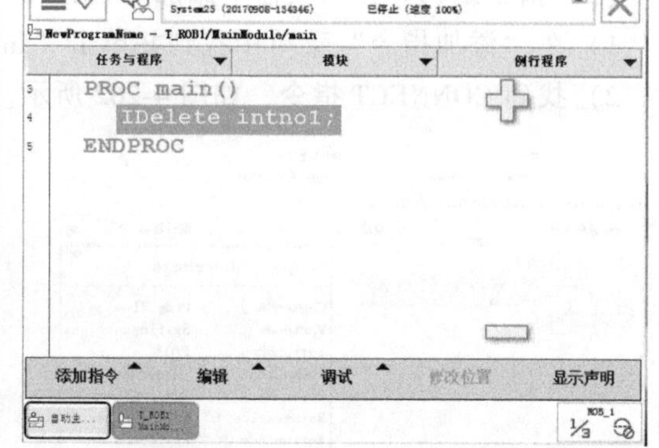

图 4-260 IDelete 指令添加完成

2. CONNECT 指令

CONNECT 指令用于发现中断识别号，并将其与软中断程序相连。通过下达中断事件指令并规定其识别号，确定中断。因此，当出现该事件时，自动执行软中断程序。

例 51

```
VAR intnum feeder_low;
PROC main()
    CONNECT feeder_low WITH feeder_empty;
    ISignalDI di1, 1 , feeder_low;
    ...
```

创建中断识别号 feeder_low，并将其与软中断程序 feeder_empty 相连。当输入信号 di1 变为高电平时，将会出现中断。换句话说，当输入信号变为高电平时，执行 feeder_empty 软中断程序。

（1）变量

CONNECT Interrupt WITH Trap routine

1）Interrupt

① 数据类型：intnum。

② 被分配以中断识别号的变量。不得在程序（程序数据）内进行声明。

2）Trap routine

Identifier（软中断程序的名称）

（2）应用说明

① 向变量分配在下达中断指令或停用中断时所应使用的中断识别号。该识别号同时与特定软中断程序相连。

② 无法将中断（中断识别号）与多个软中断程序相连。但是，可将不同的中断与同一软中断程序相连。

③ 当已经将中断与软中断程序相连时，无法重新连接或者转移到另一个程序；其必须先通过 IDelete 指令来删除。

④ 程序停止执行时，将忽略开始或未处理的中断。当停止程序时，不考虑中断。程序停止后，将不再考虑已经设置为安全的中断。当程序再次启动时，将处理上述中断。

（3）指令编辑　在示教器中添加 CONNECT 指令的步骤如下：

1）在“添加指令”菜单中找到并单击“Interrupts”，如图 4-261 所示。

2）找到 CONNECT 指令，如图 4-262 所示。

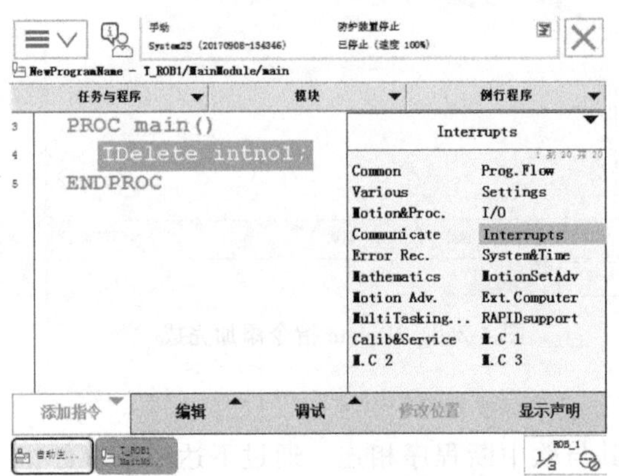

图 4-261　单击“Interrupts”

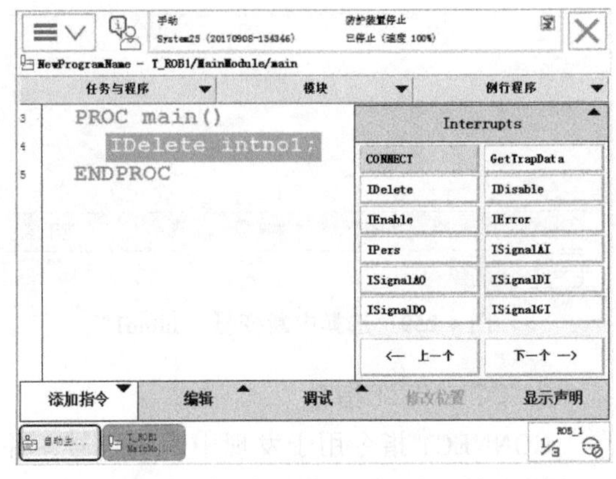

图 4-262　找到 CONNECT 指令

3）选择 CONNECT 后面的<VAR>，如图 4-263 所示。选择中断变量 intno1，如图 4-264 所示。

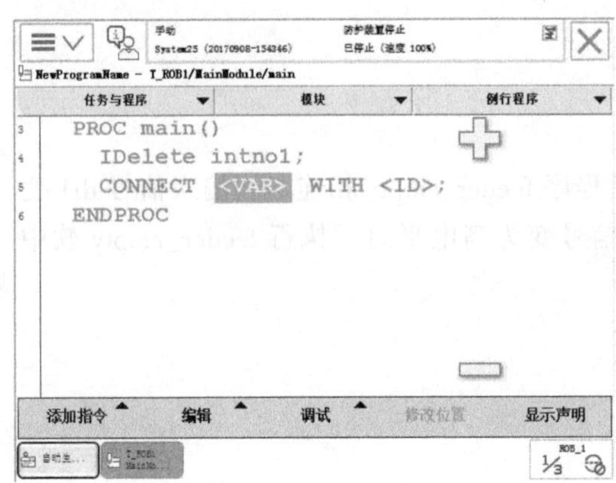

图 4-263　选择<VAR>

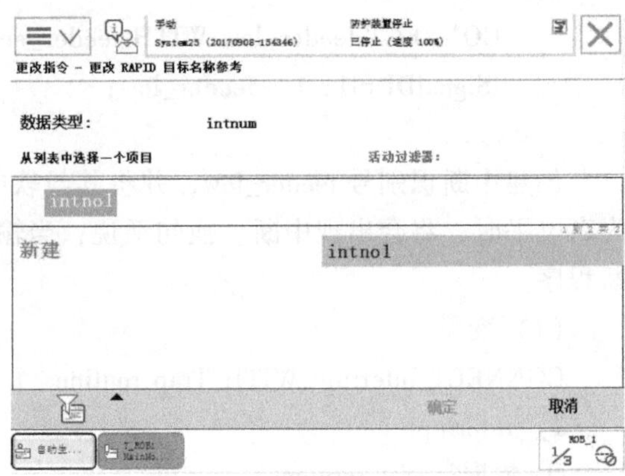

图 4-264　选择中断变量 intno1

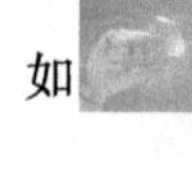

4）选择 CONNECT 后面的<ID>，如图 4-265 所示。选择要关联的中断程序 TRAP_1，如图 4-266 所示。

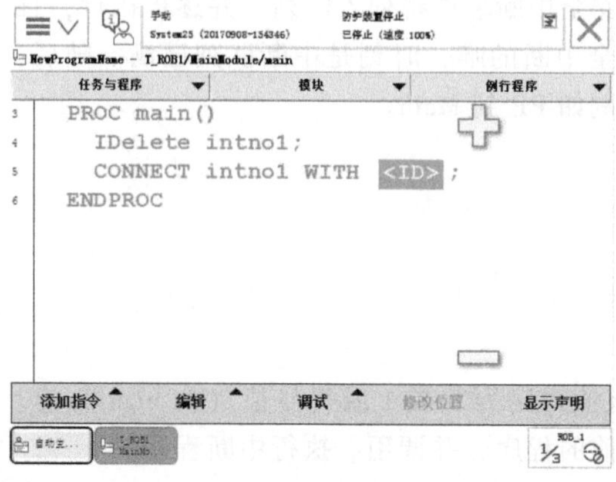

图 4-265 选择<ID>

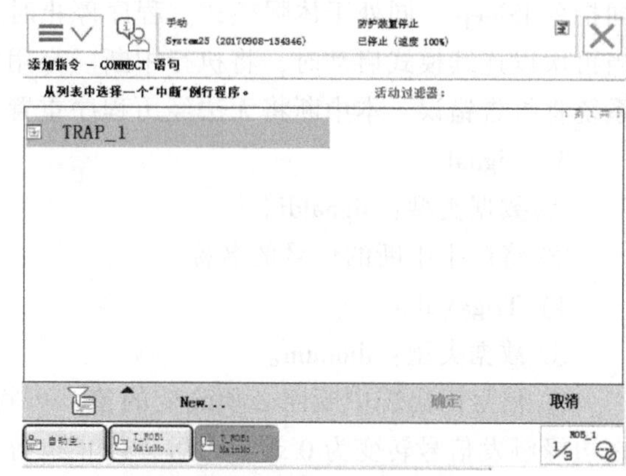

图 4-266 选择中断程序 TRAP_1

5）CONNECT 指令添加完成，如图 4-267 所示。

3. ISignalDI 指令

ISignalDI 是用于下达和启用数字信号输入信号的中断指令。

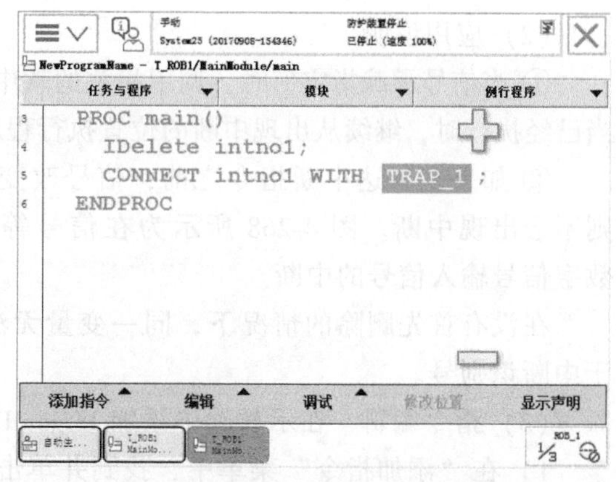

图 4-267 完成 CONNECT 指令编辑

例 52

```
VAR intnum sig1int;
PROC main()
CONNECT sig1int WITH iroutine1;
ISignalDI di1, 1, sig1int;
```

下达关于每当数字信号输入信号 di1 设置为 1 时出现中断的指令。随后，调用 iroutine1 软中断程序。

例 53

```
ISignalDI di1, 0, sig1int;
```

下达关于每当数字信号输入信号 di1 设置为 0 时出现中断的指令。

例 54

```
ISignalDI\Single, di1,1,sig1int;
```

仅下达数字信号输入信号 di1 首次设置为 1 时出现中断的指令。

（1）变量

ISignalDI [\Single] | [\SingleSafe] Signal TriggValue Interrupt

1）[\Single]

① 数据类型：switch。

② 确定中断是否仅出现一次或者循环出现。如果参数 Single 得以设置，则中断最多出现一次。如果省略 Single 和 SingleSafe 参数，则每当满足条件时便会出现中断。

2）[\SingleSafe]

① 数据类型：switch。

② 确定中断单一且安全。关于单一的定义，请参见 Single 参数的描述。安全中断无法同指令 ISleep 一同处于休眠模式。程序停止时，安全中断事件将列入队列，并逐步执行，且当再次以连续模式启动时，将执行中断。弃用安全中断的唯一时刻是中断队列已满。随后，系统将报告错误。本中断将无法经历程序重置，例如 PP 到 Main。

3）Signal

① 数据类型：signaldi。

② 将产生中断的信号的名称。

4）TriggValue

① 数据类型：dionum。

② 信号因出现中断而必须改变的值。可将该值指定为 0 或 1 或符号值（如 high/low）。在边缘触发信号转变为 0 或 1 之后，停止执行当前的程序，并调用、执行中断程序。

5）Interrupt

① 数据类型：intnum。

② 中断识别号。通过指令 CONNECT，已经同软中断程序相连。

（2）应用说明

① 当信号承载指定值时，调用相关的软中断程序。当已经执行时，继续从出现中断的位置执行程序。

② 如果在下达中断指令之前，信号改变指定值，则不会出现中断。图 4-268 所示为在信号等级 1 下，数字信号输入信号的中断。

在没有首先删除的情况下，同一变量无法多次用于中断识别号。

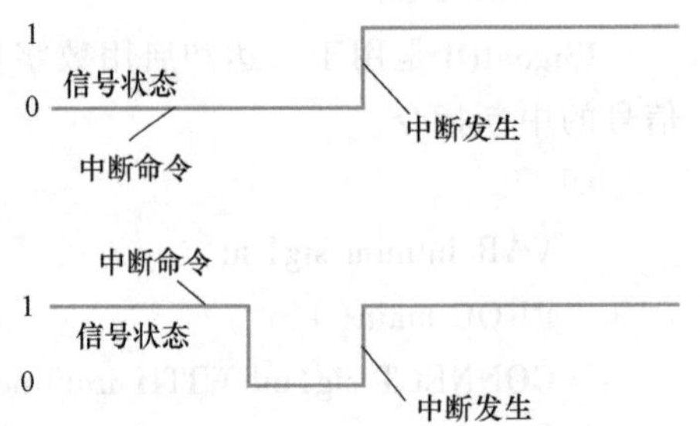

图 4-268　数字信号输入信号的中断

（3）指令编辑　在示教器中添加 ISignalDI 指令的步骤如下：

1）在“添加指令”菜单中，找到并单击“Interrupts”，如图 4-269 所示。

2）找到 ISignalDI 指令，如图 4-270 所示。

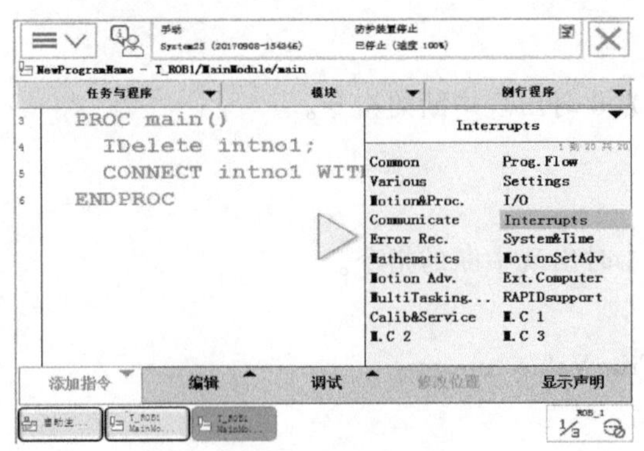

图 4-269　单击“Interrupts”

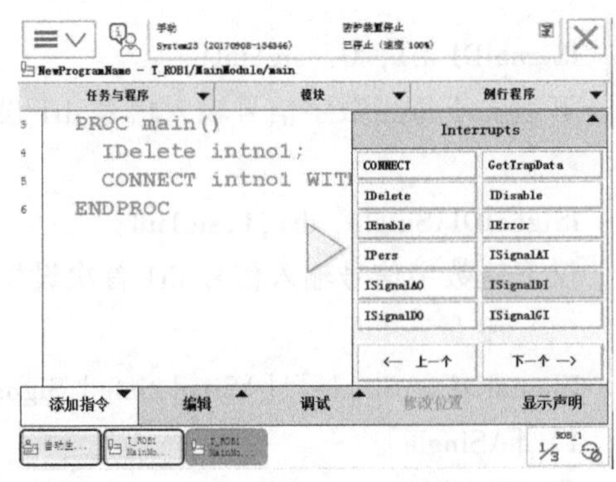

图 4-270　找到 ISignalDI 指令

3）将 ISignalDI 指令中的中断触发信号设置为“signaldi1”，触发值设为“1”，中断变量设为“intno1”，如图 4-271 所示。

4）ISignalDI 指令添加完成，如图 4-272 所示。

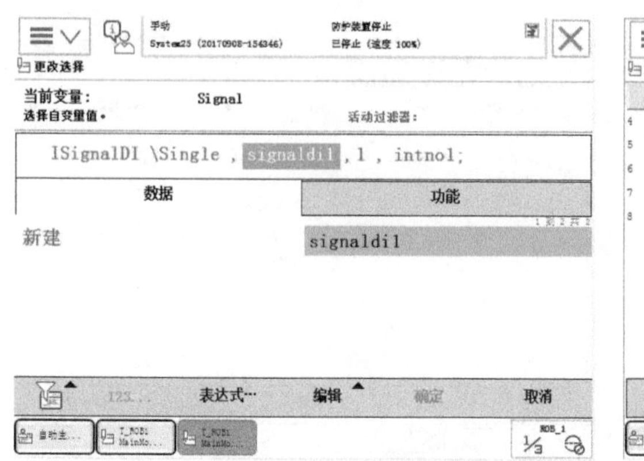

图 4-271 设置 ISignalDI 指令

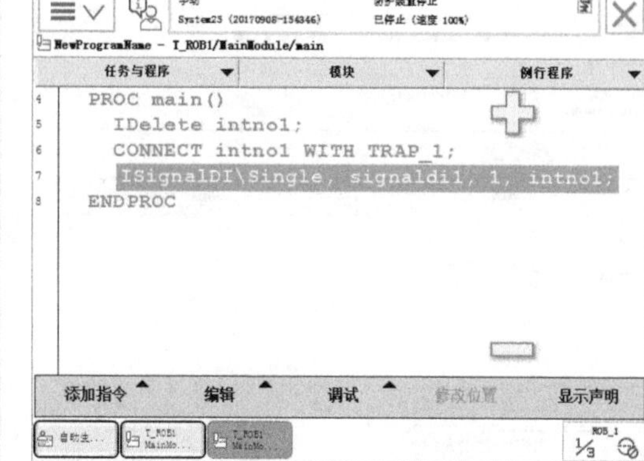

图 4-272 ISignalDI 指令添加完成

4. ISignalDO 指令

该指令用于数字信号输出信号的中断。其使用方法与 ISignalDI 指令相同，设置时只需将触发信号改为 ISignalDO 即可。

5. IWatch 指令

IWatch（中断观察）指令为启用中断指令，用于启用先前下达指令，但是却通过 ISleep 停用的中断。

例 55

IWatch sig1int;

先前停用的中断通过 sig1int 启用。

（1）变量

IWatch Interrupt

Interrupt 的数据类型为 intnum，它是中断的变量（中断识别号）。

（2）应用说明　重新启用此前 ISleep 指令产生的中断程序。

（3）指令编辑　在示教器中添加 IWatch 指令的步骤如下：

1）在“添加指令”菜单中找到并单击“Interrupts”，如图 4-273 所示。

2）找到 IWatch 指令，如图 4-274 所示；设置中断变量为 intno1，如图 4-275 所示。

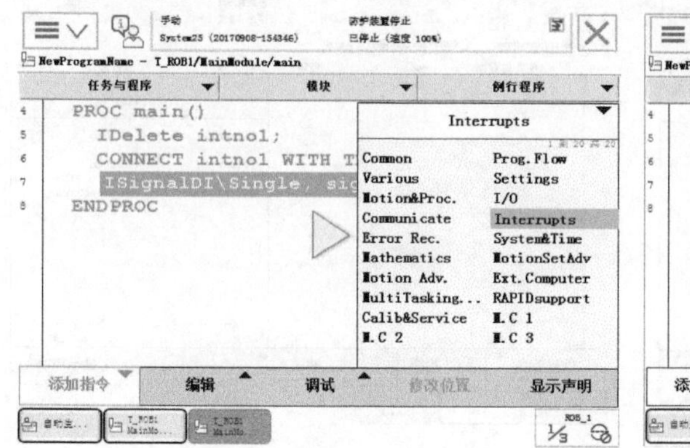

图 4-273 单击“Interrupts”

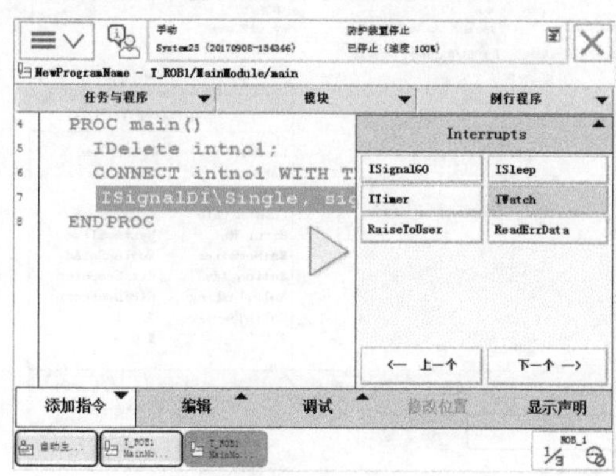

图 4-274 找到 IWatch 指令

3）IWatch 指令添加完成，如图 4-276 所示。

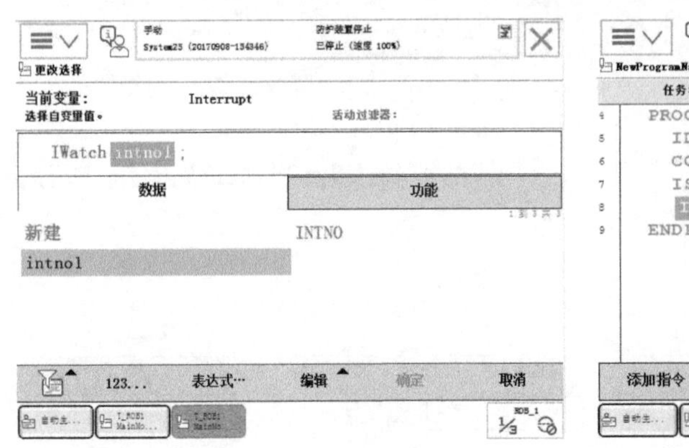

图 4-275 设置中断变量

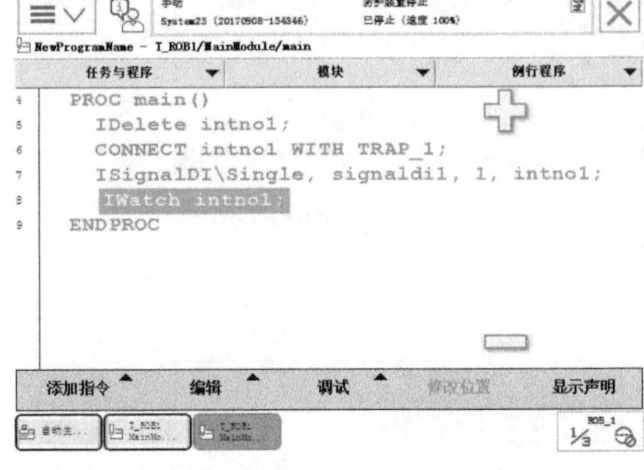

图 4-276 IWatch 指令添加完成

6. ISleep 指令

ISleep（中断睡眠）指令用于暂时停用单个中断。停用期间，在无软中断执行的情况下，可舍弃产生的任何指定类型的中断。

例 56

ISleep sig1int;

停用中断 sig1int。

（1）变量

ISleep Interrupt

Interrupt 的数据类型为 intnum，它是中断的变量（中断识别号）。

（2）应用说明　在未执行任何软中断的情况下，舍弃产生的所有指定类型的中断，直至通过 IWatch 指令，重新启用中断。忽略 ISleep 生效时产生的中断。

（3）指令编辑　在示教器中添加 ISleep 指令的步骤如下：

1）在“添加指令”菜单中找到并单击“Interrupts”，如图 4-277 所示。

2）找到 ISleep 指令，如图 4-278 所示；设置中断变量为 intno1，如图 4-279 所示。

3）ISleep 指令添加完成，如图 4-280 所示。

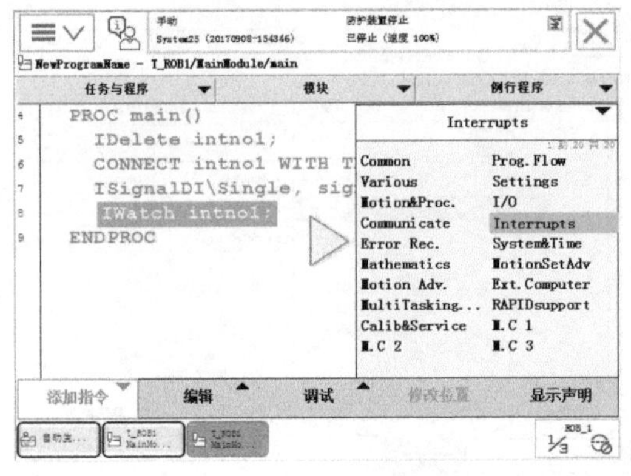

图 4-277 单击“Interrupts”

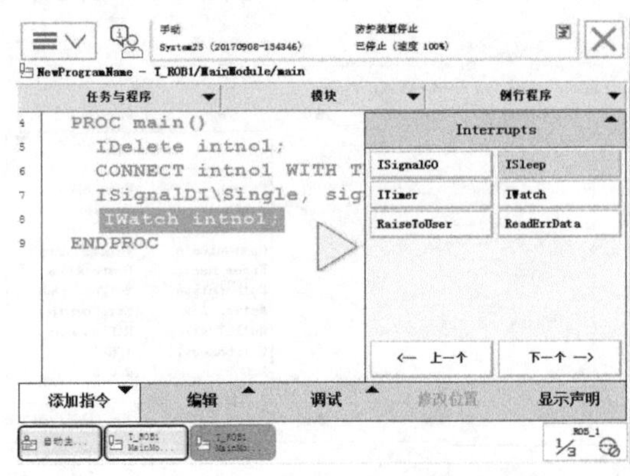

图 4-278 找到 ISleep 指令

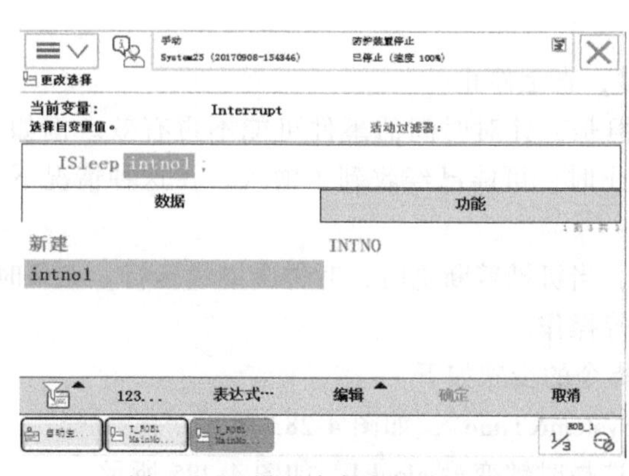

图 4-279 设置中断变量为 intno1

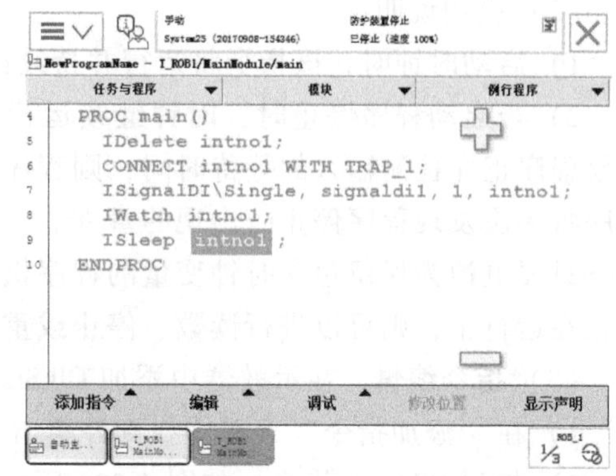

图 4-280 完成 ISleep 指令编辑

例 57

建立一个中断程序，要求用输入信号 DI1 触发中断程序 TRAP_A，触发有效值为 0，并且能够实现多次触发。

参考程序如图 4-281 所示。

例 58

在例 57 基础上，当主程序运行子程序 A 时关闭中断监控，当主程序运行子程序 B 时打开中断监控。试运用所学指令完成这一功能。

参考程序如图 4-282 所示。

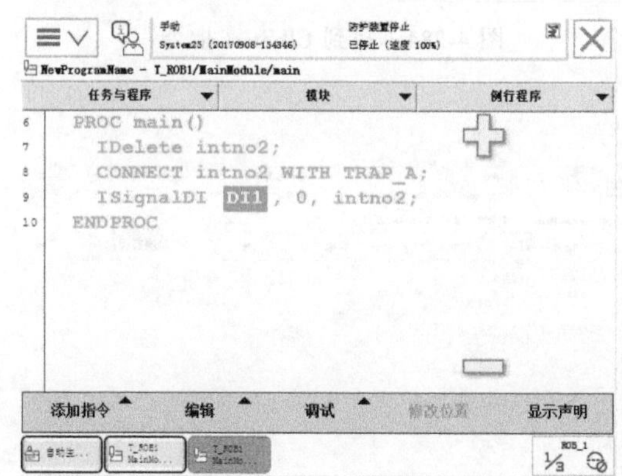

图 4-281 例 57 参考程序

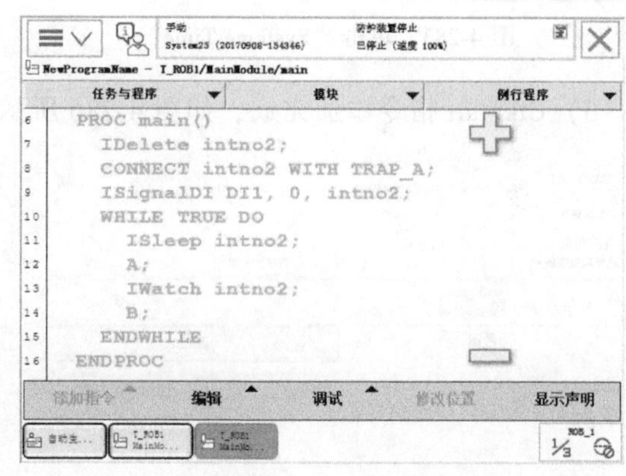

图 4-282 例 58 参考程序

六、时钟指令

1. ClkStart 指令

时钟指令

ClkStart 指令用于启动作为定时用秒表的时钟。

例 59

ClkStart clock1;

启动时钟 clock1。

(1) 变量

ClkStart clock

Clock 的数据类型为 clock，它是用于启动的时钟的名称。

（2）应用说明

1）启动时钟时，该指令将运行并持续读秒，直至停止。

2）当启动程序停止时，时钟继续运行。但是，针对时间的事件可能不再有效。例如，如果程序正在检测输入的等待时间，则程序停止时，可能已经收到了输入。在这种情况下，程序将无法发现程序停止时出现的事件。

只要电池为保留包含时钟变量的程序供电，当机械臂断电时，时钟会继续运行。如果时钟正在运行中，则可以进行读数、停止或重置等操作。

（3）指令编辑　在示教器中添加 ClkStart 指令的步骤如下：

1）在“添加指令”菜单中找到并单击“System&Time”，如图 4-283 所示。

2）找到 ClkStart 指令，如图 4-284 所示。选择时钟变量 clock1，如图 4-285 所示。

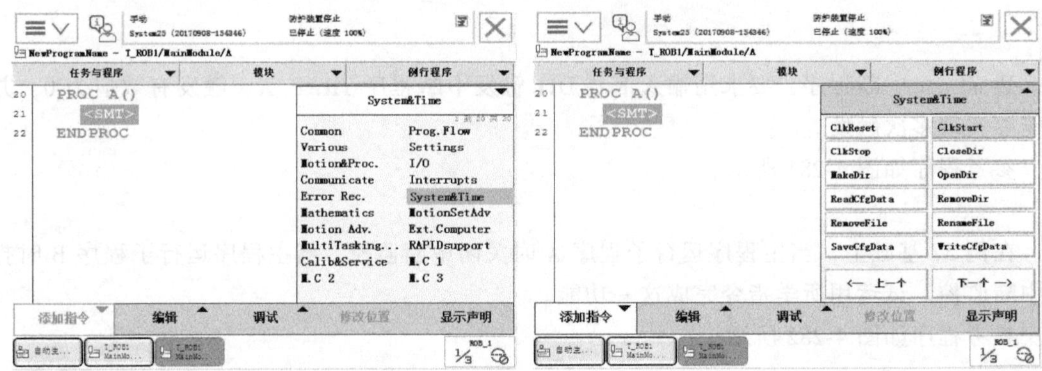

图 4-283　单击“System&Time”　　图 4-284　找到 ClkStart 指令

3）ClkStart 指令添加完成，如图 4-286 所示。

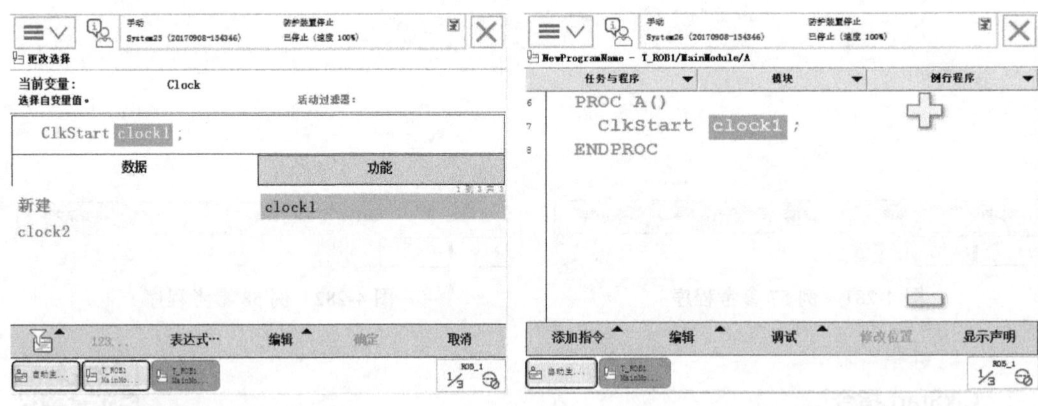

图 4-285　选择时钟变量 clock1　　图 4-286　ClkStart 指令添加完成

2. ClkStop 指令

ClkStop 指令用于停止作为定时用秒表的时钟。

例 60

ClkStop clock1;

停止时钟 clock1。

（1）变量

ClkStop Clock

Clock 的数据类型为 clock，它是用于停止时钟的名称。

(2) 应用说明

1) 当时钟停止时，该指令将停止运行。

2) 如果时钟停止，则可以进行读数、重启或重置等操作。

(3) 指令编辑　在示教器中添加 ClkStop 指令的步骤如下：

1) 在“添加指令”菜单中找到并单击“System&Time”，如图 4-287 所示。

2) 找到 ClkStop 指令，如图 4-288 所示。选择时钟变量 clock1，如图 4-289 所示。

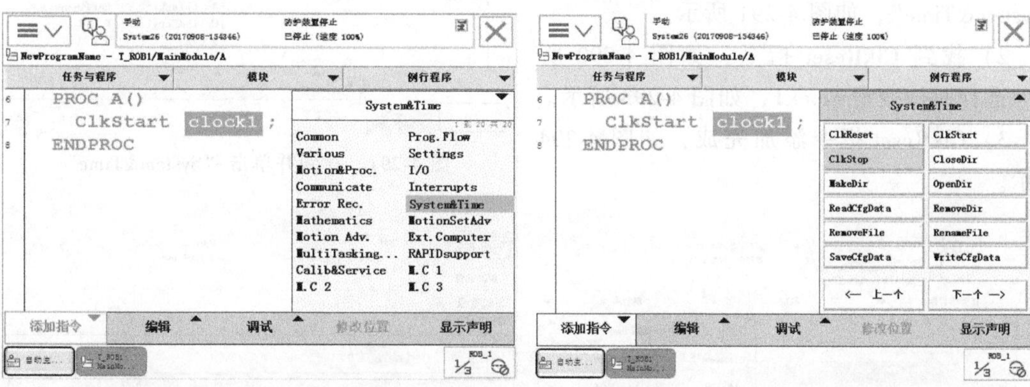

图 4-287　单击“System&Time”　　图 4-288　找到 ClkStop 指令

3) ClkStop 指令添加完成，如图 4-290 所示。

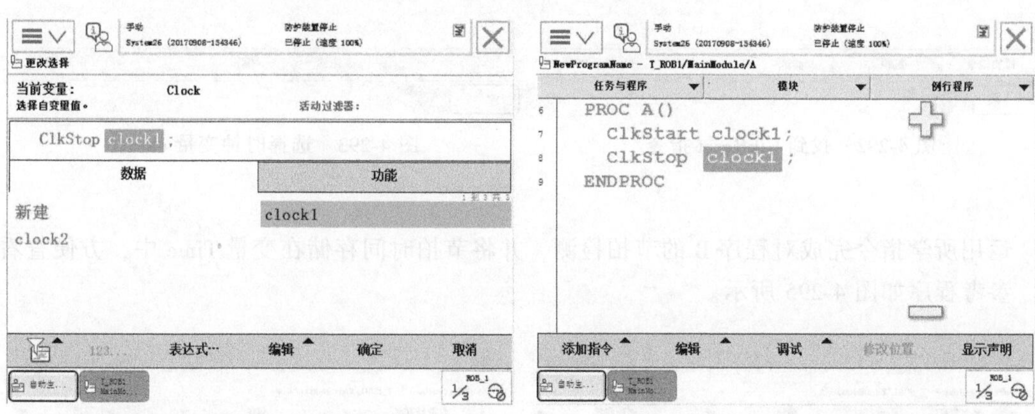

图 4-289　选择时钟变量 clock1　　图 4-290　ClkStop 指令添加完成

3. ClkReset 指令

ClkReset 指令用于重置作为定时用秒表的时钟。

使用时钟之前，可以使用该指令，以确保设置为 0。

例 61

ClkReset clock1;

重置时钟 clock1。

(1) 变量

ClkReset clock

Clock 的数据类型为 clock，它是用于重置的时钟的名称。

（2）应用说明

1）重置时钟时，将其设置为 0。

2）如果时钟正在运行中，该指令将使其停止，然后进行重置。

（3）指令编辑　在示教器中添加 ClkReset 指令的步骤如下：

1）在“添加指令”菜单中找到并单击“System&Time”，如图 4-291 所示。

2）找到 ClkReset 指令，如图 4-292 所示。选择时钟变量 clock1，如图 4-293 所示。

3）ClkReset 指令添加完成，如图 4-294 所示。

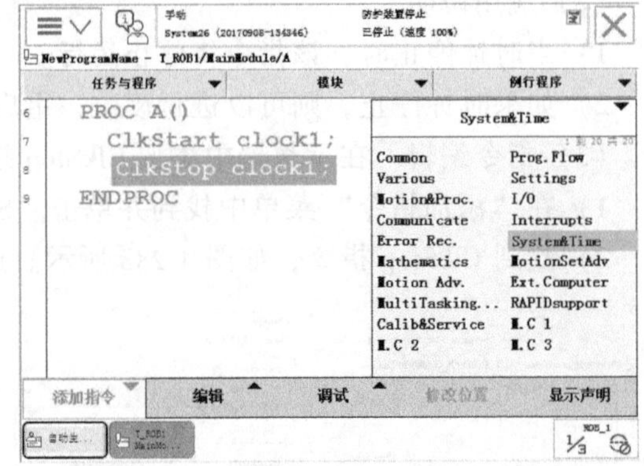

图 4-291　找到并单击“System&Time”

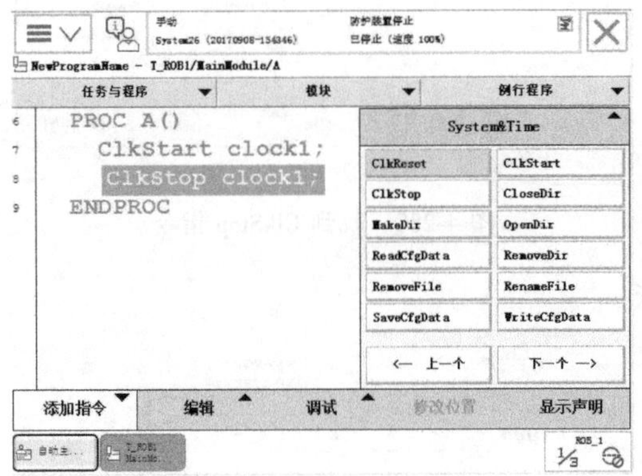

图 4-292　找到 ClkReset 指令

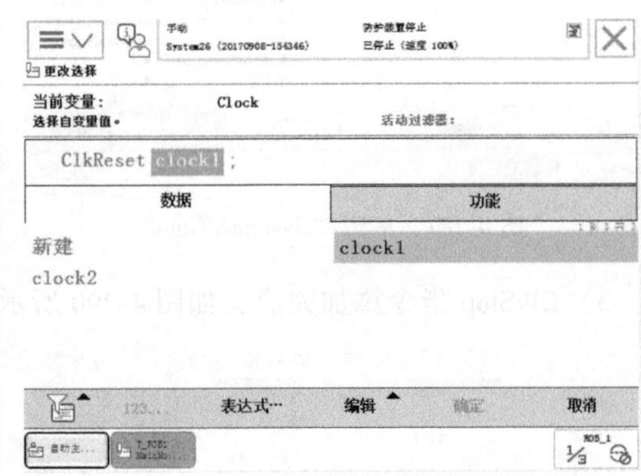

图 4-293　选择时钟变量 clock1

例 62

运用所学指令完成对程序 B 的节拍检测，并将节拍时间存储在变量 Time 中，方便查看。参考程序如图 4-295 所示。

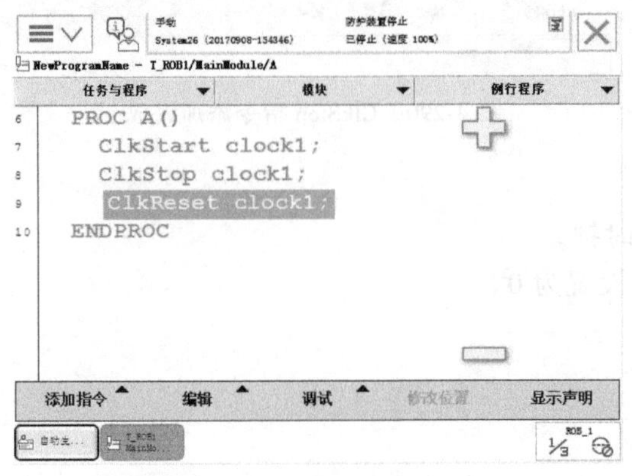

图 4-294　ClkReset 指令添加完成

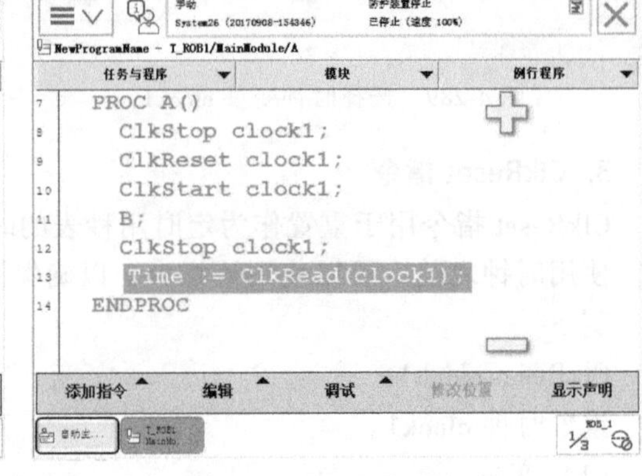

图 4-295　例 62 参考程序

练 习 题

1. 填空题

(1) 机器人在空间中的运动主要有________、________、________和________四种方式。

(2) RAPID 程序是由________模块与________模块组成的。

(3) 在 RAPID 程序中，只有一个________，并且存在于任意一个程序模块中，作为整个 RAPID 程序执行的起点。

(4) 一般机器人工件坐标系________与基坐标系重合。

(5) 工业机器人的三个关键程序数据分别为________、________和________。

(6) 位置数据 robtarget 由四部分组成，分别为________、________、________和附加轴位置。

(7) 在 RAPID 程序中，PP 是________(黄色小箭头) 的简称，并且永远指向将要执行的指令。MP 是________的简称，并且永远指向机器人当前目标点。

(8) 程序数据的存储类型包括________、________和________三大类。

(9) 工具数据 tooldata 包含工具的________、________以及________等参数。

(10) 延时指令的指令代码为________，置位信号的指令代码为________。

2. 选择题

(1) 什么指令适合机器人大范围运动时使用？(　　)

A. MoveJ　　B. MoveL　　C. MoveC　　D. MoveAbsJ

(2) 机器人编程时，运动指令中常常需要修改的参数是？(　　)

①运动速度　　②转弯半径　　③bool　　④工具数据

A. ①②③　　B. ①③④　　C. ②③④　　D. ①②④

(3) 创建工件坐标一般采用几点法？(　　)

A. 1 点　　B. 2 点　　C. 3 点　　D. 4 点

(4) 不能用来创建工具坐标的是几点法？(　　)

A. 3 点　　B. 4 点　　C. 5 点　　D. 6 点

(5) ABB 机器人指令系统中属于调用例行程序的指令是？(　　)

A. PROCCALL　　B. WAITTIME　　C. RETURN　　D. WAITDI

(6) 下面程序数据中，哪个表示“位置数据”？(　　)

A. bool　　B. num　　C. tooldata　　D. robtarget

(7) 如果在 Set、Reset 指令前有运动指令 MoveJ、MoveL、MoveC、MoveAbsJ，则转弯区数据必须使用以下哪个才可以准确地输出 I/O 信号状态的变化？(　　)

A. z0　　B. fine　　C. z10　　D. z50

3. 简答题

(1) 数值型程序数据“N1”“N2”和“N3”的初始值都为 0，机器人执行如下指令后，N1、N2、N3 的值分别是多少？

FOR i FROM 1 TO 5

```
    N1: =N1+1;
    N2: =N1+N2;
    N3: =N1+N2;
ENDFOR
```

(2) 数值型程序数据“N1”“N2”和“N3”的初始值都为0，机器人执行如下指令后，N1、N2、N3的值分别是多少？

```
WHILE N1<5 DO
    N1: =N1+1;
    N2: =N1+N2;
    N3: =N1+N2;
ENDWHILE
```

(3) 运用条件逻辑判断指令完成num1自加1运算，使num1的最终结果等于10（num1初始值为0)，写出程序指令。

(4) 如图4-296所示的机器人运行轨迹，使用基本运动指令编写其RAPID程序（工具坐标使用tool0)。

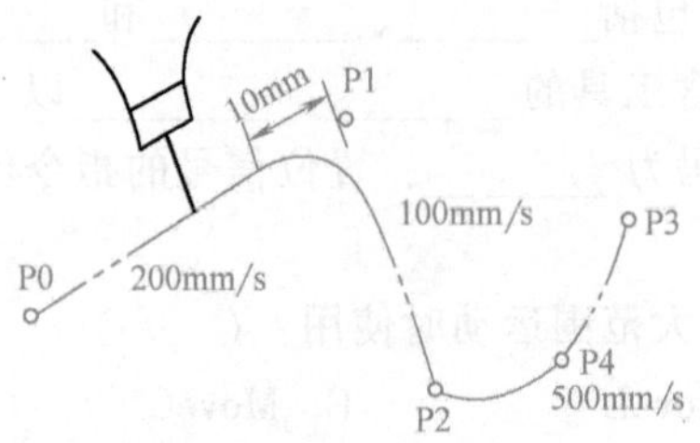

图4-296 机器人运行轨迹

ROBOT

项目五　工业机器人系统集成典型编程应用

在制造强国战略的推动下，近年来，大量的制造业逐渐开始转型升级，我国工业机器人产业发展迅速，越来越多的企业使用机器人替代人工。工业机器人目前主要应用于焊接、喷涂、码垛、搬运、装配和打磨等工序。本项目重点介绍关于工业机器人轨迹规划、搬运、装配、焊接、喷涂以及码垛等工业机器人典型应用的编程练习。

图 5-1 所示是为工业机器人典型应用的编程练习而设计的综合性实训设备。该平台以模拟 6 轴工业机器人工作站为应用案例，可学习工业机器人系统集成及示教编程。主要实训内容包括认识工业机器人本体结构、控制器结构、示教器结构，手动操纵机器人、建立坐标系、程序管理、程序设计、程序调试、执行程序、I/O 信号输入输出、自动运行、文件备份与加载等，基本涵盖了工业机器人在实际生产中的所有应用技巧。

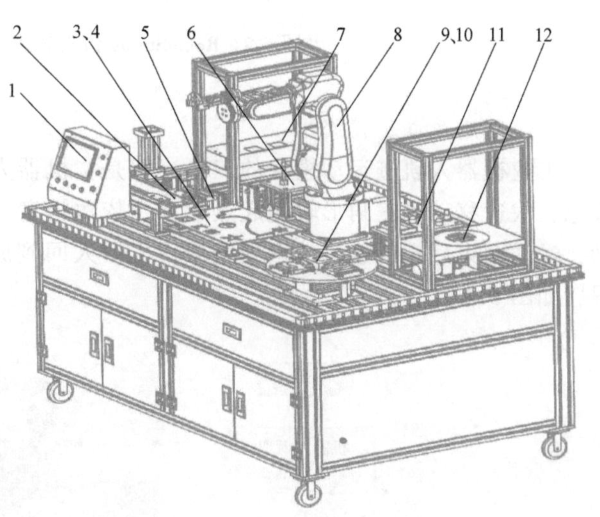

图 5-1　工业机器人综合应用实训平台

1—控制模块　2—上下料模块　3—轨迹运动模块　4—软笔书法模块　5—检测模块　6—工具架 A　7—码垛模块　8—机器人本体　9—装配模块　10—焊接模块　11—工具架 B　12—喷涂模块

任务一　轨迹板的轨迹运动操作

机器人轨迹运动是工业机器人的基础操作，常用于玻璃涂胶、鞋底涂胶等场景。轨迹运动模块是工业机器人典型应用的基础模块，该模块主要由一台 6 轴工业机器人、一块轨迹板、一支轨迹笔以及轨迹笔架组成。该模块主要用于学习手动操纵机器人、机器人运动轨迹规划、目标点示教、机器人插补方式切换、机器人坐标系切换以及高低速切换等实训。轨迹板的轨迹运动操作也可通过在 RobotStudio 仿真软件上导入 3D 数模，利用 RobotStudio 仿真软件的自动路径功能生成机器人轨迹，提取出来并导入机器人里，该软件可使学生在脱离实际机器人的情况下自主学习。RobotStudio 工作站上的仿真效果如图 5-2 所示。

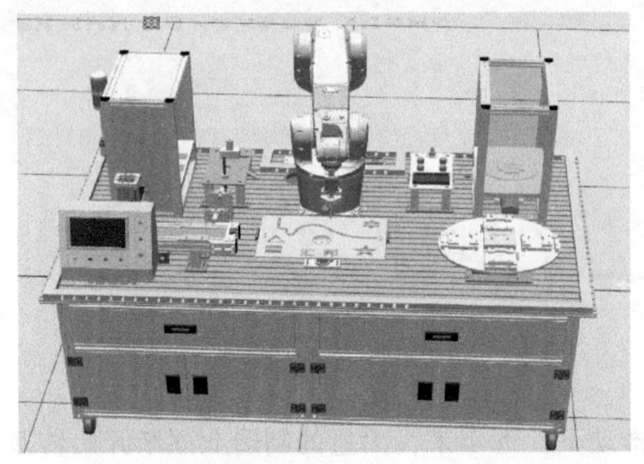

图 5-2　RobotStudio 仿真轨迹运动模块工作站

一、轨迹运动工艺流程

轨迹板的轨迹运动操作

工业机器人轨迹运动模块的工艺流程是：机器人从轨迹笔架上抓取轨迹笔，快速移动到三角形轨迹起点上方，依次沿着三角形、圆形的边缘运动，运动结束后把轨迹笔放回到笔架，机器人回到原点，完成整个动作流程，如图 5-3 所示。

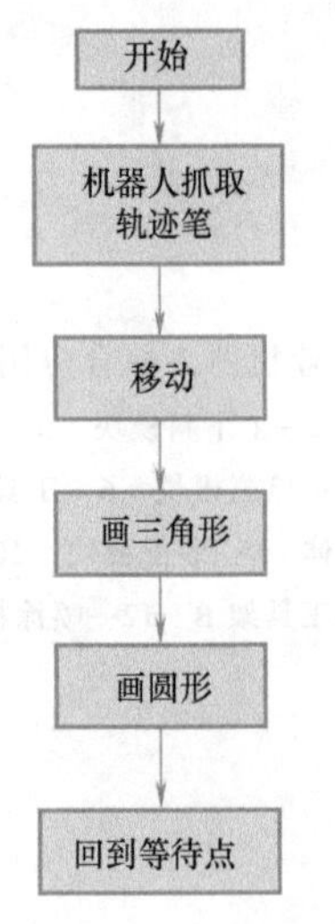

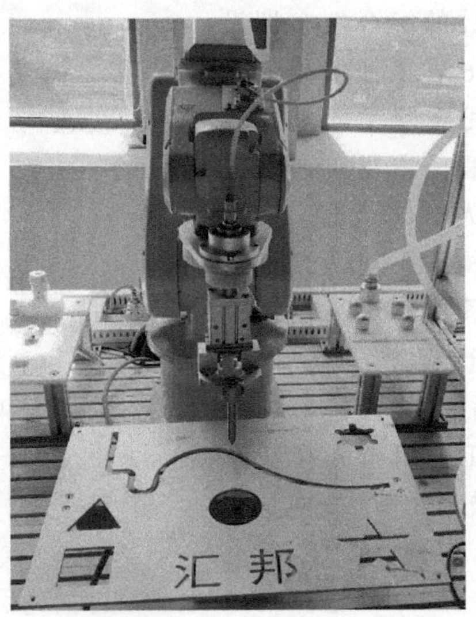

图 5-3　轨迹运动模块工艺流程图

1. 工艺要求

1）整个过程要求在 15s 之内完成。

2）机器人在整个过程中要动作稳定、协调和流畅。

2. 编程思路

1）为减少机器人操作员的工作量以及维护方便，在规划三角形轨迹和圆形轨迹时，应以轨迹笔的尖端为 TCP，创建并使用工具坐标系 tool1；以轨迹板为平面，创建并使用工件坐标系 wobj1。以该工具坐标系为三角形轨迹和圆形轨迹的编程坐标系，其余地方使用基础坐标系。

2）由于轨迹规划过程需要在 15s 内完成，同时又要保证整个工作过程的稳定、协调和流畅。在机器人程序设计方面，需要注意以下几点：

① 在速度方面，取轨迹笔前保持高速运动（v1000），在取笔点上方 150mm 处使用较低速度（v300），在取笔点上方 50mm 处使用中等速度（v100），在取轨迹笔处使用低速（v30），在画三角形和圆形时使用较低速度（v300），其他地方采用中等速度（v500）。

② 在机器人动作插补方面，从机器人在取笔点上方到达取轨迹笔点处，再到机器人取完轨迹笔到轨迹笔上方这段路径使用直线插补指令（MoveL），结合 Offs 指令，不仅可以减少不必要示教点，减轻机器人操作员的工作量，而且可以减少人为示教误差，从而保证取、放位置的精确度。画圆形轨迹使用圆弧插补指令（MoveC），其他轨迹使用关节插补指令（MoveJ）。该设计思想既可以保证轨迹的精确性，又可以保证轨迹的协调。

③ 转角半径的使用：为保证三角形和圆形绘制流畅，该部分的转角半径使用 z0；为保证每次精确抓取轨迹笔，机器人在取笔点上方处使用转角半径 z0，在取轨迹笔处使用转角半径 fine，同时在该指令后面使用指令 WaitRob\InPos 后输出信号，确保机器人停稳之后再夹取轨迹笔；其他过渡点使用转角半径 z100，以保证机器人动作舒展；为防止气压不稳定造成取、放轨迹笔的失败，输出信号延时 0.5s 后再进行机器人插补动作。

二、机器人轨迹运动程序说明及训练

```
  PROC GuiJi()                                    轨迹运动程序名
* * * * * * * * * * * * * * * * * * * 取轨迹笔 * * * * * * * * * * * * * * * * * * *
MoveJ p10,v1000,z100,tool0;                       移动到等待点 p10
MoveJ p20,v1000,z100,tool0;                       移动到过渡点 p20
MoveJ Offs(p30,0,0,150),v300,z0,tool0;            移动到轨迹笔放置点 p30 上方 150mm
MoveL Offs(p30,0,0,50),v100,z0,tool0;             移动到轨迹笔放置点 p30 上方 50mm
MoveL p30,v30,fine,tool0;                         移动到轨迹笔放置点
WaitRob\InPos                                     等待机器人静止不动
Set DO7;                                          夹爪夹紧轨迹笔
WaitTime 1;                                       等待 1s
MoveL Offs(p30,0,0,50),v100,z0,tool0;             移动到轨迹笔放置点 p30 上方 50mm
MoveL Offs(p30,0,0,150),v300,z0,tool0;            移动到轨迹笔放置点 p30 上方 150mm
MoveJ p20,v500,z100,tool0;                        移动到过渡点 p20
MoveJ p10,v500,z100,tool0;                        移动到过渡点 p10
* * * * * * * * * * * * * * * * * * * 画三角形 * * * * * * * * * * * * * * * * * * *
MoveJ Offs(p40,0,0,50),v100,z0,tool1\WObj:=wobj1; 移动到三角形第一个点 p40 上方 50mm
MoveL p40,v300,z0,tool1\WObj:=wobj1;              移动到三角形第 1 个点 p40
MoveL p50,v300,z0,tool1\WObj:=wobj1;              移动到三角形第 2 个点 p50
MoveL p60,v300,z0,tool1\WObj:=wobj1;              移动到三角形第 3 个点 p60
MoveL p40,v300,z0,tool1\WObj:=wobj1;              回到三角形第 1 个点 p40
```

```
MoveL Offs(p40,0,0,50),v500,z0,tool1\WObj:=wobj1;    移动到三角形起点 p40 上方50mm
* * * * * * * * * * * * * * * * * * * 画圆形 * * * * * * * * * * * * * * * * * * * *
MoveJ Offs(p80,0,0,50),v100,z0,tool1\WObj:=wobj1;    移动到圆形起点 p80 上方 50mm
MoveL p80,v300,z0,tool1\WObj:=wobj1;                 移动到圆形起点 p80
MoveC p90,p100,v300,z0,tool1\WObj:=wobj1;            移动到圆形第 2 个点 p90,第 3 个点 p100
MoveC p110,p80,v300,z0,tool1\WObj:=wobj1;            移动到圆形第 4 个点 p110,起点 p80
MoveL Offs(p80,0,0,50),v100,z0,tool1\WObj:=wobj1;    移动到圆形起点 p80 上方 50mm
* * * * * * * * * * * * * * * * * * * * 放笔 * * * * * * * * * * * * * * * * * * * * *
MoveJ p10,v500,z100,tool0;                           移动到等待点 p10
MoveJ p20,v500,z100,tool0;                           移动到过渡点 p20
MoveJ Offs(p30,0,0,150),v300,z0,tool0;               移动到轨迹笔放置点 p30 上方 150mm
MoveL Offs(p30,0,0,50),v100,z0,tool0;                移动到轨迹笔放置点 p30 上方 50mm
MoveL p30,v30,fine,tool0;                            移动到轨迹笔放置点
WaitRob\InPos                                        等待机器人静止不动
Reset DO7;                                           夹爪松开轨迹笔
WaitTime 1;                                          等待 1s
MoveL Offs(p30,0,0,50),v100,z0,tool0;                移动到轨迹笔放置点 p30 上方 50mm
MoveL Offs(p30,0,0,150),v300,z0,tool0;               移动到轨迹笔放置点 p30 上方 150mm
MoveJ p20,v1000,z100,tool0;                          移动到过渡点 p20
MoveJ p10,v1000,z100,tool0;                          移动到过渡点 p10
ENDPROC
```

任务二　上下料应用模块编程

上下料是工业机器人最为常见的应用，所占比重达 30%以上，主要应用于汽车制造、食品加工、3C、新能源和物流等行业。其特性是工作节拍要求高，稳定性强。近年来，一些批量大、速度快、准确性高的上下料工作可由工业机器人代替人工完成，并取得了很好的应用效果。

工业机器人综合应用实训平台设计有上下料应用实训模块，该模块主要由一台 6 轴工业机器人、一套输送系统组成。该模块可用于学习典型的机器人上下料程序编制、程序修改、目标点示教、微调目标点位置和 I/O 信号的输入输出设置。可在 RobotStudio 仿真软件中导入 3D 模型，并通过创建 Smart 组件和工作站逻辑信号关联以及在虚拟示教器中编程完成机器人上下料的编程学习，让学生在脱离实际设备的情况下就可以学习工业机器人的上下料编程，其仿真效果如图 5-4 所示。

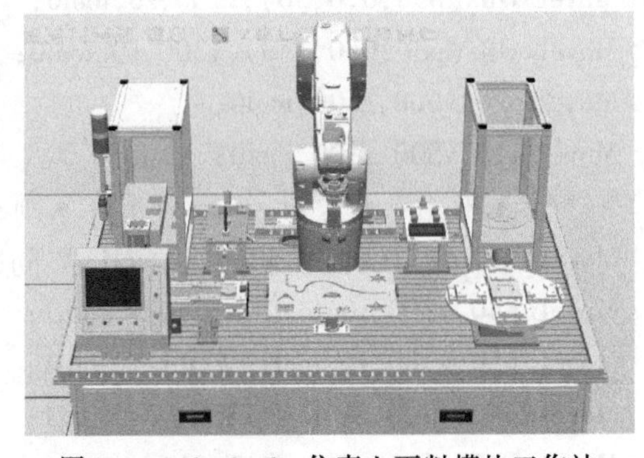

图 5-4　RobotStudio 仿真上下料模块工作站

一、上下料应用模块工艺流程

上下料应用模块编程

上下料应用模块工艺流程是：机器人接收到输入信号后，移动到输送线末端，抓取工件并移动到装配转盘上，把工件放入装配工位，完成了这一工作流程后，机器人回到等待位置。

1. 工艺要求：

1）整个过程要求在10s之内完成。

2）机器人在整个过程中要动作稳定、协调和流畅。

3）机器人与PLC的配合应达到无缝衔接。

2. 编程思路

1）由于机器人在上下料过程不涉及复杂的轨迹，所以在上下料实例中使用基础坐标系即可。

2）由于上下料过程需要在10s内完成，同时又要保证整个工作过程的稳定、协调和流畅性。因此在程序设计方面需要注意以下几点：

① 在速度方面，机器人未取工件前和放下工件后保持高速运动（v1000），在取、放工件点上方100mm处使用中等较低速度（v300），30mm或50mm处使用中等速度（v100），在取工件处使用低速（v30），在放工件处使用低速（v20）。

② 在机器人动作插补方面，从机器人在取工件上方点到达取工件处，再到机器人放工件上方到放工件这段路径使用直线插补指令（MoveL），结合Offs指令，不仅可以减少不必要示教点，减轻机器人操作员的工作量，而且可以减少人为示教误差，从而保证取、放位置的精确度，其他轨迹使用关节插补指令（MoveJ）。该设计思想既可以保证轨迹的精确性，又可以保证轨迹的协调。

③ 转角半径的使用：机器人在取、放工件上方处使用转角半径z0，在取、放工件处使用转角半径fine，同时在该指令后面使用指令WaitRob\InPos后输出信号，确保机器人停稳之后再取、放工件；为防止气压不稳定造成的取、放工件失败，输出信号延时0.5s再进行机器人插补动作。

3）机器人在等待PLC信号时，使用WaitDI指令，以确保机器人和PLC的配合能够无缝衔接。

上下料应用模块的工艺流程图如图5-5所示。

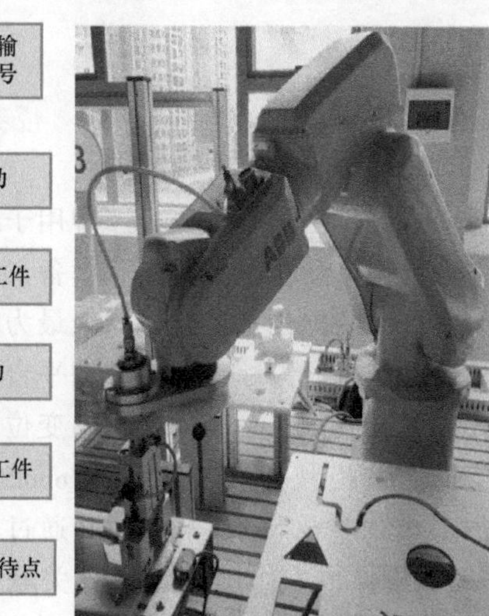

图5-5　上下料应用模块工艺流程图

二、机器人上下料程序说明及训练

```
PROC RCarry()                                    上下料程序名
* * * * * * * * * * * * * * * * * * * * 上料 * * * * * * * * * * * * * * * * * * * *
MoveJ pWait,v1000,z100,tool0;                    移动到等待点
Set DO3;                                         起动送料机构
```

```
WaitDI DI7,1;                                   等待物料到位
Reset DO3;                                      复位 DO3
MoveJ Offs(pCarry,0,0,100),v300,z0,tool0;       移动到取料位上方 100mm
MoveL Offs(pCarry,0,0,30),v100,z0,tool0;        移动到取料位上方 30mm
MoveL pCarry,v30,fine,tool0;                    移动到取料位
WaitRob\InPos;                                  等待机器人停止
Set DO7;                                        夹紧物料
WaitTime 0.5;                                   延时 0.5s
MoveL Offs(pCarry,0,0,30),v100,z0,tool0;        移动到取料位上方 30mm
MoveL Offs(pCarry,0,0,100),v300,z10,tool0;      移动到取料位上方 100mm
* * * * * * * * * * * * * * * * * * * * 下料 * * * * * * * * * * * * * * * * * * * *
MoveJ Offs(PPutBoard,0,0,50),v100,z0,tool0;     移动到放料位上方 50mm
MoveL PPutBoard,v20,fine,tool0;                 移动到放料位
WaitRob\InPos;                                  等待机器人停止
Reset DO7;                                      释放物料
WaitTime 0.5;                                   延时 0.5s
MoveL Offs(PPutBoard,0,0,50),v100,z10,tool0;    移动到放料位上方 50mm
MoveJ pWait,v1000,z100,tool0;                   回到等待点
ENDPROC                                         程序结束
```

任务三　装配应用模块编程

装配机器人是工业生产中用于装配生产线上对零件或部件进行装配的一类工业机器人。作为柔性自动化装配的核心设备，装配机器人具有精度高、工作稳定、柔顺性好和动作迅速等优点。装配也是工业机器人最为常见的应用之一，尤其是在 3C 行业中应用最为广泛。

工业机器人综合应用实训平台中设计有装配应用实训模块，该模块由一台 6 轴工业机器人、工具架以及一套可旋转的变位系统组成。该模块也可通过在 RobotStudio 仿真软件中导入 3D 模型，并通过创建 Smart 组件、工作站逻辑信号关联以及在虚拟示教器中编程完成机器人装配的编程学习，让学生在脱离实际设备的情况下就可以学习工业机器人的装配编程，其仿真效果如图 5-6 所示。学生在本应用模块可学习典型的机器人装配程序编制、程序修改、目标点示教、变量计数判断和 I/O 信号的输入输出设置等内容。

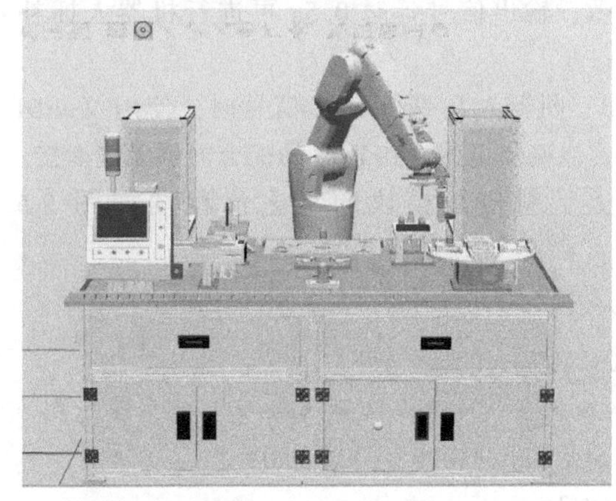

图 5-6　RobotStudio 仿真装配模块工作站

一、装配应用模块工艺流程

装配应用模块工艺流程是：机器人从工具架上抓取螺纹柱，移动到装配转盘上进行螺纹旋转装配，完成这一工作流程后，机器人回到原点位置，如图 5-7 所示。

装配应用模块编程

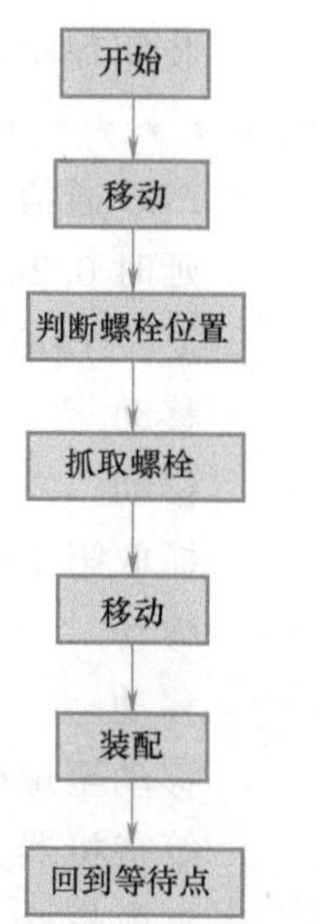

图 5-7　装配应用模块工艺流程图

1. 工艺要求

1）整个过程要求在 30s 之内完成。

2）机器人在整个过程中要动作稳定、协调和流畅。

3）机器人与 PLC 的配合应达到无缝衔接。

2. 编程思路

1）由于机器人在装配过程不涉及复杂的轨迹，所以在装配实例中使用基础坐标系即可。

2）由于装配过程需要在 30s 内完成，同时又要保证整个工作过程的稳定、协调和流畅。因此在程序设计方面需要注意以下几点：

① 在速度方面，机器人未取螺栓前和放下螺栓后保持高速运动（v1000），在取螺栓点上方 100mm 处使用较低速度（v300），30mm 处使用中等速度（v100），在螺栓装配处使用低速（v30），其他地方采用中等速度（v500）。

② 在机器人动作插补方面，从机器人在取螺栓上方点到达取螺栓处，再到机器人装配螺栓上方、装配螺栓这段路径使用直线插补指令（MoveL），结合 Offs 指令，不仅可以减少不必要的示教点，减轻机器人操作员的工作量，而且可以减少人为示教误差，从而保证取、放位置的精确度，其他轨迹使用关节插补指令（MoveJ）。该设计思想既可以保证轨迹的精确性，又可以保证轨迹的协调。

③ 转角半径的使用：机器人在取螺栓上方处使用转角半径 z0，在装配螺栓处使用转角半径 fine，同时在该指令后面使用指令 WaitRob \InPos 后输出信号，确保机器人停稳之后再取、放螺栓；为防止气压不稳定造成的取螺栓和装配螺栓的失败，输出信号延时 0.5s 再进行机器人插补动作。

3）由于需要装配4个螺栓，首先创建取螺栓点位数组 pScrew {4}，并对应修改位置，使用 incr（自加1）指令和 TEST（根据表达式的值）指令达到循环抓取4个位置的螺栓的目的，从而实现优化程序的目的。

二、机器人装配程序说明及训练

PROC RAssemble()	装配程序名
* 取螺栓 * * * * * * * * * * * * * * * * * * *	
Set DO0;	PLC 通信下一步
WaitTime 0.2;	延时 0.2s
Reset DO0;	复位 DO0
MoveJ pWait,v1000,z100,tool0	移动
MoveJ pPickwait,v1000,z100,tool0	移动
NCycle:=1;	抓取第1个螺栓
MoveJ Offs(PScrew{NCycle},0,0,100),v300,z10,tool0;	移动
MoveL Offs(PScrew{NCycle},0,0,30),v100,z0,tool0;	移动
MoveL PScrew{NCycle},v30,fine,tool0;	移动至螺栓位置
WaitRob\InPos;	等待机器人停止
Set DO7;	夹取螺栓
WaitTime 0.5;	延时 0.5s
MoveL Offs(PScrew{NCycle},0,0,100),v300,z0,tool0;	移动至螺栓上方
MoveJ pWait,v1000,z100,tool0	移动
* 装配螺栓 * * * * * * * * * * * * * * * * * * *	
MoveL Offs(PAssem,0,0,30),v100,z0,tool0;	移动到装配位1上方
MoveL PAssem,v30,fine,tool0;	移动至装配位1
MoveL PAssem10,v30,fine,tool0;	装配
WaitRob\InPos;	等待机器人停止
Reset DO7;	松开夹具
WaitTime 0.5;	延时 0.5s
MoveL Offs(PAssem10,0,0,100),v300,z0,tool0;	移动至安全位
MoveJ pWait,v1000,z100,tool0	移动
ENDPROC	程序结束

任务四 焊接应用模块编程

焊接作为工业机器人最先实现工业机器人自动化的领域，被广泛应用于汽车制造、钣金焊接等领域。焊接在汽车领域的应用已经有近50年的历史，焊接技术已经日趋成熟，工业机器人焊接技术包括点焊、弧焊和激光焊等焊接方式。相对于人工焊接，机器人焊接的质量稳定，可改善工人劳动条件和提高劳动生产率。随着客户对产品质量要求的不断提升，因此，焊接机器人智能化越来越成为一种趋势。焊接机器人智能化技术研究主要集中在焊接传感技术、焊缝识别与导引技术、焊缝跟踪技术、焊缝成形质量控制、多机器人协调控制技术与遥控焊接技术 6 个主要方面。

工业机器人综合应用实训平台设计有焊接模块，该模块由一台 6 轴工业机器人、工具架、一套焊枪以及一套可旋转的变位系统组成。该模块可通过在 RobotStudio 仿真软件中导入 3D 模型，并通过创建 Smart 组件、工作站逻辑信号关联以及在虚拟示教器中编程完成机器人焊接的编程学习，让学生在脱离实际设备的情况下就可以学习工业机器人的焊接编程，其仿真效果图如图 5-8 所示。

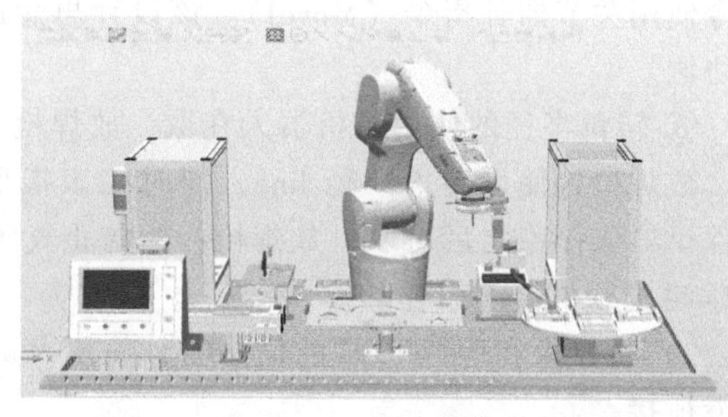

图 5-8　RobotStudio 仿真焊接模块工作站

一、焊接应用模块工艺流程

焊接应用模块编程

焊接应用模块工艺流程是机器人从工具架上抓取焊枪，移动到装配转盘上对装配好的工件进行焊接。完成这一工作流程后，机器人回到等待点位置。焊接应用模块的工艺流程图如图 5-9 所示。

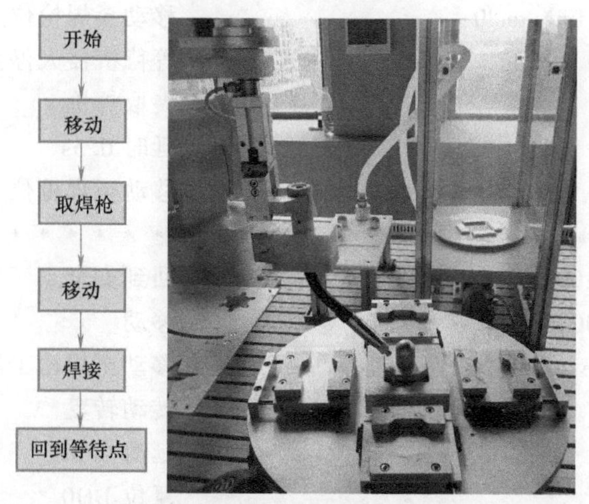

图 5-9　焊接应用模块工艺流程图

1. 工艺要求

1）整个过程要求在 30s 之内完成。

2）机器人在整个过程中要动作稳定、协调和流畅。

2. 编程思路

1）由于机器人在焊接过程不涉及复杂的轨迹，所以在焊接实例中使用基础坐标系即可。

2）由于焊接过程需要在 30s 内完成，同时又要保证整个工作过程的稳定、协调和流畅。因此在程序设计方面需要注意以下几点：

① 在速度方面，机器人夹爪空载过程保持高速运动（v1000），在上、下运动接近焊枪和焊接零件时使用较低速度（100mm 处速度为 v100，150mm 处为 v300），在取、放焊枪的地方和焊接时使用低速（v30），其他地方采用中等速度（v500）。

② 在机器人动作插补方面，从机器人在取、放焊枪上方点到达取、放焊枪处，机器人在从取工件上方点到取工件处以及在与其他设备干涉处使用直线插补指令（MoveL），其他指令使用关节插补指令（MoveJ）。该设计思想既可以保证轨迹的精确性，又可以保证轨迹的协调。

③ 转角半径的使用：机器人在取、放焊枪上方处和到达焊接点时使用转角半径 z0，在取、放焊枪处使用转角半径 fine，同时在该指令后面使用指令 WaitRob\InPos 后输出信号，确保机器人停稳之后再取、放焊枪；为防止气压不稳定造成取、放焊枪失败，输出信号延时 0.5s 再进行机器人插补动作。

3）机器人在等待 PLC 的信号时，使用 WaitDI 指令，以确保机器人和 PLC 的配合能够无缝衔接。

二、机器人焊接程序说明及训练

```
PROC RWeld()                                          焊接程序名
* * * * * * * * * * * * * * * * * * *取焊枪* * * * * * * * * * * * * * * * * *
MoveJ pWait,v1000,z100,tool0                          移动
MoveJ offs(PWeldtool,0,0,100),v100,z0,tool0;          移动至焊枪位上方
MoveL PWeldtool,v30,fine,tool0;                       移动至焊枪位
WaitRob\InPos;                                        等待机器人停止
Set DO7;                                              夹取焊枪
WaitTime 0.5;                                         延时 0.5s
MoveL Offs(PWeldtool,0,0,150),v300,z0,tool0;          移动至焊枪位上方
* * * * * * * * * * * * * * * * * * * *焊接* * * * * * * * * * * * * * * * * * *
MoveJ PHome,v500,z100,tool0;                          回到安全点
MoveJ pWait,v500,z100,tool0                           移动
MoveL PWeld,v30,fine,tool0;                           移动至焊枪工作位
Set DO0;                                              转动转盘
WaitTime 0.5;                                         延时 0.5s
Reset DO0;                                            复位 DO0
WaitDI DI0,1;                                         等待转盘停止
MoveJ PHome,,v500,z100,tool0;                         回到安全点
* * * * * * * * * * * * * * * * * * *放焊枪* * * * * * * * * * * * * * * * * *
MoveL Offs(PWeldtool,0,0,150),v300,z10,tool0;         移动至焊枪位上方
MoveL PWeldtool,v30,fine,tool0;                       移动至焊枪位
WaitRob\InPos;                                        等待机器人停止
ReSet DO7;                                            释放焊枪
WaitTime 0.5;                                         延时 0.5s
MoveL Offs(PWeldtool,0,0,100),v100,z0,tool0;          移动至焊枪位上方
MoveL PHome,v1000,z100,tool0;                         回到安全点
ENDPROC                                               程序结束
```

任务五　喷涂应用模块编程

涂装是制造业中一项非常重要的工序，主要应用于汽车制造、卫浴等领域，它能有效地防止工件受外界环境侵蚀，提高工件寿命，而且能美化工件外观。随着机器人技术的不断完善，喷涂精度得到了显著提高，喷涂机器人在主要的发达国家得到了广泛的应用。喷涂机器人作为特殊的工业机器人，除了能极大地降低工人的劳动强度和改善工作环境外，还具有以下特点：

1）轨迹灵活，位置控制精确，涂抹厚度均匀。

2）柔性大，使用范围广。

3）易于操作和维护，可离线编程，大大缩短了现场调试时间。

4）设备的利用效率高。

目前在国内，涂装工序主要还是靠人工完成，涂装的质量受工人的技术熟练程度、工作状态等因素的影响很大。同时，涂装过程中挥发出来的有毒气体对工人的身体健康影响很大。实现涂装过程自动化具有巨大的社会经济效益和前景。

工业机器人综合应用实训平台设计有喷涂模块，该模块由一台 6 轴工业机器人、工具架、一套喷枪以及两套可旋转的变位系统组成。该模块可通过在 RobotStudio 仿真软件中导入 3D 模型，并通过创建 Smart 组件、工作站逻辑信号关联以及在虚拟示教器中编程完成机器人喷涂的编程学习，让学生在脱离实际设备的情况下就可以学习工业机器人的喷涂编程，其仿真效果如图 5-10 所示。

一、喷涂应用模块工艺流程

喷涂应用模块工艺流程是：机器人从装配转盘抓取焊接好的工件并放到喷涂转盘上，从工具架上抓取喷枪对工件进行喷涂操作。完成这一工作流程后，机器人回到等待点位置。喷涂应用模块的工艺流程图如图 5-11 所示。

喷涂应用模块编程

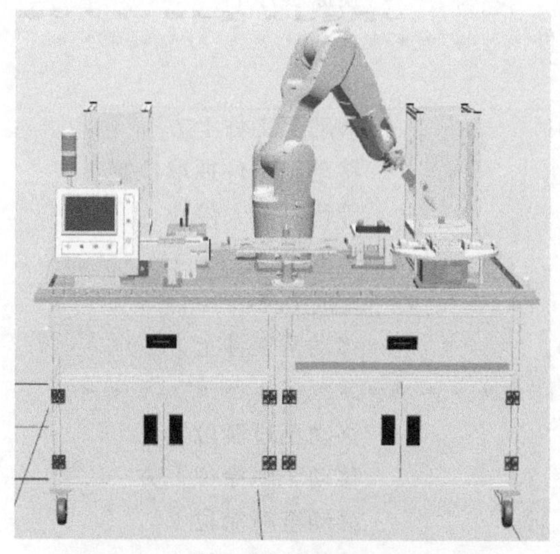

图 5-10　RobotStudio 仿真喷涂模块工作站

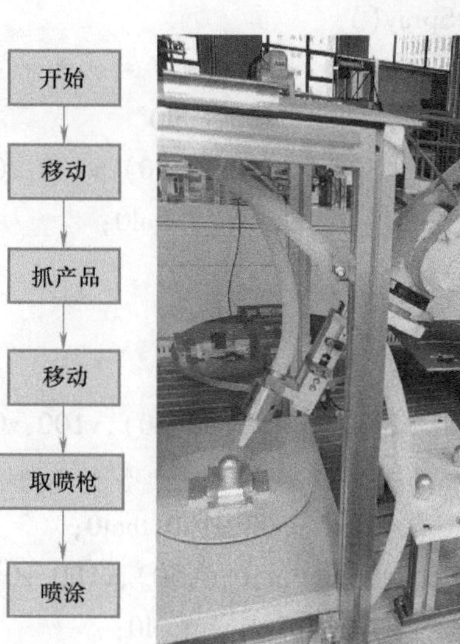

图 5-11　喷涂应用模块工艺流程图

1. 工艺要求

1）整个过程要求在30s之内完成。

2）机器人在整个过程中要动作稳定、协调和流畅。

2. 编程思路

1）由于机器人在喷涂过程不涉及复杂的轨迹，所以在喷涂实例中使用基础坐标系即可。

2）由于喷涂过程需要在30s内完成，同时又要保证整个工作过程的稳定、协调和流畅。因此在程序设计方面需要注意以下几点：

① 速度方面，机器人夹爪空载过程保持高速运动（v1000），在上、下运动接近喷枪时使用较低速度（v100或v300），在取、放喷枪时使用低速（v30），其他地方采用中等速度（v500）。

② 在机器人动作插补方面，机器人从取、放喷枪上方点到达取、放喷接处、机器人从放工件上方点到达放工件处使用直线插补指令（MoveL），结合Offs指令，不仅可以减少不必要示教点，减轻机器人操作员的工作量，而且可以减少人为示教误差，从而保证取、放位置的精确度。机器人运动过程与其他设备干涉处也使用直线插补指令（MoveL），其他指令使用关节插补指令（MoveJ）。该设计思想既可以保证轨迹的精确性，又可以保证轨迹的协调。

③ 转角半径的使用：机器人从取、放喷枪上方处和到达喷枪点使用转角半径z0，在取、放喷枪处使用转角半径fine，同时在该指令后面使用指令WaitRob\InPos后输出信号，确保机器人停稳之后再取、放喷枪和工件；为防止气压不稳定造成取、放工件和喷枪失败，输出信号延时0.5s再进行机器人插补动作。

3）机器人在等待PLC的信号时，使用WaitDI指令，以确保机器人和PLC的配合能够无缝衔接。

二、机器人喷涂程序说明及训练

```
PROC RSpray()                                         喷涂程序名
********************取工件********************
MoveJ pWait,v1000,z100,tool0                          移动
MoveL Offs(PSprayPick,0,0,50),v100,z0,tool0;          移动至工件上方
MoveL PSprayPick,v30,fine,tool0;                      移动至工件抓取位置
WaitRob\InPos;                                        等待机器人停止
Set DO7;                                              夹取工件
WaitTime 0.5;                                         延时0.5s
MoveL Offs(PSprayPick,0,0,50),v100,z0,tool0;          移动至工件上方
********************放工件********************
MoveL PSprayPass,v500,z100,tool0;                     移动至过渡位置
MoveL Offs(PSprayPut,0,0,50),v100,z0,tool0;           移动至喷涂位上方
MoveL PSprayPut,v30,fine,tool0;                       移动至喷涂位
WaitRob\InPos;                                        等待机器人停止
```

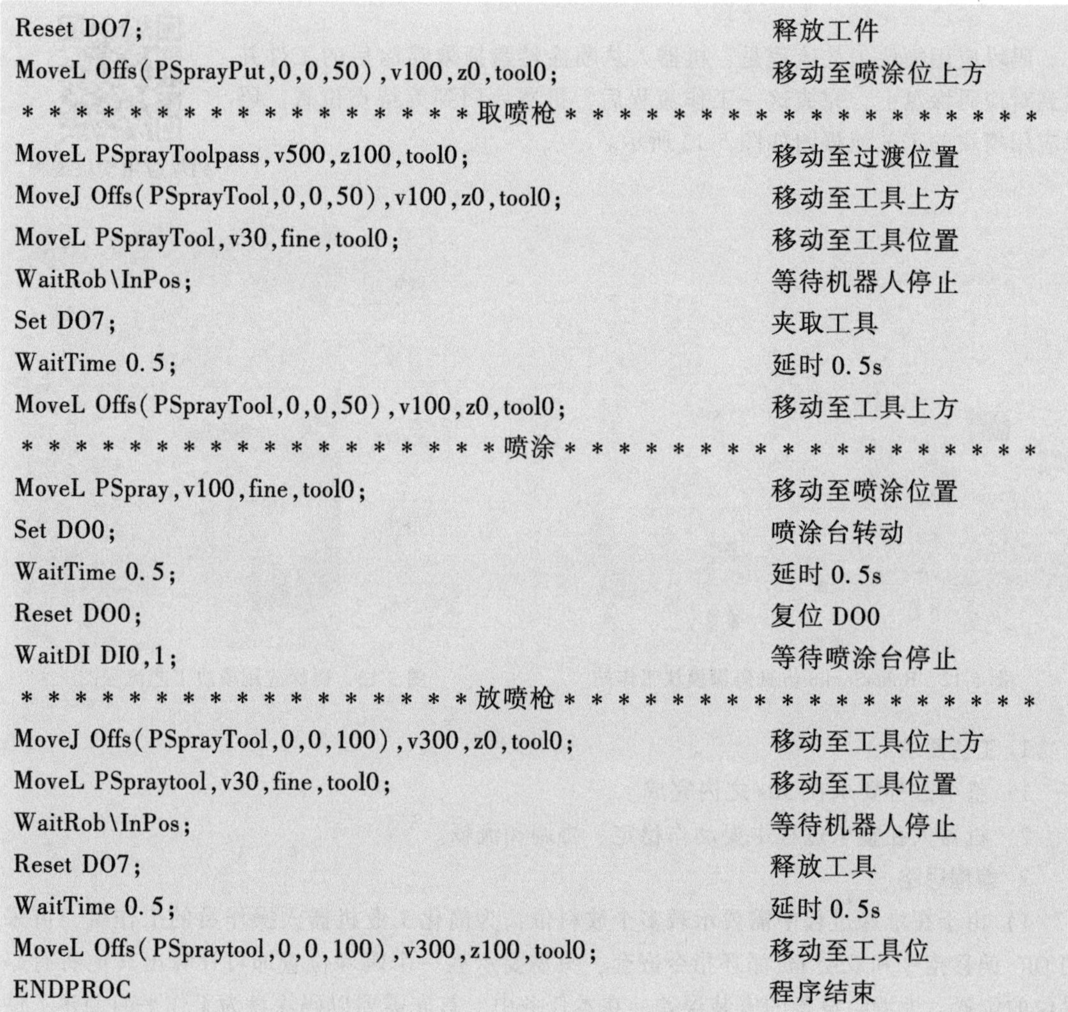

```
Reset DO7;                                              释放工件
MoveL Offs(PSprayPut,0,0,50),v100,z0,tool0;             移动至喷涂位上方
* * * * * * * * * * * * * * * * * * * * 取喷枪 * * * * * * * * * * * * * * * * * * * *
MoveL PSprayToolpass,v500,z100,tool0;                   移动至过渡位置
MoveJ Offs(PSprayTool,0,0,50),v100,z0,tool0;            移动至工具上方
MoveL PSprayTool,v30,fine,tool0;                        移动至工具位置
WaitRob\InPos;                                          等待机器人停止
Set DO7;                                                夹取工具
WaitTime 0.5;                                           延时 0.5s
MoveL Offs(PSprayTool,0,0,50),v100,z0,tool0;            移动至工具上方
* * * * * * * * * * * * * * * * * * * * * 喷涂 * * * * * * * * * * * * * * * * * * * *
MoveL PSpray,v100,fine,tool0;                           移动至喷涂位置
Set DO0;                                                喷涂台转动
WaitTime 0.5;                                           延时 0.5s
Reset DO0;                                              复位 DO0
WaitDI DI0,1;                                           等待喷涂台停止
* * * * * * * * * * * * * * * * * * * * 放喷枪 * * * * * * * * * * * * * * * * * * * *
MoveJ Offs(PSprayTool,0,0,100),v300,z0,tool0;           移动至工具位上方
MoveL PSpraytool,v30,fine,tool0;                        移动至工具位置
WaitRob\InPos;                                          等待机器人停止
Reset DO7;                                              释放工具
WaitTime 0.5;                                           延时 0.5s
MoveL Offs(PSpraytool,0,0,100),v300,z100,tool0;         移动至工具位
ENDPROC                                                 程序结束
```

任务六 码垛应用模块编程

码垛是一种有规律的搬运工作，也是自动化生产中耗费大量人力的环节。随着行业的转型升级和企业自动化程度的提高，越来越多的机器人产品已经开始代替人工成为码垛作业的生力军。具有高性能和高品质的工业机器人已成为企业提高生产效率以及提升产品竞争优势的首选。在各种大规模生产尤其是仓储系统中，对搬运速度、处理能力等的要求越来越高。实现码垛过程自动化具有巨大的社会经济效益和前景。

工业机器人综合应用实训平台设计有码垛模块，该模块由一台 6 轴工业机器人、6 个码垛位以及 1 套可旋转的变位系统组成。该模块可通过在 RobotStudio 仿真软件中导入 3D 模型，并通过创建 Smart 组件、工作站逻辑信号关联以及在虚拟示教器中编程完成机器人码垛的编程学习，让学生在脱离实际设备的情况下就可以学习工业机器人的码垛编程，其仿真效果如图 5-12 所示。

一、码垛应用模块工艺流程

码垛应用模块编程

码垛应用模块工艺流程是：机器人从喷涂转盘抓取喷涂后的工件并放到对应码垛盘上，完成这一工作流程后，机器人回到等待点位置。码垛应用模块的工艺流程图如图 5-13 所示。

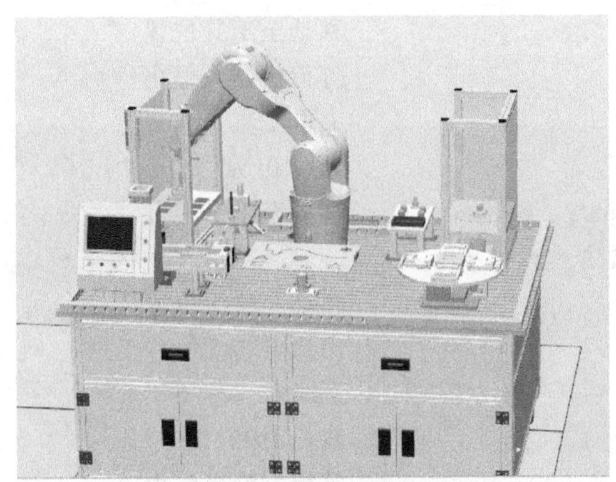

图 5-12　RobotStudio 仿真码垛模块工作站

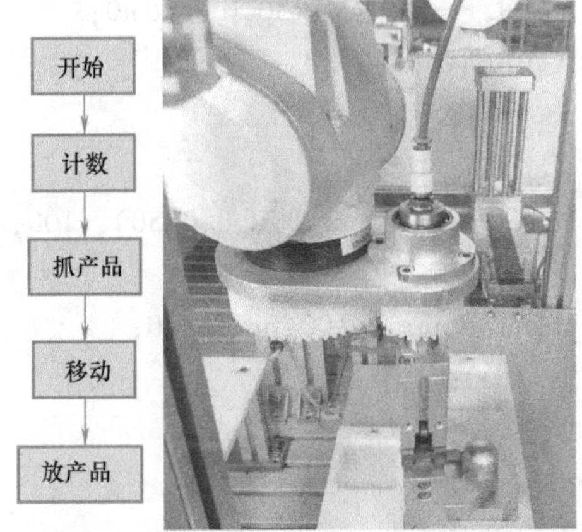

图 5-13　码垛应用模块工艺流程图

1. 工艺要求

1）整个过程要求在 30s 之内完成。

2）机器人在整个过程中要动作稳定、协调和流畅。

2. 编程思路

1）由于在堆垛过程中需要示教多个放料位，为简化工业机器人操作员的工作量，可采用 Offs 偏移指令和双层 for 循环指令嵌套，只需要示教一个码垛位置即可计算出其他所有码垛位的位置。为消除设备的安装误差，在本任务中，首先需要以码垛盘为工作平面创建工件坐标系 wobj2，并测量出相邻两工件的距离。在编写堆垛程序时使用 wobj2，其余地方使用基础坐标系即可。

2）由于码垛过程需要在 30s 内完成，同时又要保证整个工作过程的稳定、协调和流畅，因此在程序设计方面需要注意以下几点：

① 在速度方面，机器人夹爪空载过程保持高速运动（v1000），在上、下运动接近产品时使用较低速度（v300），在取、放产品时使用低速（v30），其他地方采用中等速度（v500）。

② 在机器人动作插补方面，机器人上、下运动接近产品时使用直线插补指令（MoveL），并结合 Offs 指令，不仅可以减少不必要的示教点，减轻机器人操作员的工作量，而且可以减少人为示教误差，从而保证取、放位置的精确度，其他运动指令使用关节插补指令（MoveJ）。该设计思想既可以保证码垛轨迹的精确性，又可以保证运动的协调。

③ 转角半径的使用：机器人上、下运动接近产品使用转角半径 z0，在取、放成品处使用转角半径 fine，同时在该指令后面使用指令 WaitRob\InPos 后输出信号，确保机器人停稳之后再取、放成品；为防止气压不稳定造成取料和堆垛的失败，输出信号延时 1s 再进行机器人插补动作。

二、机器人码垛程序说明及训练

```
PROC MADUO()                                            码垛程序
    MoveJ pWait,v1000,z100,tool0;                       移动到等待点
    For i FROM 0 TO 1 DO                                行循环(共2行)
    For j FROM 0 TO 2 DO                                列循环(共3列)
    ******************取成品******************
    MoveJ pPickWait,v1000,z100,tool0;                   移动到取产品等待点
    MoveJ Offs(pPick,0,0,50),v300,z0,tool0;             移动到取产品点 pPick 上方 50mm
    MoveL pPick,v30,fine,tool0;                         移动到取产品点 pPick
    WaitRob\InPos;                                      等待机器人停止
    Set DO7;                                            夹爪夹紧产品
    WaitTime 1;                                         等待1s
    MoveL Offs(pPick,0,0,50),v300,z0,tool0;             移动到取产品点 pPick 上方 50mm 处
    ******************放成品******************
    MoveJ pPlaceWait,v1000,z100,tool0;                  移动到放产品等待点
    MoveJ Offs(pPlace,-i*120,j*80,50),v300,z0,tool0\Wobj:=wobj2;
                                                        移动到第i行、j列码垛位上方 50mm
    MoveL Offs(pPlace,-i*120,j*80,0),v30,fine,tool0\Wobj:=wobj2;
                                                        移动到第i行、j列码垛位
    WaitRob\InPos;                                      等待机器人停止
    Reset DO7;                                          夹爪松开产品
    WaitTime 1;                                         等待1s
    MoveL Offs(pPlace,-i*120,j*80,50),v300,z0,tool0\Wobj:=wobj2;
                                                        移动到第i行、j列码垛位上方 50mm
    MoveJ pPlaceWait,v1000,z100,tool0;                  移动到放产品等待点
    ENDFOR
    ENDFOR
    MoveJ pWait,v1000,z100,tool0;                       移动到等待点
    Stop;                                               停止
ENDPROC
```

任务七　主程序模块编程

主程序模块编程

为保证工业机器人的安全生产，机器人开始生产前需要先对机器人进行回原点和初始化操作，防止机器人和其他设备干涉。

一、主程序模块工艺流程

以主程序调用上下料程序为例，主程序模块的流程是：机器人先回原

点，然后初始化，最后进入上下料程序并一直循环上下料程序。注意：初始化程序和回原点程序只有在首次运行的时候才需要运行。主程序模块工艺流程如图 5-14 所示。

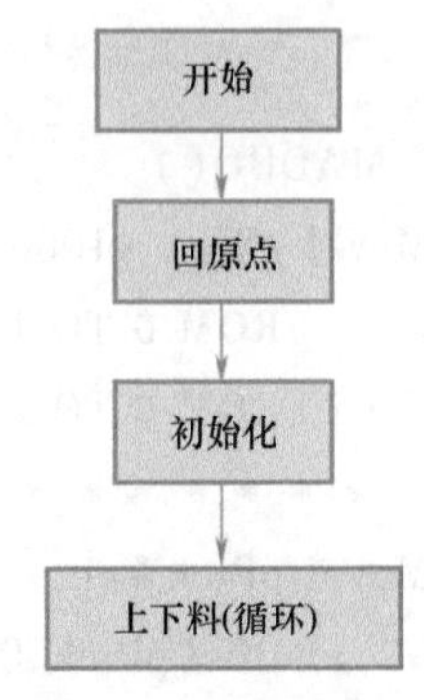

图 5-14　主程序模块工艺流程图

编程思路如下：

1）由于回原点程序需要判断当前位置，所以应使用 CROBT 指令。

2）为保证回原点过程的安全性，回原点过程需要慢速运行，这里使用速度 v20。

3）由于机器人需要一直循环运行上下料程序，所以需要使用 WHILE TRUE DO 指令。

二、主程序说明及训练

```
PROC main()                                  主程序
    rHome;                                   调用回原点程序
    rInitAll;                                调用初始化程序
    WHILE TRUE DO                            循环(一直循环)
        RCarry;                              调用上下料程序
    ENDWHILE
ENDPROC
```

三、回原点说明及训练

```
PROC main()                                  回原点程序
    VAR robtarget P1;                        定义位姿变量 P1
    P1:=CRobT(\Tool:=tool0\WObj:=wobj0);     将机器人当前位姿赋予 P1
    IF P1.trans.x>150 AND P1.trans.x<400     定义机器人安全范围
    AND P1.trans.y>-150 AND P1.trans.y<150
    AND P1.trans.z>350 AND P1.trans.z<600;
        MoveJ SafePhome,v20,z100,tool0;      机器人当前位置在安全范围内，
                                             机器人自动慢速移动到安全点
    ELSE
        TPWrite "shou dong hui yuan dian";   机器人当前位置在安全范围内，
                                             手动移动到安全点附近
        MoveJ SafePhome,v20,z100,tool0;      机器人自动慢速移动到安全点
    ENDIF
ENDPROC
```

四、初始化说明及训练

```
PROC rInitAll()                              初始化程序
```

VelSet 80,1000;	定义机器人实际速度为程序速度的80%,最大速度不超过 v1000
Reset do7	复位夹爪信号,夹爪张开
ENDPROC	

练　习　题

实操题

1. 以工业机器人综合实训平台为例，编写一个 3 行 4 列的码垛程序，行间距为 30mm，列间距为 40mm（以码垛为工件坐标，工件坐标以自己名字拼音定义）。

2. 选择合适的指令编写装配例行程序（机器人运动至螺栓工件置料架上方，并取出工件移动至装配位，合理输出装配转盘转动信号，将两个工件成功的装配在一起）。

3. 使用合适的指令编写汇邦轨迹板的轨迹（1 个三角形、1 个正方形和 1 个圆形）。

4. 选择合适的指令编写搬运例行程序（要求建立夹具夹紧/松开输出信号与工件到位检测输入信号，使用输入 I/O 判断指令判断相应的 I/O 信号，快速准确地将工件搬运到指定位置）。

参考文献

[1] 叶晖．工业机器人实操与应用技巧［M］．2版．北京：机械工业出版社，2017.

[2] 张明文．工业机器人编程及操作：ABB机器人［M］．哈尔滨：哈尔滨工业大学出版社，2017.

[3] 胡伟．工业机器人行业应用实训教程［M］．北京：机械工业出版社，2015.